普通高等教育"十二五"规划教材

金属塑性成形原理

运新兵　主编

北　京
冶 金 工 业 出 版 社
2022

内 容 提 要

本书系统阐述了金属塑性成形的基本理论。全书共分八章,主要内容包括金属塑性变形的物理基础;金属的塑性和塑性变形;应力和应变;屈服准则;塑性应力应变关系;真实应力-应变曲线;金属塑性成形问题的传统解法(包括主应力法、滑移线法、上限法、变形功法);金属塑性成形问题的有限元法及应用。为了便于学生自学,每章末附有习题与思考题。

本书既可作为材料成型及控制工程专业的本科生教材,也可供研究生、相关专业教师及现场工程技术人员参考使用。

图书在版编目(CIP)数据

金属塑性成形原理/运新兵主编. —北京:冶金工业出版社,2012.3(2022.9重印)

普通高等教育"十二五"规划教材

ISBN 978-7-5024-5860-7

Ⅰ.①金… Ⅱ.①运… Ⅲ.①金属压力加工—塑性变形—高等学校—教材 Ⅳ.①TG3

中国版本图书馆CIP数据核字(2012)第020264号

金属塑性成形原理

出版发行 冶金工业出版社 **电　话** (010)64027926

地　址 北京市东城区嵩祝院北巷39号 **邮　编** 100009

网　址 www.mip1953.com **电子信箱** service@mip1953.com

责任编辑 郭冬艳 美术编辑 彭子赫 版式设计 孙跃红

责任校对 卿文春 责任印制 禹 蕊

北京虎彩文化传播有限公司印刷

2012年3月第1版,2022年9月第4次印刷

787mm×1092mm 1/16;12印张;288千字;181页

定价26.00元

投稿电话 (010)64027932 投稿信箱 tougao@cnmip.com.cn

营销中心电话 (010)64044283

冶金工业出版社天猫旗舰店 yjgycbs.tmall.com

(本书如有印装质量问题,本社营销中心负责退换)

前　言

金属塑性成形原理是材料成型及控制工程专业的专业理论课,它为后续工艺课程学习提供理论基础。本书根据材料成型及控制工程专业教学大纲,在参考了已有的众多教材的基础上进行编写,其特点是“强调基础、深度适中、注重应用”。本教材可供大学本科材料成型及控制工程专业教学使用,也可供研究生、相关专业教师以及现场工程技术人员参考。

本教材共分八章,第一章从微观角度阐述金属塑性变形的机理、塑性变形对金属组织和性能的影响以及金属的超塑性变形。第二章主要阐述金属的塑性和变形抗力及其影响因素,分析了塑性成形时金属的变形与流动及其影响因素,包括最小阻力定律、变形的不均匀性、附加应力、残余应力、金属的断裂,介绍了金属塑性成形中的摩擦与润滑问题。第三章至第六章主要阐述金属塑性变形时的力学基础理论,包括应力、应变分析、屈服准则、应力-应变关系以及真实应力-应变关系曲线。第七章介绍了塑性成形问题的几种传统解法,包括主应力法、滑移线法、上限法、变形功法。第八章阐述了塑性成形问题的有限元解法,重点介绍了刚塑性有限元法的基本原理,并通过实例介绍了采用 DEFORM 软件解决塑性成形问题的过程。

本教材内容全面、丰富,理论与实际相结合,有一定的深度和广度。在编写过程中编著者注意深入浅出、循序渐进,强调概念,阐述清晰,通过例题讲解加深对概念的理解与应用。对力学问题注重理论结合实际阐明物理意义,对复杂问题注意适当简化。

本书由大连交通大学运新兵教授主编,大连理工大学张立文教授主审。其中大连交通大学运新兵编写绪论、第二章、第三章和第五章;内蒙古工业大学黄东男编写第一章第一节和第三节;内蒙古工业大学贾园编写第一章的第二节;大连交通大学詹红编写第四章;大连交通大学王晶编写第六章;天津理工大学褚亮编写第七章;大连交通大学赵颖编写第八章。

本书在编写过程中得到了兄弟院校的大力支持和帮助,主审张立文教授对书稿进行了认真、细致的审查,并提出许多宝贵的修改意见,在此表示深深的谢意。

作者在编写过程中,参阅了大量的文献资料,在此对这些文献资料的作者一并表示衷心的感谢。

由于编者水平有限,书中的不足和错误,恳请读者批评指正。

编 者

2011 年9月

目　录

绪　论

金属塑性成形是金属加工方法之一，即在外力作用下，利用金属的塑性，使其产生塑性变形，从而加工成所需形状和尺寸的加工方法，也称为金属塑性加工或金属压力加工。

一、金属塑性成形方法的特点

（1）有效改善和控制金属的组织与性能。金属材料经过相应的塑性加工后，其组织、性能都能得到改善和提高，特别是对于铸造组织，效果更为显著。例如铸锭须通过锻造、轧制或挤压等塑性变形，才能使其结构致密、组织改善、性能提高。

（2）原材料消耗少。金属塑性成形主要是靠金属在塑性状况下的体积转移，其过程不需切除金属的体积，因而材料的利用率高，并且流线分布合理，从而提高了制件的强度。

（3）尺寸精度高。用塑性成形方法得到的工件可以达到较高的精度。近年来，应用先进的技术和设备，不少零件已经达到较少切削、无切削的要求，即实现了近净成形甚至净成形。例如，精密锻造的伞齿轮，其齿形部分精度可不经切削加工直接使用；精锻叶片的复杂曲面可达到只需采用磨削加工的精度。

（4）生产效率高。塑性成形方法具有很高的生产率，这一点对于金属的轧制、拉丝、挤压等工艺尤其明显。随着锻压生产机械化的发展，机械零件的生产情况也是如此。例如，在120000kN机械压力机上锻造汽车用的六拐曲轴仅需40s；在曲柄压力机上压制一个汽车覆盖件仅需几秒钟，高速冲床的行程次数已经达到1500～1800次/min，拉丝机的拉拔速度达到20m/s以上。

由此可见，利用金属塑性成形方法，不但能获得强度高、性能好、形状复杂和精度高的工件，而且具有生产率高、材料消耗少等优点，因而在国民经济中得到广泛的应用。特别是在汽车、飞机、高速铁路、航空航天、船舶、军工、电器和日用品等行业中，塑性成形更是主要的加工方法。目前，机械制造工业零件粗加工的75%和精加工的50%都采用塑性成形的方式实现。

二、金属塑性成形方法的分类

按照成形的特点，一般将金属的塑性成形分为体积成形和板料成形两大类。每类又包括多种加工方法，形成各自的工艺领域。

（一）体积成形

体积成形是在成形过程中靠体积转移和分配来实现的，包括轧制、挤压、拉拔、锻造等（见表1）。

轧制是使金属锭料或坯料通过两个旋转轧辊间的特定空间（直线的或异型的），以获得一定截面形状工件的塑性成形方法。这是由大截面材料加工成小截面材料的常用加工过程。利用轧制方法可生产出型材、板材和管材等。

表1 塑性成形方法的分类

序号	成形方法名称	工序简图	变形区域（阴影区）	变形区主应力图	变形区主变形图	变形区塑性流动性质
1	轧制	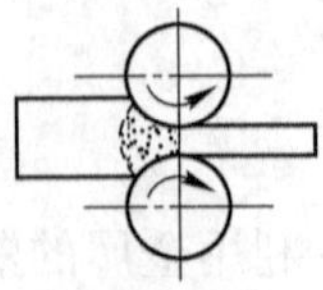	轧辊间	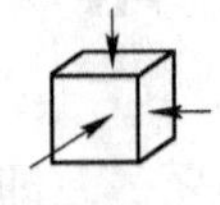	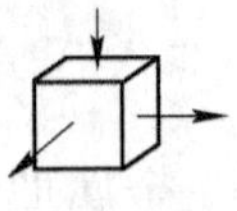	变形区不变稳定流动
2	拉拔	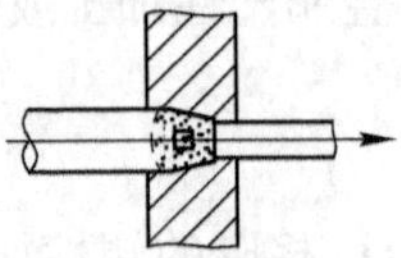	模子锥形腔	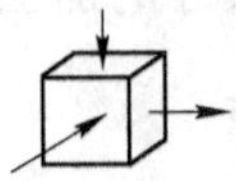	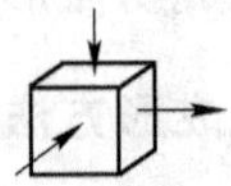	变形区不变稳定流动
3	挤压	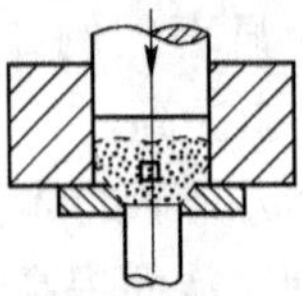	接近凹模口	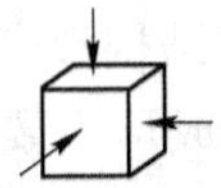	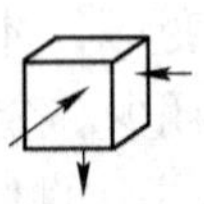	变形区不变稳定流动
4	自由锻	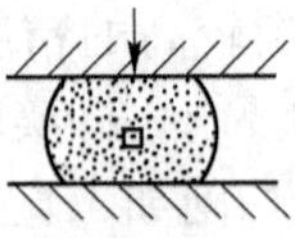	全部体积	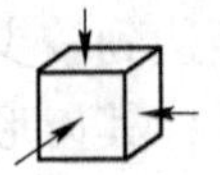	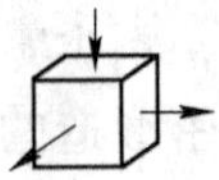	变形区变化非稳定流动
5	模锻	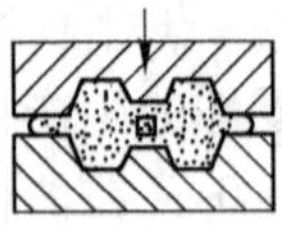	全部体积	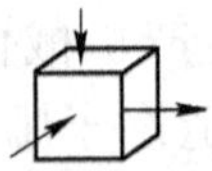	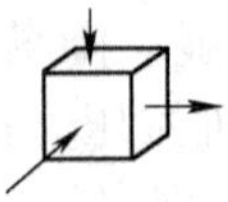	变形区变化非稳定流动
6	拉深	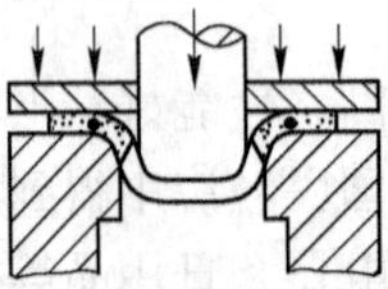	压边圈下板料	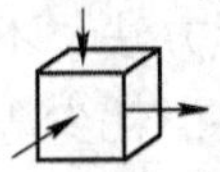	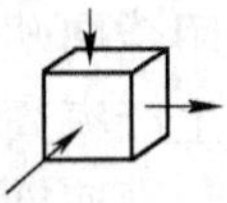	变形区变化非稳定流动

拉拔是将中等截面的坯料拉过有一定形状的模孔，以获得小截面工件的塑性成形方法。利用拉拔方法可以获得型材、管材和线材。

挤压是将在筒体中的大截面坯料或铸锭一端加压，使金属从模孔中挤出，以获得符合模孔截面形状的小截面坯料的塑性成形方法，通常分为正挤压、反挤压和复合挤压。因为挤压是在三向受较大的压应力状态下的成形过程，所以更适于生产低塑性材料的型材和管材。

锻造是利用锻压机械对金属坯料施加压力，使其产生塑性变形以获得具有一定力学性能、一定形状和尺寸锻件的加工方法。为使金属易于成形和具有较好的塑性，锻造多在热态下进行，所以锻造也常称为热锻。对于常温下塑性较好的材料也可进行冷锻。

锻造通常分为自由锻和模锻两大类。自由锻一般是在锤或水压机上，利用简单的工具将金属锭料或块料锻成特定形状和尺寸的加工方法。如平砧下镦粗即为一例。进行自由锻时不使用专用模具，因而锻件的尺寸精度低，生产率也不高，所以自由锻主要用于单件、小批量生产或大锻件的生产。

模锻是适于大批量生产的锻造方法，锻件的成形要用适合于每一个锻件的模具来进行。由于模锻时金属的成形由模具控制，因此模锻就有相当精确的外形和尺寸，也有很高的生产率。

（二）板料成形

板料成形一般称为冲压，它是对厚度较小的板材，利用专门的模具，使金属产生塑性变形，从而获得所需要的形状与尺寸的零件或坯料的加工方法。冲压可进一步分为分离工序和成形工序两类。分离工序用于使冲压件沿一定的轮廓与板料分离，如冲裁、剪切等工序；成形工序用来使坯料在不破坏的条件下发生塑性变形，成为具有要求形状和尺寸的零件，如弯曲、拉深等工序。

按照成形的特点，除了以上几种成形方法之外，还有一些其他的成形方法。例如：

（1）柔性模成形，即用液体、橡胶或气体的压力代替刚性凸模或凹模使板料成形的方法；

（2）摆动辗压，即上模的轴线与被辗压工件（放在模下）的轴线倾斜一个角度，模具一面绕轴心旋转，一面对坯料进行压缩的加工方法；

（3）径向锻造，又称旋转锻造，是对轴向旋转送进的棒料或管料施加径向脉冲打击力，锻成沿轴向具有不同横截面制件的工艺方法；

（4）粉末锻造，即金属粉末经压实后烧结，再用烧结体作为锻造毛坯的锻造方法，锻造设备一般采用压力机或高速锤；

（5）液态模锻，即将定量的熔化金属倒入凹模模腔内，在金属即将凝固或未凝固状态下用冲头加压，使其凝固以得到所需形状锻件的加工方法。锻造设备可采用通用液压机或专用液压机；

（6）超塑成形，即利用金属在特定条件（一定的温度条件、一定的变形速度条件、一定的组织条件）下具有的超塑性（高的塑性和低的变形抗力）来进行塑性加工的方法；

（7）高能成形，即利用高能率的冲击波，通过介质使金属板料产生塑性变形而获得所需形状的加工方法。按能源不同，高能成形可分为爆炸成形、电液成形、电磁成形等类型。

塑性成形还可以按照加工时坯料的温度可分为热成形、冷成形和温成形。热成形是在充分进行再结晶的温度以上所进行的塑性加工，如热轧、热锻、热挤压等。冷成形是在再结晶的温度以下进行的塑性加工，如冷轧、冷冲压、冷挤压、冷锻等。温成形是在介于冷、热成形之间温度下进行的塑性加工，如温锻、温挤压等。

三、金属塑性成形理论的发展概况

金属塑性加工方法具有悠久的历史，早在两千多年前的青铜器时期，我国劳动人民就发现铜具有塑性变形的特性，并掌握了锤击金属以制造兵器和工具的技术。随着近代科学技术的发展，已经赋予塑性加工技术以崭新的内容和含义。但是，作为这门技术的理论基础——金属塑性成形原理则发展得较晚，直到20世纪20年代才逐步形成独立的学科。

金属塑性成形理论是在塑性变形的物理、物理化学和力学基础上发展起来的一门工程应用技术理论。金属塑性变形的物理和物理化学基础属于金属学范畴。从20世纪30年代位错概念提出以来，人们对金属变形的微观机理有了科学的解释，对于金属的塑性——金属产生塑性变形而不破坏其完整性的能力，也有了更深刻的认识。塑性，作为金属的状态属性，不仅取决于金属材料本身（如化学成分和组织结构等），还取决于变形的外部条件（如变形温度、变形速度和力学状态）。

金属塑性成形原理的另一重要方面是塑性成形力学，它是在塑性理论（或称塑性力学）的发展和应用中逐渐形成的。塑性理论的发展历史可追溯到1864年，由法国工程师（H. Tresca）首次提出最大剪应力屈服准则，距今已有一百多年的历史。最早将塑性理论用于金属塑性加工的是德国学者卡尔曼（Von Karman），他在1925年用初等方法建立了轧制的应力分布规律。此后不久，萨克斯（G. Sachs）和齐别尔（E. Siebel）在研究拉拔时提出了相似的求解办法——主应力法。此后，人们对塑性成形过程的应力、应变和变形力的求解逐步建立了许多理论求解方法：如滑移线法、工程计算法、变分法和变形功法、上限法、有限元法等。同时，还建立了理论解析与实验相结合的方法：如塑性变形材料力学法和直观塑性法（又称视塑性法）。

在国内，20世纪50年代以来有许多学者在塑性理论方面做了大量工作。王仲仁教授将塑性力学中一些抽象的概念或规律利用图形来描述，从物理的角度说明问题的实质，如利用莫尔圆移动法证明沿滑移线上正应力的变化规律；将屈服准则、塑性应力应变关系及工件尺寸变化趋势有机地联结起来，给出典型塑性成形工序在屈服图形上的位置；首次给出过一点不同切面上的正应力、剪应力以及全应力的三维分布图形，等等。刘叔仪教授提出了“理论断裂钟面与应力空间”理论，并指明三向拉应力下随着应力的增大必然出现断裂及流体静压力对提高塑性的作用。

金属塑性成形理论是一门年轻的学科，生产中存在的大量问题还有待于进一步认识、研究总结，新的成形方法也有待于进一步开发。作为塑性成形理论本身也需要进一步发展和完善。例如：微观塑性理论和宏观塑性理论的有机结合和统一、塑性变形的基本方程——本构方程等问题都需要进一步研究和完善。

四、本课程的任务

金属塑性成形方法多种多样，每种方法都具有各自的特点，但它们有着共同的物理基础和变形规律。金属塑性成形原理课程的目的就在于科学地、系统地阐明这些物理基础和变形规律，为合理制订塑性成形工艺奠定理论基础。因此，本课程的任务是：

（1）阐明金属塑性变形的物理基础，分析塑性变形的机理以及塑性变形对金属的组织和性能的影响。阐述塑性成形时的金属流动规律和变形特点，分析影响金属塑性流动的各种因素，以便合理、准确地确定坯料尺寸和成形工艺。

（2）阐明应力、应变以及应力应变之间关系和屈服准则等塑性理论基础知识，以便于对变形过程进行应力应变分析并寻找塑性变形体的应力、应变分布规律。

（3）分析塑性成形力学问题的各种解法及其在具体工艺中的应用，以便科学地确定变形体中的应力应变分布规律和所需的变形力和变形功，为选择成形设备和设计模具提供依据。

金属塑性成形原理是一门专业理论课，在学习本课程时，要建立起准确的物理概念，掌握塑性变形的基本规律，注意理论联系实际，提高分析和解决塑性成形实际问题的能力。

第一章　金属塑性变形的物理基础

塑性变形是获得具有一定的形状、尺寸精度和组织性能的金属产品的一种常用加工方法。因此了解金属塑性变形的物理本质、变形机理及塑性变形对金属组织、性能的影响规律，是分析金属塑性成形的重要基础，也是获得高质量、低成本金属制品的保证。本章从微观角度分析塑性变形机理，阐述塑性变形对金属组织、性能的影响，介绍金属的超塑性变形。

第一节　塑性变形的机理

金属和合金绝大部分都是多晶体。金属多晶体由大量取向不同的单个晶粒组成。当外力作用于金属多晶体时，多晶体中的单个晶粒的塑性变形机理和单晶体金属的塑性变形完全一样。按其物理实质金属变形机理可以分为三类：剪切塑性变形机理、扩散塑性变形机理以及晶间塑性变形机理。其中剪切塑性变形机理主要有滑移和孪生。在金属塑性变形过程中，变形机理主要取决于金属的变形条件（变形温度、变形速度、应力状态等）与金属的本性（晶格排列、晶粒大小、合金成分等）。同时对于一定的金属，在一定的塑性变形条件下，塑性变形通常不是仅通过一种塑性变形机理来进行，而是同时由几种变形机理同时起作用，并通过其中较为占有优势的变形机理来进行。因此，研究复杂的塑性变形过程，首先了解基本的塑性变形机理是完全必要的。下面简述其常见的变形机理及所呈现的现象。

一、滑移

（一）滑移面和滑移方向

当金属处于一定的应力状态下会发生剪切塑性变形，剪切塑性变形的机理主要包括滑移和孪生，如图1-1所示。滑移和孪生只是在结晶体中（间）发生，而不取决于温度条

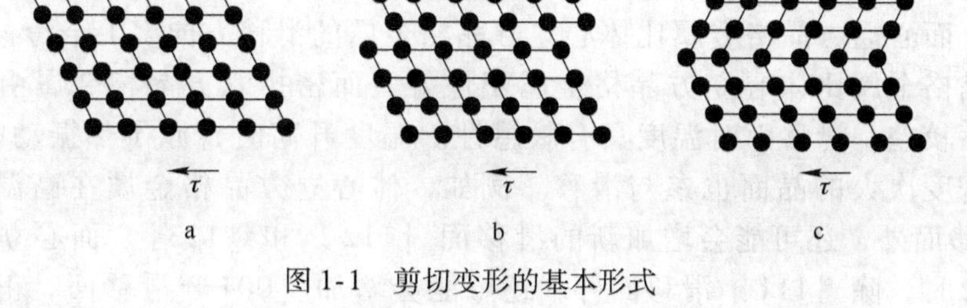

图1-1　剪切变形的基本形式

a—未变形；b—滑移；c—孪生

件，故这类使物体产生塑性变形的机理也称为非热塑性变形机理。

滑移是指在剪应力的作用下，晶体（单晶体或构成多晶体的晶粒）的一部分相对于另一部分沿着一定的晶面和晶向产生的移动。产生滑移的晶面和晶向，分别称为滑移面和滑移方向。通过滑移，晶体内的原子逐步从一个稳定位置移到另一个稳定的位置，在宏观上即晶体产生了塑性变形。

所谓的滑移面，即原子排列密度最大、包含有原子最多的晶面（密排面）。滑移方向为滑移面上原子排列线密度最大的晶向（密排方向）。因为密排面和密排方向上原子的结合力最强，同时其相邻密排面和密排方向间的间距最大，结合力最弱，因此滑移往往沿晶体的密排面和该面的密排方向进行。

对于图 1-2 中的晶格，其中 *AA* 面的原子排列最紧密，原子间距离最小，原子间结合力最强；但由于其晶面间的距离较大，所以晶面与晶面之间的结合力较弱，滑移阻力较小，故 *AA* 面最容易成为滑移面。而 *BB* 面原子间距大，结合力弱，晶面与晶面间距离小，结合力强，故难于产生滑移。同理可以解释，沿原子排列最紧密的晶向滑移阻力最小，容易成为滑移方向。

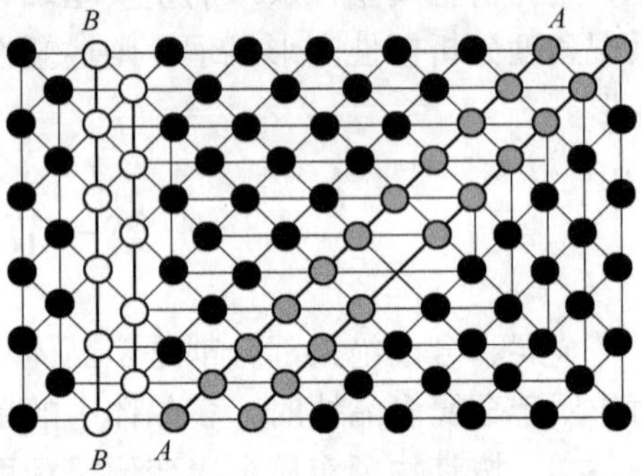

图 1-2　滑移面示意图

（二）滑移系

通常每个一种晶格同时存在几个滑移面，而每个滑移面同时存在几个滑移方向。其中每个滑移面和其面上的一个滑移方向就构成一个滑移系。而晶格中晶胞上的滑移面数和该面上滑移方向数的乘积为滑移系总数。每个滑移系表示金属晶体在进行滑移时可能采取的一个空间取向。

三种典型晶格的滑移系如表 1-1 所示，表中阴影部位为滑移面，箭头表示滑移方向。由表可知，体心立方晶格的金属如：锂、钠、钾、钒、铬、α－铁、钨等，有 6 个滑移面 {110}，2 个滑移方向〈111〉，滑移系总数为 12 个。面心立方晶格金属如：铝、铜、银、白金、黄金、γ－铁等，有 4 个滑移面 {111}，3 个滑移方向〈110〉，滑移系总数为 12 个。密排六方晶格的金属如：铍、镁、钛、锌、锆等，仅有 1 个滑移面为基底面 {0001}，3 个滑移方向〈1120〉，滑移系总数仅为 3 个。其中一个滑移系表示金属晶体在滑移时可能选择的空间位向。在其他条件相同时，金属晶体中的滑移系越多，滑移时选择的空间位向越多，金属发生滑移的可能性越大，塑性就越好。滑移时，滑移方向对滑移所起的作用大于滑移面，因此在滑移系相同的情况下，面心立方晶格金属比体心立方晶格金属的滑移方向多 1 个滑移方向，因此面心立方晶格金属比体心立方晶格金属塑性好，而密排六方晶格金属由于滑移系数目少，塑性较差。滑移面对温度具有敏感性。温度升高时，原子热振动的振幅加大，促使原子密度次大的晶面也参与滑移。例如，体心立方晶格金属在高温变形时，除 {110} 滑移面外，还可能会增加新的滑移面 {112} 和 {123}。面心立方晶格金属在高温变形时，除 {111} 滑移面外，还可能会增加 {001} 滑移面。正因为高温条件下出现新的滑移系，所以金属的塑性也相应地提高。

表 1-1　金属三种典型晶格的滑移系

晶格	体心立方晶格		面心立方晶格		密排六方晶格	
滑移面	{110} ×6	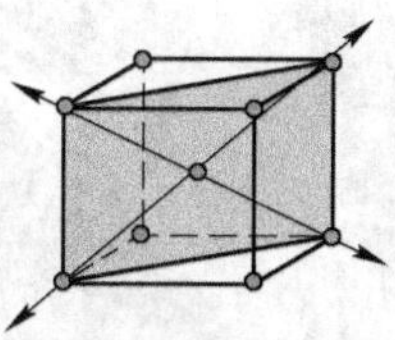	{111} ×4	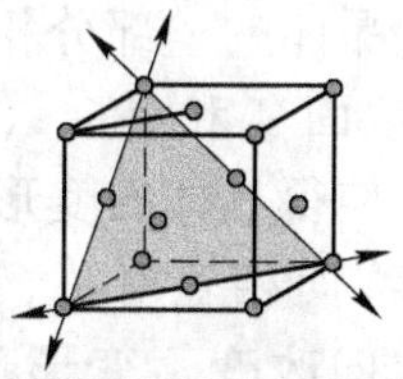	{0001} ×1	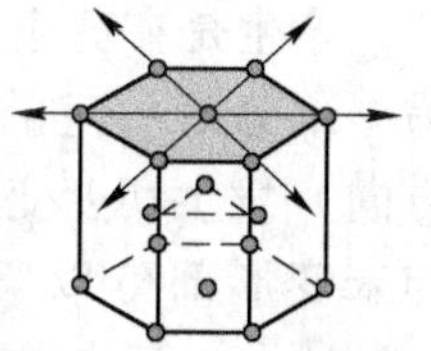
滑移方向	〈111〉 ×2		〈110〉 ×3		〈1120〉 ×3	
滑移系	6×2=12		4×3=12		1×3=3	

（三）滑移的临界剪应力

金属晶体在受到外力作用时，要产生滑移，沿滑移面和滑移方向的剪应力必须达到或超过某一临界值，即临界剪应力τ_k。设有一个圆柱形金属单晶体试件受到拉伸力 P 的作用，如图 1-3 所示。其中 A 为试件横截面积；B 为滑移面；φ 为滑移面 B 的法线 On 与拉伸力 P 轴的夹角；λ 为滑移方向 Os 与拉伸力 P 轴的夹角。则拉伸力 P 作用在滑移方向 Os 的剪应力τ为：

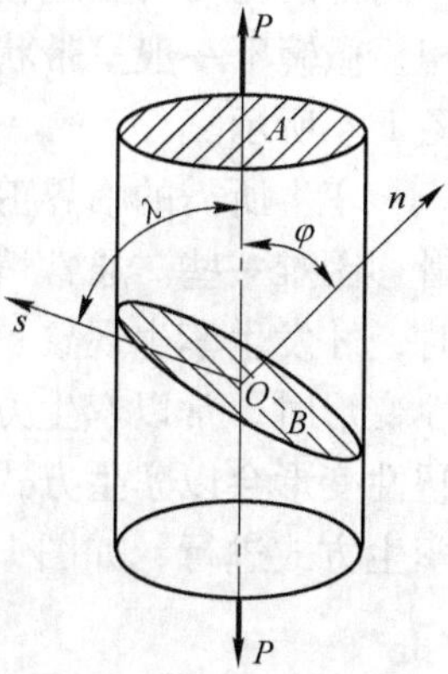

图 1-3　滑移变形过程的应力分解图

$$\tau = \frac{P}{B}\cos\lambda$$

将 $B = \dfrac{A}{\cos\varphi}$，代入上式可得

$$\tau = \frac{P}{A}\cos\lambda\cos\varphi \qquad (1\text{-}1)$$

由于作用在 A 面上的正应力 $\sigma = \dfrac{P}{A}$，代入式（1-1）可得，

$$\tau = \sigma\cos\lambda\cos\varphi \qquad (1\text{-}2)$$

当外力 P 逐渐增大时，τ也相应增大，当τ达到临界值τ_k时，金属晶体开始发生滑移，金属晶体产生塑性变形，开始屈服，此时正应力 σ 等于屈服强度 σ_s。将其带入式（1-2）得，

$$\tau_k = \sigma_s\cos\lambda\cos\varphi \qquad (1\text{-}3)$$

式中，τ_k 称为金属晶体的临界剪应力，取决于金属的本性、纯度、试验温度和加载速度，与加载方向、方式及大小无关；$\cos\lambda\cos\varphi$ 称为取向因子或施密特因子。

当 $\lambda = \varphi = \dfrac{\pi}{4}$时，金属的屈服强度 σ_s 最小，达到临界剪应力τ_k 所需的力最小。易于发生滑移，产生塑性变形。此时取向因子最大，称为软取向。反之，当 λ 或 φ 为$\dfrac{\pi}{2}$时，达到τ_k 所需的 σ_s 趋于无穷大，难于滑移，即在外力的作用下金属不会产生塑性变形。此时取向因子最小，称为硬取向。

多晶体金属中由于每个晶粒的取向不同，则金属塑性变形将会在不同的晶粒中逐渐发生，从不均匀的变形过程逐步发展为比较均匀的变形过程，变形过程要比单晶体复杂得多。

二、孪生

孪晶的形成方式有两种，一种是晶体自然生长时形成的，称为自然孪晶。另一种是通过变形形成的称为形变孪晶或机械孪晶。产生孪晶的过程称为孪生。孪生是塑性变形基本机理之一。这里只讨论机械孪晶。

孪生是在剪应力作用下，晶体的一部分相对于另一部分沿一定的晶面（孪生面）和晶向（孪生方向）发生切变变形的过程。使得晶体的变形部分与未变形部分以孪晶面为对称面相互对称，如图1-1c所示。其中发生切变、取向改变（变形部分）的晶体称为孪晶。通常认为，孪生是一个发生在晶体内部的均匀切变过程，切变区的宽度较小，在金相显微镜下一般呈带状或透镜状，称为孪晶带，如图 1-4 所示。

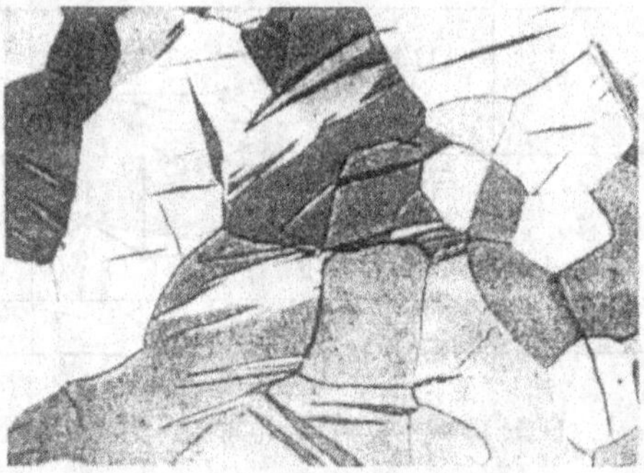

图 1-4　多晶体锌中的孪晶

孪生所需的临界剪应力比滑移大得多，孪生比滑移困难一些。通常情况下，金属晶体变形时首先发生滑移，当剪应力增加到一定数值时，才发生孪生现象。但密排六方晶格的金属，如锌、镁、铍、镉等由于滑移系少，在塑性变形时，常以孪生方式进行。体心立方晶格金属在变形温度较低以及变形速度比较大时塑性变形会以孪生方式进行。面心立方晶格金属不易产出孪生，只有在极低温度下才会以孪生方式进行，如图 1-5 所示。

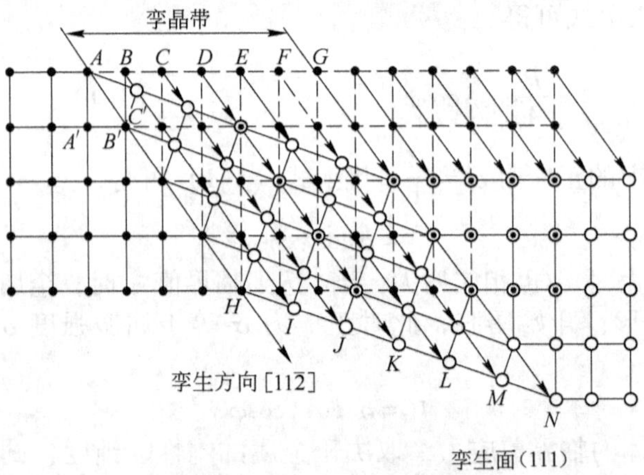

图 1-5　面心立方晶体孪生切变过程示意图

孪生的产生不仅与晶格的特征有关，而且与变形条件有关。高变形速度及低加工温度会促进孪生的产生，尤其当冲击作用及低温静压作用时较容易产生孪生。孪生产生的主要因素是：

（1）由于晶粒的滑移系相对于外力的取向不利时，使得发生孪生需要的应力比产生滑移所需的应力较早到达。

（2）在有些情况下，金属晶体中大多数晶粒发生滑移变形的同时，其他晶粒由于某种原因不能产生滑移而发生孪生。

（3）在个别晶粒中呈现利于发生孪生的局部应力集中。

单纯孪生通常不会促进塑性变形，金属晶体陷入此过程便完全失去塑性而产生脆性破裂。如锌单晶，即使完全变为孪晶，伸长量也不过7.2%。但在滑移过程中，滑移面处于不利的方位时，由于孪生可以使晶体的滑移系由原来难于滑动的取向转到易于滑动的取向，从而使滑移过程得以继续进行，有助于塑性变形程度的增加。因此孪生变形虽然对金属的形变能力的直接贡献很小，但间接贡献却很大。

三、扩散

对于变形温度比金属晶体熔点温度低很多时的塑性变形，起控制作用的变形机理为滑移和孪生。当金属在高温下塑性变形时，其控制作用的变形机理为扩散，扩散作用是双重的。一方面，它对剪切塑性变形机理可以有较大的影响，即起控制作用扩散变形机理为扩散－位错变形。另一方面，它又可独立地产生塑性流动。起控制作用的扩散变形机理为溶质原子定向溶解与定向空位流。

（一）扩散-位错变形机理

在间隙固溶体合金晶粒内部，溶质原子周围的应力场与围绕位错的应力场相互作用，使得溶质原子被集中或由位错场内排出，结果产生溶质原子的扩散及原子空间晶格位能的降低。

当金属晶体塑性变形时，在应力场的作用下，位错产生移动，溶质原子通过扩散，在金属晶体的一定体积内产生新的平衡，并且围绕位错周围而形成原子气团。当位错运动时，此原子气团将跟随位错而使溶质原子扩散到基体金属内，并且这种运动是不可逆的，使金属晶体内部能量消失，产生塑性变形。通常在合金中存在这种原子气团，故合金的位错运动进行会比在纯金属中慢。

移动由原子气团包围的位错所需的应力，取决于塑性变形速度。当塑性变形速度小时，位错移动速度小于原子气团中溶质扩散速度，此时原子气团的存在不会影响位错移动所需的应力，从而不会影响塑性变形力。当塑性变形速度大时，位错移动速度大于原子气团中溶质的扩散速度时，由于原子气团要跟随在位错的周围，就需要加上较大的力才能使位错移动，产生塑性变形。

扩散过程在空位数最多和晶格畸变最大的晶粒间界面上进行的最强烈，同时在两个晶粒交界处位错数较大，此次溶质原子占据了晶格中应力最小的位置，这种情况产生滑移很困难，故此部位的塑性变形，只能通过原子的逐渐扩散而产生，因而塑性变形的扩散机理在晶粒界面处占有一定的优势。

（二）溶质原子定向溶解机理

晶体无外力作用时，溶质原子随机、无序的分布在晶体中。当受到弹性应力作用时，这种无序状态被破坏，溶质原子通过扩散优先聚集在沿受力方向的晶界上，因而在晶体结构的不同方向上溶解溶质原子的能力产生差别，这种现象称为定向溶解。这种择优分布的固溶体不可避免地伴随着晶体点阵和整个试件的变形，也就是产生了所谓的定向塑性变形。应力松弛和弹性后效现象就是这种作用的结果。在应力的作用下，溶质原子产生定向溶解，去掉应力后，定向溶解的状态又消失了。因此这种扩散引起的原子流动是可逆的。

（三）定向空位流机理

定向空位流是由扩散引起的不可逆的塑性流动，是在低应力和高温下产生一种应力诱导的原子定向扩散过程。如当金属晶体受拉伸应力作用时，应力诱导作用使受拉部位的晶界产生空位的能量提高了，造成空位从受压晶界向受拉晶界迁移。这种应力诱导的流动结果，使得晶粒在受拉方向上伸长，受压方向缩短。这实际上通过扩散过程使原子从受压晶界迁移到受拉晶界上。由于晶界的可动性较差，因此晶粒由于原子定向扩散引起的形状变形就是不可逆的。如果每个晶粒都发生了上述的变化，自然多晶体也就相应地发生了不可逆的塑性变形。

四、晶间变形

晶间变形的主要方式是晶粒之间的相互滑动和转动。多晶体受力变形时，沿晶界处可能产生剪应力，当此剪应力能够克服晶粒间的滑动阻力时，便会发生相对滑动。另外由于各个晶粒所处的位向不同，因此它们变形的难易程度也就不同，这样在相邻晶粒间便会引起力的相互作用，因而可能产生一对力偶，引起晶粒间的相互转动，如图 1-6 所示。

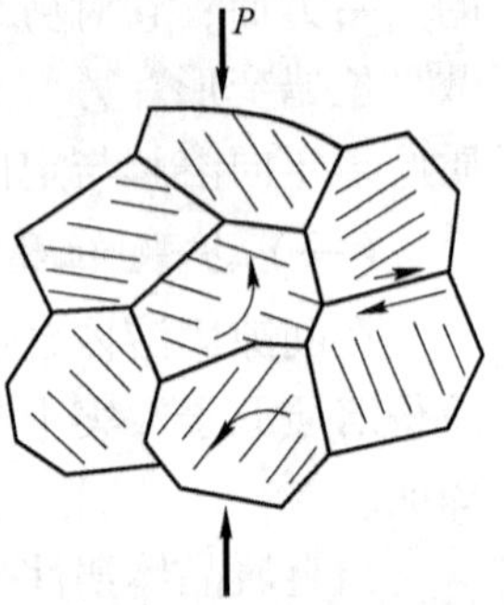

图 1-6　晶粒间的滑动和转动

晶间变形的发展，主要受晶粒大小、应力、温度、晶内变形的影响。总变形中晶内变形量比例大，因此总变形对晶间变形的影响，就反映了晶内变形对晶间变形的影响。

晶间变形是综合的变形机理，它和晶内滑动、扩散塑性机理是相互协调的。因为即使在只考虑两个晶粒的晶界情况下，由于两个晶粒间的晶界一般都不是平坦的平面，是犬牙交错的，因此两个晶粒沿晶界产生相对切变时，就必须伴随其他机理来协调。如多晶体内部晶间变形时，晶粒沿着晶界相对滑动时，如果没有其他的变形机理来协调，则受拉伸作用的晶间之间势必被破坏而产生裂缝，晶间滑动就不可能进行下去。事实上，这种晶间变形可通过位错－扩散机理来协调。自然由应变诱导的定向空位流机理也会发生作用。

综上所述，变形温度不同时，金属的变形机理也不尽相同。变形温度较低，如冷变形时，塑性变形的主要机理是位错的运动和增殖，也就是孪生和滑移。当温度升高，原子扩散能力增强，晶界的强度下降，金属塑性变形的机理除了有晶内位错的运动外，还会有扩散和晶间变形。

五、合金的塑性变形

日常使用的金属材料绝大多数都为合金，即由两种或两种以上的金属元素或金属与非金属元素组成的、具有金属特征的材料。合金按其组织特征可分为两类，一类是以基体金属为基的单相固溶体合金；另一类是由以基体金属为基的固溶体和其中分布着第二相（各组元的化合物或以合金元素为基的另一固溶体）所构成的多相合金。根据上述的金属晶体变形基本机理可知，多晶体和单晶体变形基本机理是相同的，只是多晶体变形时存在晶界和相邻晶粒取向差的影响。合金的塑性变形除存在上述情况外，由于加入的合金元素的作用，使其组织和结构发生了变化，因而其塑性变形过程相比多晶体又有不同的特点。

（一）单相固溶体合金的塑性变形

单相合金的组织与多晶体纯金属相似，因此其塑性变形过程也与多晶体纯金属基本相同。但由于其单相合金中溶质原子的存在，破坏了原子的规则排列，使晶格发生畸变，随着溶质原子数量的增加，晶格畸变增大。晶格畸变导致变形抗力增加，使固溶体的强度、硬度增加，这种现象称为固溶强化。固溶强化是提高金属材料性能的重要途径之一。

固溶强化的效果与溶质原子的含量有关，一般来讲，溶质原子的浓度越高，强化作用越大。溶质原子与基体金属（溶剂）的原子尺寸相差越大，强化作用越大。间隙固溶体一般要比置换固溶体的强化效果好。溶质原子与基体金属的价电子数相差越大，则固溶强化作用越明显。

固溶强化的本质是位错被溶质气团钉扎而难于启动。由于溶质原子的溶入造成了点阵畸变，使得其应力场与位错的应力场发生了弹性交互作用，导致溶质原子偏聚在位错周围，形成柯氏气团。阻碍了位错运动。因此位错滑移时，需要挣脱柯氏气团，故所需剪应力增加，强度增高。其次溶质原子与位错的电交互作用。在刃型位错周围，因应力场不同而引起自由电子重新分布而形成一个电偶极子，对溶质原子产生不同程度的静电交互作用，使其偏聚在刃型位错周围，从而阻碍了位错运动，进而强化。再有，固溶体中，存在溶质原子偏聚区和短程有序。当位错运动通过时，将使偏聚区和短程有序状态遭到破坏，引起能量升高，从而增加位错运动的阻力，导致强化。因此固溶体合金的塑性变形抗力比纯金属大。

（二）多相合金的塑性变形

从上节可知，单相固溶体合金主要通过固溶强化来提高其强度。但由于固溶强化程度有限，远不能满足需求，故必须进一步以第二相或更多相来强化。因此目前所使用的金属结构材料基本上都是两相或多相合金。多相合金一般是由以基体金属为基的固溶体和其上分布的第二相构成，其中第二相可以是纯金属、固溶体、金属间化合物。因此其塑性变形不仅和基体相的性质有关，而且还与第二相的性质与状态相关。由于第二相的性质（强度、塑性、应变硬化）、数量、颗粒大小、形状、分布特点及与基体界面的结合、界面能等的不同，对强化作用差别较大，同时对塑性变形的影响也比较复杂。

在讨论多相合金的塑性变形时，通常按照第二相粒子尺寸大小而将合金分为两类，当第二相粒子的尺寸与基体晶粒尺寸属于同一数量级，称为聚合型两相合金。当第二相粒子十分细小，并且弥散地分布在基体晶粒内，称为弥散分布型两相合金。如图 1-7 所示。下面对这两类合金的塑性变形机理分别讨论。

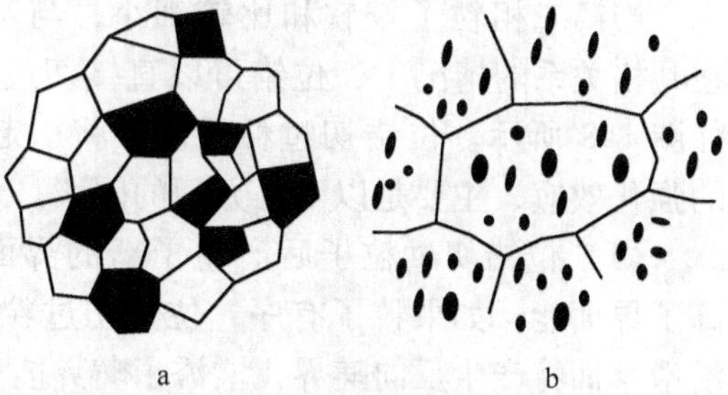

图 1-7　两相合金的显微组织示意图

a—聚合型两相合金；b—弥散分布型两相合金

1. 聚合型两相合金的塑性变形

当第二相粒子尺寸与基体相差不大，属于同一数量级，第二相具有一定的塑性并且强度高于基体时，合金的塑性变形情况取决于两相的含量（体积分数）。当第二相的数量很少，合金发生塑性变形时，首先在较软的基体相开始，并且变形基本在较软的基体相中进行，随着变形量的增加，产生应力集中，较硬的第二相也将产生少量的变形。当第二相的体积分数增加到 30% 时，其与较软的基体相的变形程度接近，此时合金的塑性是两个组成相变形能力的平均值。当第二相的体积分数高于70%时，则该相变为合金的基体相，合金塑性变形将主要由它来控制。

当基体为塑性相而第二相为一定数量硬而脆的相时。合金的塑性变形基本上只在塑性好的基体上进行，硬而脆的第二项几乎不变形。合金的塑性变形能力取决于硬而脆的第二相的存在情况，如第二相的形状、大小、分布及数量等。

(1) 如果硬而脆的第二相颗粒粗大，变形只能在基体上进行。同时当外加应力很大时，将可能导致第二相破碎，并容易在第二相周围产生裂纹。这种合金的强度和塑性都较差。

(2) 如果脆性的第二相连续分布在基体塑性相的晶界上，将使基体塑性相完全被脆性相所割断，合金几乎不能产生塑性变形，因此变得很脆。

(3) 如果脆性的第二相呈片层状分布在基体塑性相的晶内，虽然不会使得合金变得很脆，但变形过程中，第二相片层间的间距会阻碍位错的运动，导致变形阻力增加，合金的强度提高。

(4) 如果脆性的第二相呈颗粒均匀分布在晶内，相比片层状对塑性相的变形的阻碍作用减弱，使得合金强度降低、塑性增加。

2. 弥散分布型两相合金的塑性变形

当第二相以细小弥散的微细颗粒均匀地分布于基体相中，能产生显著的强化作用，使合金获得良好的强度和塑性。这类合金的塑性变形，主要在基体相中进行，第二相可产生变形也可不产生变形。一般共格弥散的第二相能产生变形，而部分空格和非共格弥散的第二相不能产生变形。不论弥散的第二相是否产生变形，都会阻碍位错的运动，进而影响合金的塑性变形，使得合金获得强化。

弥散的第二相粒子的强化作用是通过对位错运动的阻碍作用表现出来的。即位错运动过程中和第二相粒子相遇后，以绕过和切过的方式通过第二相粒子。由于方式不同形成了不同的强化机理。

A　位错切过第二相的强化机理

当第二相粒子较软和比较细小，与基体存在共格关系的情况下，位错可以直接切过粒子，如图1-8所示。位错切过粒子时，将引起强烈的强化效应，主要是以下几方面的因素。

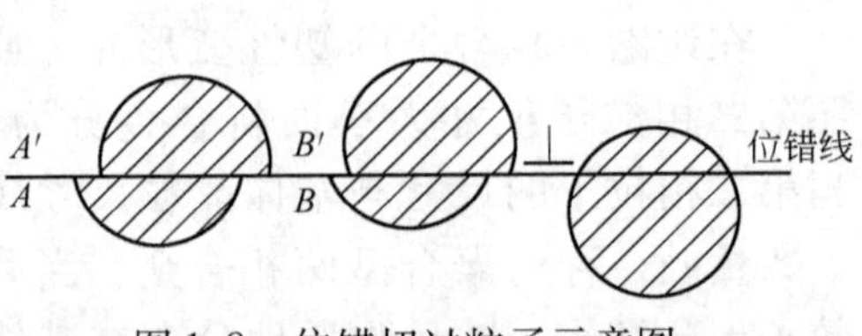

图1-8　位错切过粒子示意图

(1) 位错切过粒子后产生了新的界面，提高了界面能；如果粒子有序，位错切过粒子后，沿滑移面将产生反向畴界，增添了畴界能。因而位错如要切过粒子就需要增加外力功与附加应力。

(2) 由于粒子和基体的点阵所受阻力不同，粒子的点阵阻力大，其周围容易产生共格畸变，存在弹性应变场，阻碍位错运动。

(3) 由于基体的层错能与基体不同，扩展位错切过粒子时，其宽度会发生变化，引起能量升高，从而强化。

(4) 由于基体和粒子中滑移面的取向不一致，螺型位错线切过粒子时必然产生一割阶，由于割阶的存在将会阻碍整个位错的运动。

B　位错绕过第二相的强化机理

当第二相粒子较硬，尺寸较大时，与基体存在非共格关系的情况下，粒子不变形，位错线无法切过粒子，只能绕过粒子继续运动，如图 1-9 所示。

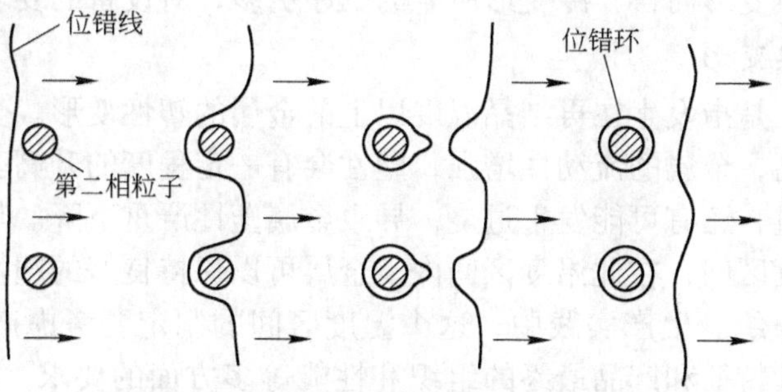

图 1-9　位错绕过第二相粒子的示意图

由图 1-9 可知，当位错线接近粒子不能切过时，在粒子前受阻，开始产生弯曲，随着位错弯曲的曲率半径（粒子间距 λ 的一半）减小，所需应力增加，当应力增加达到粒子间距 λ 所决定的临界弯曲应力时，位错线将会绕过粒子，继续向前移动，由于粒子右边弯曲的位错线与相邻部分的方向相反，将会相互吸引而合并消失，从而留下包围粒子的位错环和一条弯曲的位错线。随后弯曲的位错线在位错线张力的作用下变直并继续在外力的作用下前进。如果位错线持续不断的绕过粒子，在粒子周围陆续留下位错环。随着位错环的增加，相当于粒子间 λ 减小，位错绕过粒子所需的剪应力就会逐渐增加，位错的通过变得更加困难，从而使得合金产生强化。这个机理是 1948 年奥罗万（Orowan）首先提出的，所以也称奥罗万绕过机理。

第二节　塑性变形对金属组织和性能的影响

一、塑性变形的分类

金属的塑性变形方法按照不同的标准有不同的分类，如按照成形特点分为体积成形（也称块料成形）和板料成形；按照成形方式不同可以分为轧制、挤压、拉拔、锻造和冲压；如果按照塑性成形时坯料的温度不同，还可以分为冷成形、热成形和温成形三类。一些成形方法在本书的绪论部分已有介绍，这里重点讨论随温度不同金属塑性变形后对其组织和性能的影响。

（一）金属的冷变形

所谓金属的冷变形，不同的资料上有不同的解释。有的资料认为凡是在金属的再结晶温度以下发生的塑性变形统称为冷变形，而发生在再结晶温度以上的塑性变形则称为热变形。比如在轧制生产时，热轧温度通常在 A_{C3} 线以上至 1250℃ 之间的奥氏体再结晶区域，而低温变形（低温轧制）则指在 A_{C3} 线以下的铁素体区发生的塑性变形（随着技术的进步，这样的分类方法已经不能满足生产实践的需要，现在，我们所指的冷变形，是在室温下的金属塑性变形。也就是说，在对金属材料进行塑性加工的时候，不对其进行加热）。

由于没有加热处理，金属冷变形加工出的成品工件不会发生氧化、脱碳，所以表面质量好，同时产品可以达到很高的尺寸精度。如钢材在冷挤压成形时，尺寸精度可以达到±0.03～0.25mm。再者，随着变形的继续，金属内部的晶粒不会长大，在变形量达到一定程度的时候，晶粒甚至会变得更加细小。但在室温条件下，金属的塑性受到限制，所以同样一件产品，相对热变形而言，冷变形所需的工序更多，对设备的要求也更高。

（二）金属的热变形

金属的热变形，是指发生在再结晶温度以上的金属的塑性变形。金属发生热塑性变形时，随着温度的升高，金属的流动性增强，塑性会有一定程度的升高。但当温度过高时氧化、脱碳会更加严重，还有可能发生过烧，导致金属塑性严重下降。热变形开始到结束的温度一般是一个温度区间，在此温度区间内，金属可以保持良好的塑性、较低的变形抗力和较为理想的金相组织。生产实践中，这个温度区间的制定要考虑产品的材料、化学成分、产品的形状尺寸特征和产品最终的组织和性能等多方面的要求。比如，在热挤压时，金属的加热温度一般在再结晶温度之上至金属坯料的熔化温度之下150～250℃这一区间内。

（三）金属的温变形

金属温变形不同于冷变形和热变形，金属既不是在室温状态发生变形，也不是在红热状态下变形，而是在加热到高于室温、低于金属的再结晶温度的这一区间发生塑性变形。目前常见的温变形工艺有温锻成形、温挤成形等。

与冷变形相比，金属温变形时所需的变形力大幅度下降，对设备的要求较低，同时成形所用模具的寿命可以大大提高，有些情况下，模具寿命甚至可以提高100倍左右。另外，对于一些冷变形难以加工的材料，使用温变形时，可以省去期间的退火工艺，大大提高了生产率。与热变形相比，温变形加热温度较低，氧化、脱碳现象比较轻，甚至可以做到基本不产生氧化皮，零件的表面光洁度和精度大幅提高。因此，温变形时，金属坯料的余量较热变形要小得多。此外，使用温变形工艺的产品，其晶粒度的控制较为容易，一般来说，产品晶粒较为细小。

制定金属的温变形工艺时，最重要的一点就是合理的确定变形温度范围。温度太高，氧化和脱碳比较严重，温度太低，变形抗力大大增加。对于钢来说，普遍认为温变形温度控制在200～850℃之间比较合理。如温挤压时，温度为700℃时，成形质量较好。其次，对于温变形来说，合理地选择润滑剂也是一个重点。一般以固体润滑剂为主，如温挤压时，常采用石墨加低黏度机油的润滑剂，润滑效果良好。随着温变形所加工材料的多样化，如何选择适合各种合金材料的润滑剂和润滑方法，也成为研究温变形工艺的重要课题之一。

二、冷变形对金属组织和性能的影响

金属材料经过塑性变形后，不仅宏观上会发生形状、尺寸的变化，还会导致其内部组织发生一定程度的变化，最终使材料的性能发生改变。变形方式不同，这一影响也不同。下面，我们就从冷变形的角度，了解一下变形对金属材料组织和性能的影响。

（一）组织的影响

1. 晶粒形状的变化

金属材料冷变形后，内部晶粒的形状和尺寸会发生一定的变化，形状的变化趋势大致与金属的宏观变形一致，当宏观变形量达到一定程度后，晶粒会被打碎，晶粒尺寸变小。

若变形程度足够大，在晶粒形状发生变形的同时，金属晶粒间的夹杂物和第二相也会随着金属的流动，被拉长或拉碎成链状排列。通过金相图片观察，晶粒呈现为一片如纤维状的条纹，称为纤维组织。由于纤维组织的形成，金属的力学性能会产生各向异性，沿流线方向比垂直于流线方向有更高的力学性能、塑性和韧性。这是因为，在承受拉应力时，在纤维附近产生的微观空隙不容易扩大和贯穿到整个试件的横截面上，而垂直于纤维方向受拉时，纤维处产生的微小空隙和裂纹很容易沿纤维扩展，进而穿过整个试件的横截面，导致试件断裂。

在生产实践中，要注意以下几点：

首先，为使零件工作时有良好的力学性能，应使其工作时的最大正应力与纤维方向一致，而所受的冲击应力和剪应力与纤维方向垂直。其次，使纤维组织与零件的外部轮廓相符合而不被切断，即尽量避免零件的工作表面产生纤维露头。因为纤维露头相当于一个微观缺陷，在载荷的作用下易产生应力集中，称为疲劳源而使零件破坏，再者，裸露在外的纤维处含有大量杂质，原子排列较为杂乱，很容易受到腐蚀，从而引起零件破坏。

金属热变形时，由于金属的流动性更好，同样会产生纤维组织，具体情况将在下文中论述。

2. 亚结构的形成

金属的塑性变形主要是通过位错的运动进行的。塑性变形的过程中，位错运动并不断增殖，经过较大的冷变形量后，金属内部位错的密度大大增加。这些位错相互作用，在金属内部的分布并不是很均匀，它们相互纠缠在一起，形成“位错缠结”，如果变形量继续增大，就会形成胞状亚结构。这些胞状亚结构是晶粒内部被分割成的许多个小区域，在这些小区域的边界上存在大量位错组成的位错缠结，而区域内部的位错密度很低，晶格的畸变很小。各个胞之间的取向差异很小，但如果进一步加大变形程度，随着位错缠结程度的增加，胞的数量会增加，尺寸减小，胞间的取向差异也更加明显。经过大的冷变形，比如冷拔或冷轧后，胞的外形甚至也会随晶粒的外形变化，其变形趋势与金属的宏观变形相一致。

但如果金属冷变形后，晶粒内部位错的分布很均匀，位错缠结没有把晶粒分成许多个小的区域，即便位错密度大大增加，也不会形成亚结构。这类金属层错能较低，如奥氏体钢、不锈钢、铜和铜合金等。所以，对于层错能相对高的金属，如铝、铝合金、镍、铁素体钢和密排六方的金属等，随着冷变形的进行，就容易形成胞状亚结构。

3. 变形织构的产生

多晶体塑性变形时，不仅晶粒的形状、尺寸会发生变化，随着金属的流动，晶粒要根据外力的方向沿一定的方向轴发生转动。当金属所承受的变形程度很大时，大多数晶粒的某一滑移系将旋转至同一方向，或接近一致的方向。此时，多晶体中原本任意取向的各个晶粒，取向逐渐趋于一致。这种由于塑性变形而使晶粒具有择优取向的组织，称为变形织构。

同一种材料，随着变形方式和受力特点的不同，可出现不同种类的织构。常见的织构有丝织构和板织构两种。在拉拔、挤压，旋锻条件下会形成丝织构。这类变形的特点是轴对称变形，主应变为两向压缩、一向拉伸，变形后各个晶粒都有一个相同的晶向与最大主应变方向几乎平行。实验表明，体心立方金属的丝织构与最大主应变平行的晶向为［110］，面心立方金属则为［100］和［111］。轧制时会形成板织构。板织构的特点是，不仅每个晶粒都有一个晶向与最大主应变方向平行，而且某一晶面趋于与轧制方向平行。

类似的，不同的变形方式会形成不同的织构类型。如，镦粗时会形成镦粗织构，深冲时会形成深冲织构。虽然许多资料中都明确给出了织构的取向（晶向或晶面），但实际上每一个晶粒都转到织构的取向只是一种理想状况，各个晶粒只能是趋于织构的取向，并在这一取向附近波动。和织构取向统一的晶粒比例越大，取向统一程度越高，形成织构后金属所表现出来各向异性越明显。实验表明，产生变形织构后，即使经过退火，织构的各向异性仍然存在。由于织构的存在，金属各个方向的塑性指标并不相同。使用含有织构的板材拉伸时，会使产品形成“制耳”。表现为拉延件的壁厚不均匀、沿口不整齐，从而影响材料的利用率。实际生产中为了减小制耳的影响，可以采用带圆角的正方形板料来拉深圆筒形件。但某些情况下织构的存在也会有有利的一面，如有资料表明，采用具有织构的硅钢片制作变压器的铁芯可以显著提高其磁导率。

（二）性能的影响

由于冷塑性变形，会使金属的内部组织发生上述变化，因此，金属的性能也会发生相应的改变。变化最显著的是金属的力学性能。随着变形程度的增加，金属表现出塑性、韧性降低，强度、硬度增加，这一现象称为加工硬化。

加工硬化的原因一般来说有以下两个方面：

（1）由于塑性变形量的增大，使金属内部位错增殖并运动，位错密度增加且相互作用增强，最终使金属的变形抗力增强，塑性变形难以进一步发展；

（2）随着塑性变形的进行，金属内部的晶粒不断变形、破碎，并形成亚晶。由于亚晶界的存在阻止位错的运动，使金属表现出强度、硬度增高。

从上述分析可知，滑移系较多的金属，滑移可以在几个滑移面上进行，位错间的交互作用较强，所以加工硬化速率快。也就是说，立方晶系的金属加工硬化速率要比密排六方晶系的金属大。再者，层错能低、层错宽度大的金属位错在交滑移之前需要束集，也就是说，位错的可动性较差，不易发生交滑移，故其加工硬化速率比层错能高的金属大。这就解释了同为面心立方晶格的金属铜和铝，铜的层错能较低，其加工硬化率远比层错能高的铝大。最后，由于晶界对位错的阻碍作用，一般细金属比粗金属的加工硬化率高。但是在延伸率不超过百分之几时，这一结论是成立的，超过这一阶段，加工硬化就不再依赖于晶粒尺寸的大小。

了解加工硬化现象的规律对实际生产有重要的指导意义。对于加工硬化率较高的金属，随着变形量的增加，硬化现象严重，影响了金属塑性的发挥。在进行这类金属的加工时，需要采取多道次塑性加工，还需要在各道次之间增加退火工艺，以消除加工硬化的影响，保证成形工艺的完成。但更多时候，我们可以利用加工硬化来提高产品的实用性。

（1）加工硬化是提高金属强度、硬度、耐磨性的重要方法，尤其是对那些无法用热处理工艺强化的金属和合金。如用高锰钢制作的坦克、拖拉机履带，16Mn 钢制作自行车链条等，均使用加工硬化的强化方法。

（2）正是由于加工硬化现象，某些工件和半成品才能够得以成形。比如金属薄板的冲压成形，弯角处变形最严重，首先发生加工硬化，由于变形到一定程度后弯角处发生硬化，之后发生的变形就转移到薄板的其余部分，最终才得以形成薄厚均匀的冲压件。

（3）利用加工硬化可以使金属的强度、硬度增强，从而提高零件使用过程中的安全性。如零件在承受载荷时，若局部区域的负荷超过了屈服极限，这一区域的金属就会发生塑性变形并伴随着加工硬化，此后这部分金属得到强化，可以承受该负荷而不破坏，并把部分载荷转嫁给周围受力较小的区域，从而提高零件使用过程中的安全性。可以认为，加工硬化率较高的金属，拉伸变形时不易发生颈缩，从而推迟断裂的发生。

此外，冷塑性加工还会对金属的物理化学性能产生一定的影响，如导电性下降、化学活性提高，耐腐蚀性下降等。

三、热变形对金属组织和性能的影响

金属发生塑性变形后，吸收了部分变形功，内能增高，结构缺陷增多，处于不稳定的状态，当条件满足时，就有自发恢复到原始低内能状态的趋势。室温下，原子的扩散能力低，这种亚稳状态可以保持，一旦温度升高，原子扩散能力增强，当温度升高到一定程度，原子获得足够扩散能力时，就将发生组织、结构以及性能的变化。随着温度升高，金属内部依次发生回复与再结晶过程，如图1-10所示。热塑性变形与冷塑性变形相比，最大的不同就在于回复、再结晶与加工硬化同时发生，加工硬化不断被回复、再结晶消除，使金属材料始终保持高塑性、低变形抗力的软化状态。因此，回复与再结晶过程也被称为金属热塑性变形中的软化过程。

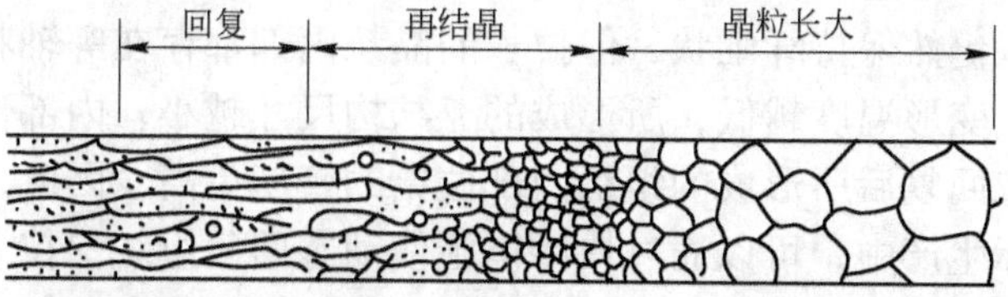

图1-10　回复、再结晶与晶粒长大示意图

（一）回复与再结晶

1. 回复

根据热塑性变形时所发生回复过程的不同特点，可以将回复分为静态回复和动态回复。静态回复是在热塑性变形后或变形的间歇利用金属变形余热发生的，而动态回复是在热塑性变形的过程中发生。

A　静态回复

随着温度的升高，发生回复的机理也不同。温度为0.1～0.3T_m（T_m是金属的绝对熔化温度），称为低温回复。回复的主要机理是空位、间隙原子等点缺陷的运动。其结果是空位与间隙原子结合或点缺陷运动至晶界、位错或表面处消失，导致晶粒内部点缺陷总数减少。温度为0.3～0.5T_m时，为中温回复。在该阶段，除了有上述点缺陷的运动外，原来金属中运动受阻的位错由于温度升高，原子受热运动能力增强而重新开始滑移，并成为

中温回复的主要机制。最终表现为同一滑移面上的异号位错对消或位错滑向位错胞，与胞壁内的异号位错对消，使胞壁由于位错密度减小而变得窄而清晰成为亚晶界。温度大于 $0.5T_m$ 而小于再结晶温度时发生的回复称为高温回复。由于温度进一步升高，受热激活的作用更为显著，位错的运动加强，此时的位错主要表现为位错的攀移、亚晶的合并和多边形化。

经过静态回复阶段，金属内部的点缺陷减少，位错密度有一定程度的下降，金属内部处于低能态，亚晶增大，晶界变得清晰，但晶粒的形状没有发生变化。由于以上变化，金属内部的性能也会发生相应的改变。

B　动态回复

动态回复是指在金属热塑性变形的过程中发生的回复。在金属的热塑性变形过程中，温度已经高于再结晶温度，在此过程中发生的软化过程只有再结晶吗？经过实验研究发现，事实并非如此，即使在远高于静态再结晶温度时进行塑性加工，塑性变形量也很大，却不发生再结晶，只发生动态回复。

研究发现，动态回复主要通过位错的攀移、交滑移来实现。位错运动容易、易发生攀移、交滑移的金属内部，异号位错比较容易相互抵消，导致位错密度下降，金属内部的畸变能降低，就不足以达到动态再结晶所需的能量。因此这类金属发生热塑性变形时，即使温度足够高、变形量足够大，也不会发生动态再结晶，只发生动态回复。可以看出，是否发生动态回复，与金属的层错能高低有很大关系。层错能高的金属，如铝、铝合金以及密排六方金属锌、镁等，变形时扩展位错宽度小，位错易束集，容易发生交滑移，这类金属内部，动态回复是热塑性变形过程中唯一的软化机制。有实验表明，对于层错能较低的金属，如果变形程度较小时，通常也只发生动态回复。

经过动态回复后，金属内部的位错密度先下降，然后随着变形的进行，增殖的位错与回复抵消的位错达到动态平衡，可以说动态回复导致了金属内部位错的重新分布。经显微观察，虽然金属组织仍然保持纤维状，但拉长的晶粒内部都存在等轴状亚晶，即胞状亚结构。变形速率越高，变形温度越低，所形成的亚结构尺寸越小，内部位错密度越高。与再结晶组织相比，动态回复后所形成的组织内部位错的密度更高，因此，一般来说回复组织的强度也更高。实际生产中，可以通过快冷措施使动态回复组织保持下来，从而提高金属材料的强度。目前，这一技术已经成功应用于提高建筑用镁铝合金挤压型材的强度。

2. 再结晶

热塑性变形过程中的再结晶过程可以分为静态再结晶、动态再结晶和亚动态再结晶。静态再结晶是在热塑性变形后或变形的间歇利用金属变形余热发生的，而动态再结晶是在热塑性变形的过程中发生。所谓亚动态再结晶是指在热塑性变形过程中已经形核，但还未长大的再结晶晶粒，或者形核后有一定程度长大的晶粒被遗留下来，变形停止后，热量还未降低很多，这些晶核或晶粒会继续长大，这个过程称为亚动态再结晶，也就是动态再结晶晶粒在热变形停止后的长大过程。

A　静态再结晶

冷变形金属加热到更高的温度后，在原来变形的金属中会重新形成无畸变的等轴晶，重新生成的组织完全取代原来金属的冷变形组织，这个过程称为金属的再结晶。金属的再结晶通过形核长大完成，其形核机理比较复杂，金属材质不同、变形条件不同，形核方式也不尽相同。再结晶是一个金属内部纤维组织彻底改变的过程，晶粒的形态及大小都发生改变，因此使金属的性能也发生彻底改变。如，金属的强度、硬度显著下降，塑性大大提高，加工硬化和产生的内应力完全消除，金属可以恢复到冷变形之前的状态。当然，如果科学的控制变形条件和再结晶条件，甚至可以调整再结晶晶粒的大小和再结晶的分布，从而改善和调节金属的组织和性能。

金属的再结晶是在一定的温度范围内进行的。关于再结晶的温度，工程上的规定是：冷塑性变形量超过90%的金属，在一小时的保温时间内，能完成再结晶过程的最低温度。再结晶温度与金属的变形量、纯度、加热速度和时间等因素有关。一般来说，变形程度越大，金属内部积累的畸变能就越大，其组织越不稳定，再结晶所需的温度就越低。而金属中的合金或杂质元素，尤其是高熔点的元素均会阻碍原子的扩散或迁移，影响再结晶的发生。因此会显著提高再结晶的温度。

再结晶完成后，金属内部组织处于较低的能量状态。如果温度等条件允许，细小晶粒合并成较大的晶粒会使总的界面面积减小，界面能降低，从能量角度来看，晶粒长大后的组织越发稳定。因此，再结晶完成后，或延长加热时间，晶粒必然会继续长大。

B　动态再结晶

动态再结晶是在热塑性变形过程中发生的再结晶。动态再结晶同样通过形核长大完成。

如前所述，动态再结晶容易发生在层错能较低的金属中，且当热塑性变形量较大时才会发生。这是因为层错能低，扩展位错的宽度就大，位错集束困难，不易产生位错的交滑移和攀移，即不易发生动态回复。这样，金属材料的内部就会积累足够的位错密度差，产生更大的畸变能。另一方面，变形程度越大，远远高于静态再结晶所需的临界变形程度，此时积累的畸变能就越大，即使发生动态回复，剩余的畸变能也足以诱发动态再结晶。若这两个条件不能满足，则只能发生动态回复。第三，晶界迁移的难易也会影响动态再结晶。溶质原子和杂质的加入以及弥散分布的第二相粒子，会阻碍晶界的迁移，从而延缓再结晶的速率。因此，金属越纯，发生动态再结晶的几率越大。

与静态再结晶相比，由于动态再结晶的过程中还在进行塑性变形，即新形成的晶粒随即发生塑性变形（发生位错的增殖和运动），所以动态再结晶晶粒较相同的静态再结晶晶粒有更高的强度和硬度。实验表明，降低变形温度，提高变形程度和应变速率会使动态再结晶后的晶粒细小。

C　亚动态再结晶

亚动态再结晶过程实际上是热塑性变形过程，由动态再结晶过程形成的晶核或晶粒在变形停止后，而温度又满足条件的情况下发生的晶粒的继续长大。亚动态再结晶不需要形核，所以进行得非常迅速。生产实践中，想要把动态再结晶组织保留到冷态是非常困难的。晶粒的长大又分为正常长大和异常长大，异常长大即二次再结晶。

晶粒正常长大时，金属内部几乎所有的晶粒都同时均匀的长大，长大后，晶粒的尺寸也较为均匀，可以得到性能均一的金属组织。二次再结晶时，少数晶粒通过吞食四周的晶粒而迅速长大，直至它们互相接触，这样，就会形成粗大且分布不均匀的组织。发生二次再结晶的原因在于，正常长大的晶粒由于受到第二相粒子、溶质原子、金属织构、热蚀沟等的强烈阻碍而停止，若此时金属内部局部区域第二相粒子分布较少，或由于温度的升高，这些区域上述阻碍晶界迁移的因素减弱或消失，以致该区域的晶粒得以继续长大，发生二次再结晶。

实践证明，热塑性变形时，若变形量过大，（超过90%）温度又足够高时，会发生再结晶晶粒的吞并长大，即二次再结晶，使变形后的再结晶晶粒粗大，且组织变得不均匀。从而降低了金属材料的强度和塑性，因此，实际生产中，制定再结晶工艺时，一定要避免发生二次再结晶。但是，对于某些磁性材料（硅钢等）来说，由于二次再结晶后形成的粗大晶粒具有择优取向，所以，可以利用二次再结晶使材料具有最佳的磁性。

（二）热塑性变形后金属组织和性能的变化

（1）改善铸造组织，锻合内部缺陷。铸造组织晶粒粗大，内部存在疏松、缩孔、微裂纹以及偏析等缺陷，通过热塑性变形，粗大的铸造晶粒变形、破碎，同时，缩孔、疏松、微裂纹被焊合，金属致密度提高。其次，由于金属的流动以及热塑性变形过程中原子的扩散能力增强，可以一定程度上改善铸造组织内部的偏析。再者，对于内部存在碳化物或非金属夹杂物的金属，通过合理的热塑性变形，在晶粒变形、流动的同时，金属内部的碳化物或夹杂物被打碎，且分布更加均匀，从而降低了这些脆性相对金属基体的危害。最后，热塑性变形中的回复和再结晶过程可以改善晶粒内部的组织，若变形条件控制合理，可以得到细小均匀的晶粒，大大提高了金属的性能。

（2）形成纤维组织。在铸态金属内部存在粗大的一次结晶晶粒，这些晶粒的边界上分布有非金属夹杂物的薄层。热塑性变形时，晶粒沿着最大变形方向拉长，晶粒间的非金属夹杂物也随之被拉长。变形程度足够大时，这些粗大的晶粒被打碎，其间的非金属夹杂物也被拉成长条状，形成纤维组织。当发生再结晶后，金属内部重新生成无畸变的等轴晶粒，但被拉成长条状的非金属夹杂物却保留下来。这也是冷变形纤维组织和热变形纤维组织的不同。

在一般情况下，纤维组织的方向只能通过变形方式改变，比如，轧制或拉伸时，纤维组织的方向与最大延伸方向平行，而锻造时的纤维组织则与原始的铸锭组织和压缩量有密切关系。由于纤维组织的形成，会使金属呈现出各向异性，沿流线方向比垂直于流线方向有更高的力学性能、塑性和韧性。这一点，与冷塑性变形中形成的纤维组织是相同的。生产实践中，如果想避免纤维组织的产生，可以通过不断改变变形的方向来实现。

（3）产生带状组织。热塑性变形后，金属内部产生的与最大变形方向大致平行的条带状偏析组织称为带状组织。如产生纤维组织的亚共析钢内部，缓慢冷却时，先析铁素体通常在纤维组织附近析出，形成铁素体带，而铁素体附近的富碳奥氏体则随后转变为珠光体带，最终形成“铁素体带+珠光体带”的带状组织。产生带状组织后，会使金属产生各向异性，横向的塑性和韧性有一定程度的下降。可以采用正火的方法消除带状组织，而高碳钢内部的带状组织可以采用变向锻造的方法进行消除。

此外，经过热塑性变形回复阶段后，由于变形而产生的内应力可以得到释放，从而避免工件的畸变或开裂。若发生再结晶，可以消除由于塑性变形而发生的加工硬化现象。

四、温塑性变形对金属组织和性能的影响

温变形是指将金属加热到再结晶温度以下的适当温度，进行的塑性变形。常见的金属温变形工艺有温挤压、温锻和温轧。温变形的温度对黑色金属在200～850℃左右，对于

高速钢来说，经实践证明，700℃和900℃时，以及低于500℃时，材料温挤压时都会表现出明显的脆性，而在750～850℃时，润滑条件合适变形速度适宜时，不易出现裂纹。对奥氏体不锈钢来说常用200～400℃，金属铝一般用室温到250℃，铜或铜合金是室温到350℃。但是针对某一确定材料的温塑性变形温度，根据变形速度、变形程度以及对产品性能的要求不同也有所不同。

发生温塑性变形后，金属内部的晶粒形状发生变化，并与最大变形趋势一致。由于位错的运动，也会发生位错的缠结，晶粒内部会产生亚结构。变形量较大时，会产生纤维组织与变形织构，使金属产生各向异性。在同一变形温度下，随着变形量的增加，金属内部晶粒细化现象越发明显，当变形量一旦超过某一临界点，温变形金属内部则开始发生再结晶。变形后，金属内部晶粒呈等轴状态，加工硬化现象消失。生产中可以通过增加变形程度、降低变形温度的方法来得到细小的温塑性变形再结晶晶粒。另外，在温度与压力的双重作用下，金属内部的原子扩散运动增快，从而使得铸造组织内部的偏析部分消除，金属内部成分更加均匀，性能有所提高。

第三节　金属的超塑性变形

金属塑性通常用伸长率大小来表示。一般黑色金属在室温下伸长率不超过40%；塑性良好的铝、铜等有色金属的伸长率约为50%～60%，即使高温下这些金属的伸长率也不会超过100%。但某些金属材料在特定组织结构和变形温度、速度条件下，可以呈现异常高的塑性，拉伸时不产生缩颈，也不断裂，伸长率大大超过100%，可达1000%～2000%，变形抗力也很小，这种现象称为超塑性，因此可以采用超塑性变形来成形钛合金、镁合金、铝锌合金、镍合金等较难成形的金属材料。

一、超塑性的分类

在超塑性研究初期，超塑性只认为是微细晶材料在恒温变形时所具有的特性。随着研究的深入和发展，发现其他合金，如粗晶粒合金、黑色金属等在一定条件下，通过同素异构转变、周期的相变、再结晶过程等，都可以获得超塑性。因此超塑性现象是一般金属和合金的一种普遍存在的现象。因此目前将超塑性分为细晶超塑性和相变超塑性。

（一）细晶超塑性变形

细晶超塑性主要特点是晶粒度细小、变形温度恒定、应变速率缓慢。材料变形前必须经过晶粒细化并使其成为超细等轴晶组织。晶粒的直径一般在5μm以下，且晶粒越细越均匀越有利于超塑性。细晶超塑性是在恒温下产生的，没有相变等组织结构上的转变，故也称恒温超塑性。一般变形温度为$0.5 \sim 0.7T_m$（T_m为绝对熔化温度）。由于在此温度下，原子热运动增加，有利于变形。再有，超塑性变形速率较缓慢，为$10^{-4} \sim 10^{-2}/s$，主要是由于原子扩散蠕变成形需要足够的时间。

细晶超塑性变形是目前研究和应用最多的一种超塑性。一般所指的超塑性多属于此类。如Zn－Al、Al－Cu、钛合金、铜合金、镍基合金及黑色金属的超塑性。

（二）相变超塑性变形

相变超塑性是指在一定的应力作用下，材料在相变温度附近反复加热和冷却，经过多次循环相变和同素异构转变而获得的很大的伸长率，从而达到超塑性。相变超塑性不要求金属具有超细晶粒组织，相变超塑性变形时，材料在每一次的加热和冷却过程中发生同素异构转变，如 α 和 γ 的相互转变。在应力的作用下每次转变循环就会得到一次跳跃式的均匀变形，经多次循环后即可积累很大的延伸变形量。

因此相变超塑性的首要条件是金属和合金具有固态结构转变能力；其次有应力的作用；再有是在相变温度上下循环加热和冷却，诱发它产生反复的结构变化，使金属原子发生剧烈运动而出现超塑性，所以也称动态超塑性。

相变超塑性除具有相变点的碳钢、Fe－Ni 合金钢和铸铁外，在铀、钛、锆等合金中也具有。由于相变超塑性必须给予动态的热循环作用，因此在温度控制方面比细晶超塑性困难得多。因此目前关于相变超塑性的研究远不如细晶超塑性那样广泛深入，对其规律尚无统一的认识，故下面关于超塑性的讨论都是针对细晶超塑性的。

二、超塑性变形机理

关于超塑性的变形机理，目前尚无一个统一的完整理论。目前一般认为，细晶超塑性变形的机理是与扩散相关的晶界滑移和晶粒转动，其中晶界滑移起主导作用。除此之外还伴随扩散性蠕变和位错运动，扩散性蠕变和位错运动在一定程度上起着协调晶粒间相互移动和转动，以及松弛因晶界滑动和晶粒转动而产生的应力集中的作用。

伴随扩散蠕变的晶界滑移机理是由 Ashby－Verrall 提出的模型。该模型由一组二维的 4 个六方晶粒组成，如图 1-11 所示。在拉应力 σ 作用下由初始状态（图 1-11a）开始超塑性变形，通过晶界扩散和晶内扩散（图 1-11b）造成晶界滑移和晶粒转动（图 1-11c），最后达到图 1-11d 所示状态。结果晶粒的位置发生了改变，提供了 0.55 的真应变，晶粒的形状没有改变，宏观上使得金属材料沿受力方向伸长。总之，超塑性变形是金属材料在高温下的一种塑性变形方式。

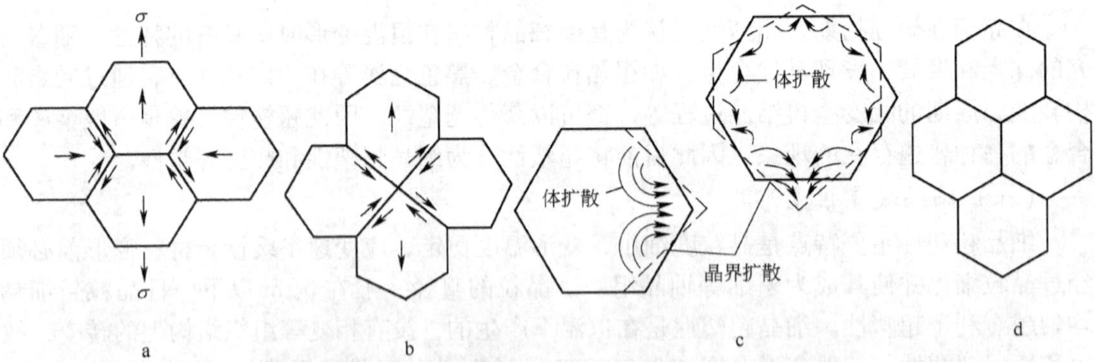

图 1-11　塑性变形时的晶界滑动与扩散

a—晶界滑移；b—晶界扩散；c—四晶粒交界变化；d—晶粒被拉长

三、超塑性变形的力学特征

超塑性变形与普通金属变形在变形力学特征方面有着本质的差别。普通金属在拉伸变形时存在缩颈现象，而超塑性金属拉伸时由于没有加工硬化（或很小，可忽略），其条件应力－应变曲线如图 1-12 所示。当应力超过最大值后，随着应变的增加而缓慢连续下降，而变形量逐渐增大，其伸长率可达百分之几百或几千。对应的真实应力－应变曲线如图1-13所示。该曲线几乎为恒定的直线，可见在整个变形过程中，真实应力几乎不随变形程度的增加而变化。

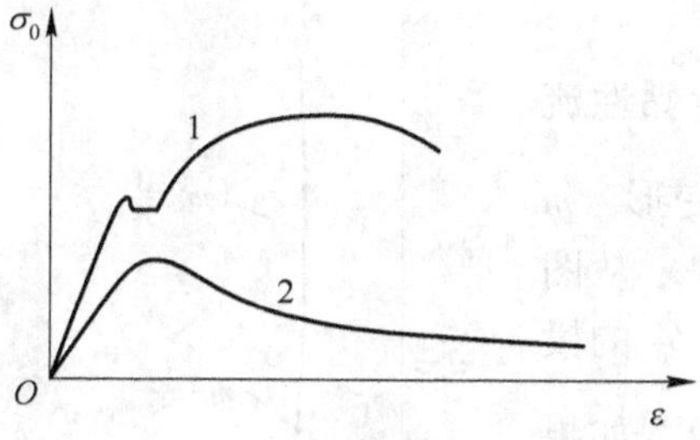

图1-12 条件应力－应变曲线
1—普通金属；2—超塑性

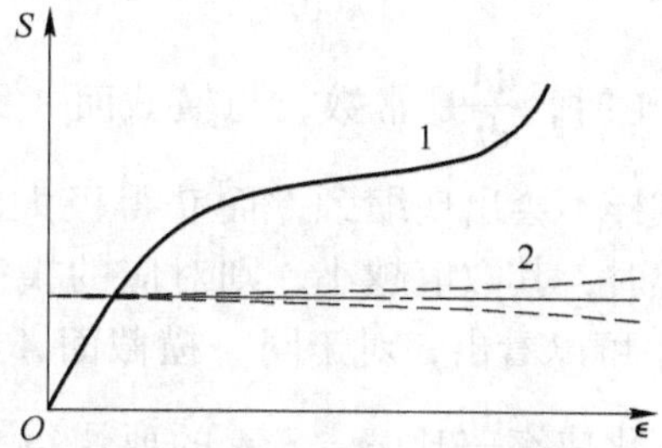

图1-13 真实应力－应变曲线
1—普通金属；2—超塑性

金属之所以能显示出超塑性，因为流动应力与真实应力的关系与理想弹塑性体相类似。流动应力与应变速率之间的关系具有牛顿黏性体的特征，流动应力随应变速率的增加而上升。因此超塑性变形时流动应力（真实应力）对应变速率极其敏感。其特征方程（本构方程）为：

$$S = k\dot{\varepsilon}^m \tag{1-4}$$

式中 S——真实应力；

$\dot{\varepsilon}$——真实应变速率；

k——取决于试验条件的材料常数；

m——应变速率敏感性系数。

应变速率敏感性系数 m 是表征超塑性的一个重要指标。根据上式，当 m 值较大时，随着应变速率的增大，流动应力迅速增大。如果试样在某处出现缩颈的趋势，则此处的局部应变速率增大，导致变形抗力增加，阻止此局部变形继续发展，于是变形将转移到其余部位继续进行。如果再出现颈缩趋势，同样由于颈缩部位的应变速率增加而局部强化，使颈缩传播到其他部位，从而获得巨大的宏观超塑性变形。因此整个超塑性变形过程就是一个缩颈位置发生不断转移和交替的过程。当材料的 m 值越大，应变速率敏感性越强，这种颈缩不断转移和交替过程延续时间可能越长，因而变形量越大，所以超塑性拉伸曲线在峰值以后有很长的连续曲线。可见 m 值反映了材料抗缩颈的能力，因而是评定材料是否能呈现超塑性的重要指标。对于普通金属 $m = 0.02 \sim 0.2$；对于超塑性金属，$m = 0.3 \sim 1.0$。

应变速率敏感性系数 m 值主要与拉伸试件的横截面的变化有关系。设拉伸试件横截面 A 受拉伸载荷 P 的作用，则 $S = \dfrac{P}{A}$。根据式（1-4）可得，

$$S = k\dot{\varepsilon}^m = \frac{P}{A} \tag{1-5}$$

由于试件塑性变形体积不变，则根据应变速率定义有：

$$\dot{\varepsilon} = -\frac{1}{A}\frac{\mathrm{d}A}{\mathrm{d}t} \tag{1-6}$$

t 为变形时间。求解式（1-5）和式（1-6）可得：

$$\frac{dA}{dt} = -\left(\frac{P}{k}\right)^{\frac{1}{m}} \cdot A^{1-\frac{1}{m}} \tag{1-7}$$

式（1-7）中 A 与$\frac{dA}{dt}$的关系曲线如图 1-14 所示。

当 $m=1$ 时，$\frac{dA}{dt}$是常数，与横截面 A 无关，属于纯黏性流动，试样不会出现缩颈，而获得极大的均匀拉伸变形。m 值减小时，其数值越小，则对应的横截面变化越快。从图 1-14 中可以看出，对于同一横截面 A 处，当 $m=1/4$ 的横截面变化速率$\frac{dA}{dt}$比 $m=3/4$ 的要快得多，也就是说，如果试件在某处发生了缩颈，则 m 值小的，如 $m=1/4$ 的材料，横截面便迅速变小直至断裂。相反，具有大 m 值的材料，对局部收缩的抗力增大，横截面变化平缓，拉伸时不易出现缩颈，就有可能得到大的伸长率。

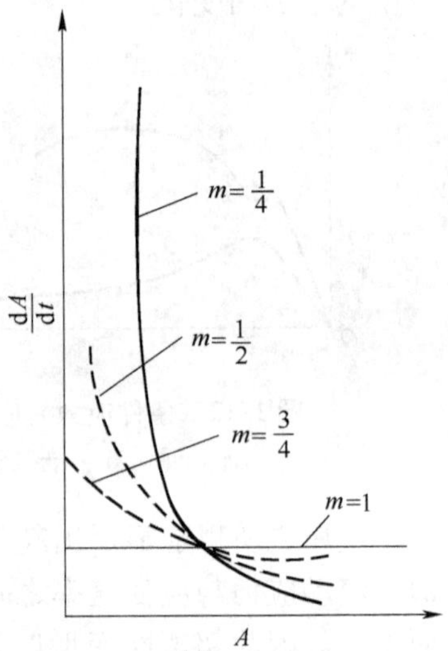

图 1-14 $\frac{dA}{dt}$与 A 的关系

四、超塑性变形对金属材料组织结构的影响

超塑性材料变形时产生的结构和性能变化，是外加应力与热激活共同作用的结果。了解这些问题，可有助于获得超塑性变形微观机理的某些基本信息；预估超塑性变形后力学性能可能产生哪方面的变化，为指导超塑性生产加工提供理论依据。

（一）晶粒形状与尺寸的变化

超塑性变形时，晶粒的等轴性几乎保持不变。如 Sn－5% Bi 合金的伸长率高达 1000% 时，晶粒仍然保持等轴；某些轧制或挤压的材料即使在变形前带有明显的纤维或片状组织，经超塑性变形后，仍可获得均匀的等轴晶。晶粒在保持等轴的前提下，会随着变形程度的增加而不断长大。在晶粒长大的同时，晶界还出现圆弧化的趋势。适当的提高变形速度，可抑制晶粒长大的倾向。

晶粒长大、晶粒等轴化及晶界的圆弧化等现象说明在超塑性成形过程中，存在着动态再结晶或晶界迁移以及同相晶粒相聚与合并的过程。

另外某些密排六方晶格的超塑性材料变形时，晶粒在长大的同时，还沿拉伸方向被拉长。并且应变速率越低，此现象越明显。说明这类晶体超塑性变形时，存在晶内滑移现象，亦说明超塑性变形时晶粒等轴化的倾向也有例外。

（二）显微组织结构的变化

超塑性变形时，金属晶体内部可动位错密度比未变形时高出许多。但在最佳超塑性应变速率范围内，一般不产生亚结构。但当流体静压力相当大时，晶粒内部将产生亚晶界，并且位错密度随着压力的增加而增大。

超塑性变形时，由于热激活的作用，材料内部的空位急剧增多，空位浓度的过饱和程度非常高。主要由于材料的晶粒很小，晶界总面积较大。因为晶界是空位的发源地，所以当晶界移动和晶粒转动时，会在某些晶界产生大量的空位。另外，超塑性变形时，位错的运动和交互作用也可以导致过饱和空位产生，且其浓度随着位错密度增加而增加。进一步研究还表明，空位浓度将随拉应力、应变速率的增加而增加。当其他条件不变时，空位浓度还随晶粒度的减小而增加。

（三）空洞的形成

超塑性变形达到一定程度时，材料内部就会出现空洞，即微裂纹。按空洞的形状大致可分两类：一为产生与三晶粒交界处的楔形或V形空洞，如图1-15所示。二为沿晶界，特别是相界产生的形状接近于圆或椭圆的圆形或O形空洞，并且在带坎的晶界上也会出现O形空洞，如图1-16所示。第一类空洞是由应力集中所产生的。第二类空洞中出现O形空洞的晶界与相界多半与拉应力垂直；在带坎的晶界上也会出现O形空洞，可以看做是过饱和空位向晶界（或相界）汇流、聚集（沉淀）而形成。

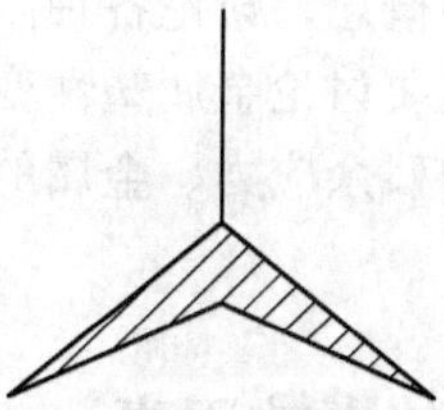

图1-15　三晶界交界处的V形空洞

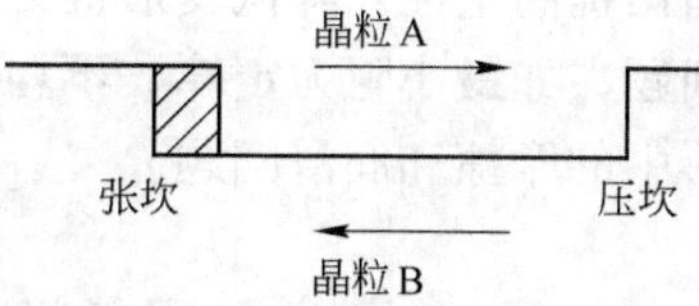

图1-16　带坎晶界上的O形空洞

空洞在超塑性变形时难以完全避免。只要空洞密度小，尺寸又不大，就不会对超塑性成形产生较大的影响。空洞的产生的主要原因是，当塑性变形主要是通过晶界滑移的方式来进行时，在变形过程中如果没有其他与之相适应的物质流动过程（扩散蠕变和位错蠕变）来弥合（或复接）晶界移动所造成的空隙，或者这种弥合速度跟不上空隙的发展速度，就必然会在晶粒之间产生空洞。因此晶界滑动与其他相关变形机制的相互协调与适应，是材料在变形过程总不出现或少出现空洞的根本保证。

习题与思考题

1. 金属塑性变形的机理有哪些，各自在什么情况下起主要作用？
2. 简述合金塑性变形的特点。
3. 什么是加工硬化现象，发生加工硬化的原因是什么，加工硬化对金属性能的有利影响和不利影响有哪些，怎样消除不利影响？
4. 热塑性变形时的软化机制有哪些？
5. 温塑性变形与冷塑性变形和热塑性变形相比有哪些优点？
6. 什么是纤维组织，对金属性能的影响有哪些？
7. 冷塑性变形和热塑性变形都会形成纤维组织，这两种纤维组织有何不同？
8. 超塑性变形的特征是什么，常见的超塑性变形分为哪几种？
9. 与一般金属的塑性变形相比，超塑性变形的应力-应变曲线有何特征？
10. 简述冷变形、热变形、温变形和超塑性变形后金属内部组织有可能发生的变化及由此造成的性能变化。

第二章　金属的塑性和塑性变形

金属的塑性加工是以金属具有的塑性为前提的，从金属塑性加工的角度出发，希望金属具有更高的塑性、更低的变形抗力，尤其当开发低塑性、高强度的新材料时，需要采取相应的新工艺以提高塑性进行加工。因此，研究其塑性、变形抗力及其影响因素是一个十分重要的问题。在金属塑性成形时，影响金属流动的因素十分复杂，要定量描述成形流动规律非常困难。本章的目的在于阐明金属塑性和变形抗力的概念，讨论各种因素对它们的影响，并指出提高塑性和降低变形抗力的基本途径。同时还要讨论金属塑性变形与流动的一些基本问题，如最小阻力定律、不均匀变形、附加应力与残余应力、金属的断裂以及金属塑性成形中的摩擦和润滑问题。

第一节　金属的塑性、变形抗力及其影响因素

一、塑性和变形抗力的概念

（一）塑性、塑性指标和塑性图

所谓塑性，是指金属在外力作用下发生永久变形而又不破坏其完整性的能力。

金属的塑性不是固定不变的。同一种材料，在不同的变形条件下，会表现出不同的塑性。例如，铅在通常情况下具有极好的塑性，但在三向等拉应力作用下，却像脆性材料一样被破坏，而不产生任何塑性变形。因此，塑性是金属在一定变形条件下所呈现出的一种状态属性。影响金属塑性的因素主要有两个方面：（1）金属本身的条件，如化学成分和组织结构等；（2）变形时的外部条件，如变形温度、变形速度、应力状态等。

为了衡量金属塑性的高低，需要一种数量上的指标，称其为塑性指标。塑性指标是用金属材料开始破坏时的塑性变形量来表示的。常用的塑性指标是拉伸试验时的伸长率 δ 和断面收缩率 ψ。δ 和 ψ 由下式确定：

$$\delta = \frac{L_K - L_0}{L_0} \times 100\% \tag{2-1}$$

$$\psi = \frac{F_0 - F_K}{F_0} \times 100\% \tag{2-2}$$

式中　L_0，L_K——试样的原始标距间和试样断裂后标距间的长度；

　　　F_0，F_K——试样的原始横截面积和试样断裂处最小横截面积。

实际上，这两个指标只能表示金属在单向拉伸条件下的塑性变形能力。

金属的塑性指标除了用拉伸试验之外，还可以用镦粗试验、扭转试验等来测定。

镦粗试验由于比较接近塑性加工的实际变形方式，是经常采用的一种方法。进行该试验时，将试样做成圆柱体，高度 H_0 为直径 D_0 的1.5倍。取一组试样在压力机或锤上进行

镦粗，直至试样表面出现肉眼能观察到的裂纹为止，如图 2-1 所示。此时的压缩程度 ε 即为塑性指标，其数值由下式确定：

$$\varepsilon = \frac{H_0 - H_K}{H_0} \times 100\% \qquad (2\text{-}3)$$

式中　H_0，H_K——试样原始高度和第一个出现裂纹的试样镦粗后高度。

如果把若干组试样分别加热到不同的预定温度，进行镦粗试验，即可测定金属和合金在不同温度下的塑性指标。

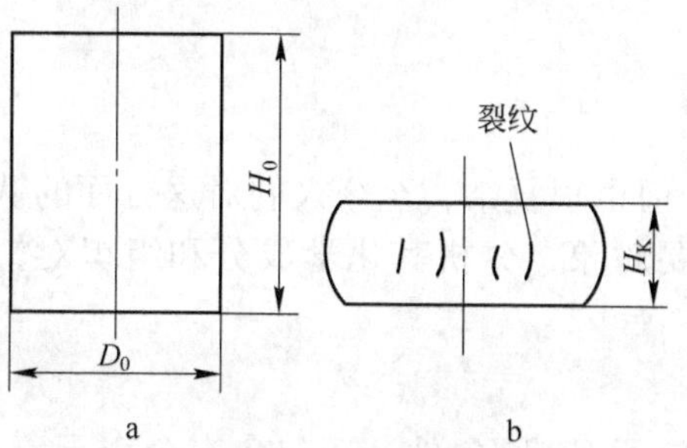

图 2-1　镦粗试验
a—镦粗前；b—镦粗后

如图 2-1 中镦粗试验时试样裂纹的出现，是由于侧表面处附加拉应力作用的结果。工具与试样接触表面的摩擦力、散热条件、试样的几何尺寸等因素，都会影响到附加拉应力的大小。因此，用镦粗试验测定塑性指标时，为便于比较，必须制定相应的规程，说明试验的具体条件。

通常根据镦粗试验的塑性指标 ε，材料可如下分类：$\varepsilon \geqslant 60\% \sim 80\%$，为高塑性材料；$\varepsilon = 40\% \sim 60\%$，为中塑性材料；$\varepsilon = 20\% \sim 40\%$，为低塑性材料。塑性指标 ε 在 20% 以下，该材料实际上难以进行塑性加工。

扭转试验的塑性指标，是以试样扭断时的扭转角（在试样标距 l_0 起点和终点两个截面间的扭转角）或扭转圈数来表示。由于扭转时应力状态近于零静水压力，且试样从试验开始到被破坏止，在其整个长度上塑性变形均匀地进行，始终保持均匀的圆柱形，不像拉伸试验时会出现颈缩和镦粗实验时会出现鼓形，从而排除了变形不均匀性的影响，这对塑性理论的研究无疑是很重要的。

以不同温度时得到的各种塑性指标（δ、ψ、σ_b 及 a_K 等）为纵坐标，以温度为横坐标，绘成函数曲线，这种曲线图，称为塑性图。图 2-2 是碳钢的塑性图。一个完整的塑性图，应该给出压缩时的变形程度 ε、拉伸时的强度极限 σ_b、伸长率 δ、断面收缩率 ψ、扭转时的扭转角或转数以及冲击韧性 a_K 等力学性能和试验温度的关系，它是确定金属塑性加工加热规范的重要依据。

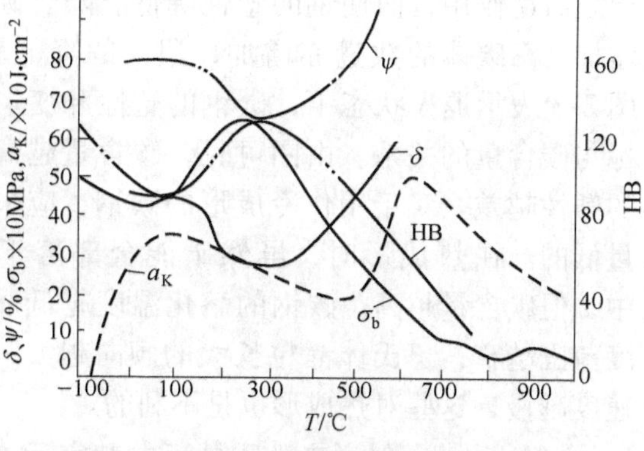

图 2-2　碳钢塑性图

（二）变形抗力

塑性加工时，使金属发生塑性变形的外力，称为变形力。金属抵抗变形的力，称为变形抗力。变形抗力和变形力数值相等，方向相反，一般用接触面上平均单位面积变形力表示其大小。当压缩变形时，变形抗力即是作用于施压工具表面的单位面积压力，故亦称单位流动压力。

变形抗力和塑性，是两个不同的概念，塑性反映材料变形的能力，变形抗力则反映材料变形的难易程度。

变形抗力的大小，不仅决定于材料的真实应力（流动应力），而且也决定于塑性加工时的应力状态、接触摩擦以及变形体的尺寸等因素。只有在单向拉伸（或压缩）时，变形抗力等于材料在该变形温度、变形速度、变形程度下的真实应力。因此，离开具体的加工方法所决定的应力状态、接触摩擦等因素，就无法评论金属和合金的变形抗力。为了研究问题时方便，我们在讨论各种因素对变形抗力的影响时，在某些情况下姑且把单向拉伸（或压缩）时的真实应力当做反映变形抗力大小的指标。实际上可以认为，塑性加工时变形抗力的大小，主要决定于材料本身的真实应力。但是它们之间的概念不同，它们的数值在大多数情况下也不相等。

二、化学成分和组织对塑性和变形抗力的影响

金属的化学成分和组织对塑性的影响非常明显，但也很复杂，至今人们对这方面的认识还很不全面。本部分以钢（碳钢和合金钢）为主要对象，分析其化学成分和组织对塑性成形时塑性和变形抗力的影响。

（一）化学成分的影响

在碳钢中，Fe 和 C 是基本元素。在合金钢中，除了 Fe 和 C 外，还包含有合金元素。常见的合金元素有 Si、Mn、Cr、Ni、W、Mo、V、Co、Ti 等。此外，由于矿石、冶炼和加工等方面的原因，在各类钢中含有一些杂质，如 P、S、N、H、O 等。

1. 碳钢中碳和杂质元素的影响

（1）碳：碳对碳钢的影响最大。碳能固溶于铁，形成铁素体和奥氏体固溶体，它们都具有良好的塑性。当碳的含量超过铁的溶碳能力，多余的碳便与铁形成化合物 Fe_3C，称为渗碳体。渗碳体具有很高的硬度，而塑性几乎为零，对基体的塑性变形起阻碍性作用，而使钢的塑性降低。随着碳含量的增加，渗碳体的数量亦增加，塑性的降低就更甚。图 2-3 表示退火状态下，碳钢的塑性和变形抗力指标与碳含量的关系。由图可见，碳含量越高，碳钢的塑性越差。对于用作冷成形的碳钢，应采用碳含量低的。在热成形时，虽然碳能全部溶于奥氏体中，但碳含量越高，碳钢的熔化温度越低，锻造温度范围越窄，奥氏体晶粒长大的倾向越大，再结晶速度越慢，这些对热成形也是不利的。

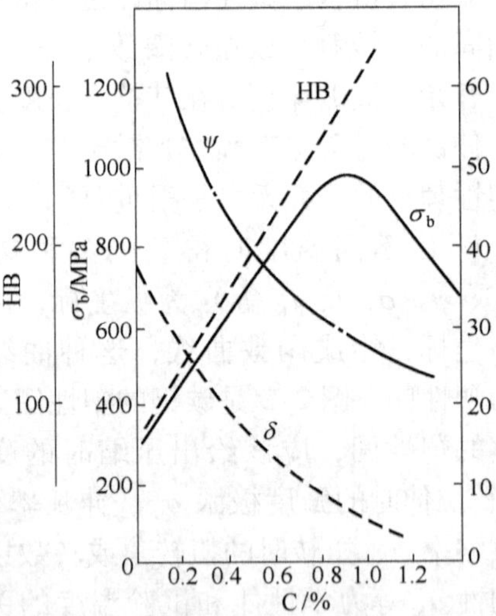

图 2-3　碳含量对碳钢力学性能的影响

（2）磷：一般说来，磷是钢中有害元素，其固溶强化能力很强。磷溶入铁素体后，使钢的硬度、强度显著提高，塑性、韧性显著降低，尤其在低温时更为严重，这种现象称为冷脆性。故对冷变形钢（如冷镦钢、冷冲压钢板等）应严格控制磷的含量。

（3）硫：硫是钢中有害杂质，它在钢中几乎不溶解，而与铁形成 FeS。FeS 与铁形成易熔共晶体，其熔点为 985℃，分布于晶界。当钢在 800 ~ 1200℃范围内进行塑性加工时，由于晶界处的硫化铁共晶体塑性低或发生熔化，而导致锻件开裂，这种现象称为热脆性。但当钢中含有足够数量的锰后，便可以消除硫的有害作用。

(4) 氮：在590℃时，氮在铁素体中的溶解度最大，约为0.1%，但在室温时，则降至0.001%以下。当将氮含量较高的钢自高温较快地冷却时，铁素体中的氮过饱和。随后在室温或稍高温度下，氮将逐渐以Fe_4N形式析出，使钢的强度、硬度提高，塑性、韧性大为降低，这种现象称为时效脆性。

(5) 氢：钢中溶氢，会引起氢脆现象，使钢的塑性大大降低。氢在钢中的溶解度随温度的降低而降低。当氢含量较高的钢锭经锻、轧后较快冷却时，从固溶体析出的氢原子，来不及向钢坯表面扩散，而集中在钢内缺陷处（如晶界、嵌镶块边界和显微空隙处等），形成氢分子，产生相当大的压力。

在组织应力、温度应力和氢析出所造成的内应力的共同作用下，钢由于氢脆，而出现微细裂纹，即所谓白点，这种现象在合金钢中尤其严重。

(6) 氧：氧在铁素体中的溶解度很小，主要是以Fe_3O_4、FeO、MnO、Mn_3O_4、SiO_2、Al_2O_3等夹杂物形式存在于钢中。这些夹杂物对钢的性能有不良的影响，会降低钢的疲劳强度和塑性。氧化铁还会与其他夹杂物（如FeS）形成易熔共晶体，分布于晶界处，造成钢的热脆性。

化学成分对变形抗力的影响是非常复杂的。一般情况下对于各种金属，因原子间相互作用的特性不同，变形抗力也不相同。同一种金属，纯度越高，变形抗力越小。不同牌号的合金，组织状态不同，变形抗力数值也不同。如退火的纯铜，常温下的变形抗力为70MPa，而退火的纯铝，变形抗力为30MPa左右，同样的LY12硬铝合金，在退火状态下，变形抗力为100MPa，淬火时效后为300MPa（上述数据都是屈服应力）。

2. 合金元素的影响

合金元素加入钢中，不仅改变钢的使用性能，而且改变钢的塑性成形性能。主要表现为：塑性降低，变形抗力提高。这些现象可从以下几个方面来解释：

(1) 合金元素融入固溶体（无论是γ-Fe还是α-Fe）中，都将使铁原子的晶体点阵发生不同程度的畸变，从而使钢的抗力提高，塑性降低。

图2-4和图2-5表示合金元素对铁素体的强度极限和伸长率的影响。从图可以看出，

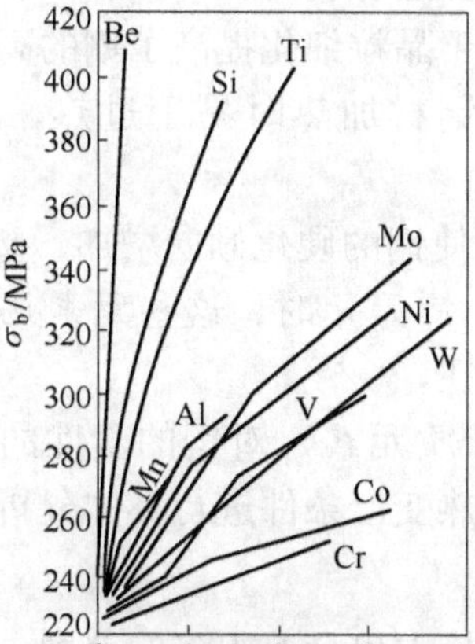

图2-4　合金元素对铁素体强度极限的影响

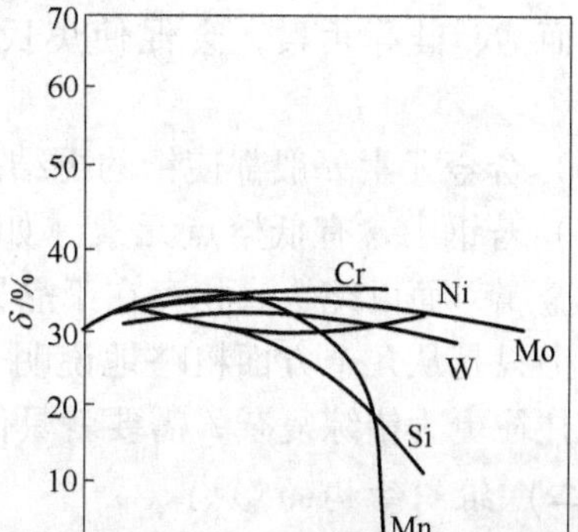

图2-5　合金元素对铁素体伸长率的影响

Si、Mn 能显著提高铁素体的强度，且当其含量超过 1% 时，铁素体的伸长率显著下降。故含 Si、Mn 量多的钢难以冷塑性成形。Cr、Ni、W、Mo 对铁素体强度亦有一定的影响，但对铁素体伸长率影响不大（在图中所规定的含量范围内）。

（2）合金元素与钢中的碳形成硬而脆的碳化物（如：碳化铬、碳化钼、碳化钨、碳化钒、碳化钛等），使钢的硬度提高，塑性降低。但是碳化物的影响还与它的形状、大小和分布状况有密切关系。Nb、Ti、V 等元素的碳化物，在钢中成高度分散的极小颗粒，起弥散强化作用，使钢的强度显著提高，但对塑性的影响不大。而高合金钨钢（如高速钢），由于晶界上含有大量共晶碳化物，塑性很差。

在热态下，大量碳化物溶入奥氏体，减弱了碳化物对钢的强化作用。但是对于那些含有大量 W、Mo、V、Ti、Cr 和 C 的高合金钢（如高速钢、铬 12 型工具钢等），在热成形温度范围内，并非全部碳化物都能溶入奥氏体中（对于共晶碳化物，则完全不溶解），加上大量合金元素溶入奥氏体所引起的固溶强化作用，故其高温抗力要比同碳量的碳钢高出许多，塑性也差得多。

（3）合金元素改变钢中相的组成，造成组织的多相性，从而使钢的塑性下降。例如，铁素体不锈钢和奥氏体不锈钢均为单相组织，在高温时具有良好塑性。但如成分调配不当，则会在铁素体钢中出现 γ 相，或在奥氏体钢中出现 α 相，或者造成两相比例不适中。由于这两种相的高温性能和它们的再结晶速度差别很大，引起锻造时不均匀变形，从而降低钢的塑性。

（4）合金元素与钢中的氧、硫形成氧化物或硫化物夹杂，造成钢的热脆性，给热成形带来困难。例如，在钼钢或镍基合金中，若硫含量较高，则钼或镍会与硫化合，形成含硫化镍的低熔点共晶产物，分布于晶界上，造成热脆性。相反，锰、钛等元素能与硫化合，形成熔点高于 FeS 的硫化物（如 MnS、TiS 等），使钢的热脆性降低，有利于热成形的进行。

（5）合金元素能影响钢的铸造组织和影响钢材加热时晶粒的长大倾向，因而也影响钢材的塑性。例如：硅、镍、铬等会促使铸钢中柱状晶的成长，从而降低钢的塑性，给开坯锻轧带来困难；而钒能细化铸造组织，对提高钢的塑性是有利的。又如钛、钒、钨等元素，对钢材加热时晶粒的长大倾向有强烈阻止作用，由于晶粒细化提高了钢的高温塑性和抗力；而锰、硅等元素，会促使奥氏体晶粒长大，使钢材加热时易于过热，从而降低塑性。

（6）合金元素一般都使钢的再结晶温度提高，因而使钢的硬化倾向增加，塑性降低。

（7）若钢中含有低熔点元素（如铅、锡、砷、铋、锑等）时，这些元素几乎都不溶于基体金属，而以纯金属相存在于晶界，造成钢的热脆性。

以上只是从几个方面粗略地说明合金元素（包括杂质元素）对钢的塑性的影响。实际情况往往更为错综复杂，需要就具体钢种，根据冷、热变形条件进行具体分析。

（二）组织结构的影响

一定化学成分的金属由于组织的不同，塑性和变形抗力也会有很多的差别。

单相组织（纯金属或固溶体）比多相组织塑性好。多相组织由于各向性能不同，使得变形不均匀，同时基体相往往被另一相机械的分割，故塑性降低。此时，第二相的性质、形状、大小、数量与分布状况起着重要作用。

若金属内两相变形性能相近，则金属的塑性为两相的平均值。当两相性能差别很大时，譬如一相的塑性很好，另一相的硬而脆，则变形主要在塑性好的相内进行，另一相对变形阻碍作用。硬而脆相的形状、大小和分布状况不同，对塑性影响的程度亦不同。如果硬而脆的第二相呈连续或不连续的网状，分布在塑性相的晶界上，则塑性相的晶粒被脆性相包围分割，其变形能力难以发挥，变形时在晶界处易产生严重的应力集中，会很快的导致裂纹的产生，使金属的塑性大大降低。脆性相的数量越多，网的连续性越严重，金属的塑性就越差。如果硬而脆的第二相呈片状或层状分布于晶粒内部，则对塑性变形的危害性较小，一般使塑性有一定的降低。如果硬而脆的第二相呈颗粒状或弥散质点，均匀分布于晶粒内部，则对金属的塑性影响不大。因为如此分布的脆性相，几乎不影响基体相的连续性，它可以随基体相的变形而“流动”，不会造成明显的应力集中。

当合金为单相组织时，单相固溶体中合金元素的含量越高，变形抗力越高。这是因为无论是间隙固溶体还是置换固溶体，都有晶格畸变。加入的量越多，引起晶格畸变越严重，金属的变形抗力也就越大。单相组织比多相组织的变形抗力低，当合金为多相组织时，第二相的性质、形状、大小、数量和分布状况，对变形抗力都有影响。一般来说，硬而脆的第二相在基体相晶粒内呈颗粒状弥散分布，合金的变形抗力就高。第二相越细，分布越均匀，数量越多，则变形抗力越高。因为大量弥散分布的细质点成为塑性变形的障碍物，阻碍滑移的进行，使金属的变形抗力提高。

细晶粒组织有利于提高金属的塑性。对它的解释是：在一定的体积内，细晶粒金属的晶粒数目必然比粗晶粒金属多，塑性变形时取向有利于滑移的晶粒也较多，故变形能较均匀地分散到各个晶粒。另外，从每个晶粒的应变分布来看，细晶粒时晶界的影响遍及整个晶粒，故晶粒的应变和靠近晶界处的应变的差异就较小。总之，细晶粒金属的变形不均匀性和由于变形不均匀性所引起的应力集中均较小，故开裂的机会也少，断裂前可承受的塑性变形量增加。图 2-6 是几种钢的平均晶粒直径和断面收缩率的关系曲线。

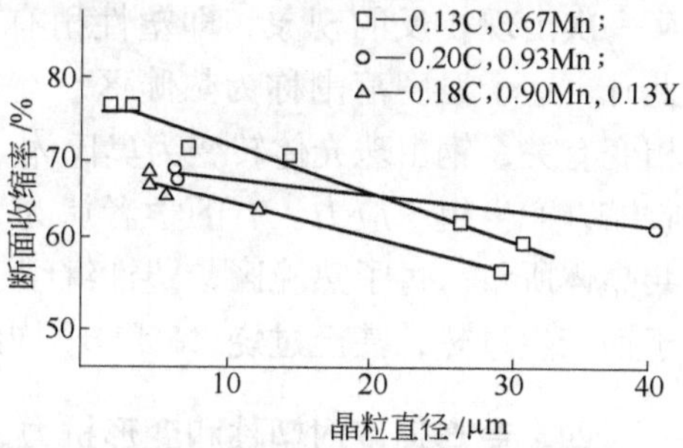

图 2-6　几种钢的平均晶粒直径和断面收缩率的关系曲线

金属和合金的晶粒越细，在室温下由于晶界强度高于晶内，所以金属和合金的变形抗力就高。

铸造组织由于具有粗大的柱状晶粒和偏析、夹杂、气泡、疏松等缺陷，故使金属塑性降低。为保证塑性成形的顺利进行和获得优质的锻件，有必要采用先进的冶炼方法提高铸锭质量，这在大型锻件（如大型电站设备中的转子、护环、主轴叶轮锻件及大型船用曲轴锻件等）生产中尤为重要。另外，钢锭变形前的高温扩散（均匀化）退火，也是很有效的措施。锻造时，应创造良好的力学条件，并使变形尽可能均匀，打碎粗大柱状晶粒，获得细晶粒组织，可使金属的塑性大为提高。对于高合金钢锭，开始变形时变形量不能太大，待铸造组织逐渐变为锻造组织后，再加大变形量。像高速钢这类高合金钢锭，即使在高温时塑性也甚差，直接进行轧制容易开裂，故常先仔细的预锻到一定尺寸，改善其塑性后再进行轧制。有些合金钢锭，最好用挤压来实现初始变形。

三、变形温度对塑性和变形抗力的影响

变形温度对金属和合金的塑性和变形抗力有着重要影响。就大多数金属和合金来说，总的趋势是：随着温度升高，塑性增加，变形抗力降低。但在升温过程中，在某些温度区间，某些合金的塑性会降低，变形抗力会提高。由于金属和合金的种类繁多，很难用一种统一的模式，来概括各种合金在不同温度下的塑性和变形抗力的变化情况。下面以碳钢为例来说明。

图 2-7 表明了碳钢伸长率 δ 和强度极限 σ_b 随温度变化的情形。总的趋势是：随着温度的升高，塑性增加。但在加热过程中，在某些温度区域，金属的塑性会降低，出现所谓脆性区。

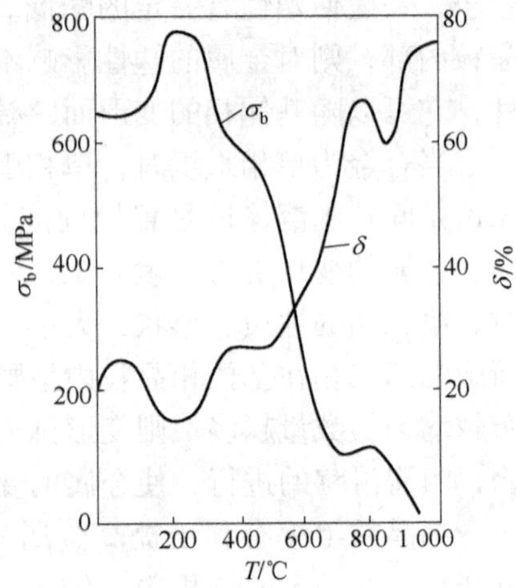

图 2-7　温度对碳钢塑性的影响

从室温开始，随着温度的上升，δ 有些增加，σ_b 有些下降。大约 250 ~ 400℃ 温度范围内发生相反的现象，δ 明显下降，σ_b 明显上升，这个温度范围一般称为蓝脆区。这时钢的性能变坏，易于脆断，断口呈蓝色。其原因说法不一，一般认为是由于氮化物、氧化物以沉淀形式在晶界、滑移面上析出所致。随后 δ 又继续增加，σ_b 继续降低，直至大约 800 ~ 950℃ 范围，又一次出现相反的现象，即塑性稍有下降，强度稍有上升，这个温度范围称为热脆区。有的学者认为这与相变有关，钢由珠光体转变为奥氏体，由体心立方晶格转变为面心立方晶格，要引起体积收缩，产生组织应力。有的学者认为，这是由于分布在晶界的 FeS 与 FeO 形成的低熔点共晶体所致。过了热脆区，塑性继续上升，强度继续下降。一般当温度超过 1250℃，由于钢产生过热，甚至过烧，δ 和 σ_b 均急剧降低，此区称为高温脆区。

四、变形速度对塑性和变形抗力的影响

（一）变形速度

变形速度是指单位时间内的应变，又称应变速率，以 $\dot{\varepsilon}$（s^{-1}）表示：

$$\dot{\varepsilon} = \frac{d\varepsilon}{dt} \tag{2-4}$$

平均变形速度可用下式计算：

$$\dot{\varepsilon} = \frac{\varepsilon}{t} \tag{2-5}$$

式中，$\dot{\varepsilon}$ 为应变速度；t 为变形时间，s。

可以看出，变形速度是与机器的工作速度不同的（机器工作速度的单位是 m/s 或 cm/s）。还应该区别变形速度与变形体中质点的位移速度。

机器的工作速度，通常材料试验机不超过 1cm/s，水压机约为 1 ~ 10cm/s，机械压力机约为 30 ~ 100cm/s，锻锤约为 500 ~ 900cm/s。机器的工作速度自然不等于变形速度，但在很大程度上决定变形速度的大小。

塑性变形时物体所吸收的能量，将转化为弹性变形位能和塑性变形热能。这种塑性变形过程中变形能转化为热能的现象，称热效应。塑性变形热能 A_m 与变形体所吸收的总能量 A 之比 η，称为排热率

$$\eta = \frac{A_m}{A} \tag{2-6}$$

根据有关资料介绍，在室温塑性压缩的情况下，镁、铝、铜、铁等金属的排热率 $\eta = 0.85 \sim 0.90$，上述金属的合金 $\eta = 0.75 \sim 0.85$。

塑性变形热能 A_m 一部分散失于周围介质中，余者使变形体温度升高。这种由于塑性变形过程中产生的热量而使变形体温度升高的现象，称温度效应。温度效应首先决定于变形速度，变形速度越高，单位时间的变形量大，所产生的热量增多，热量的散失相对减少，因而温度效应也就越大。常可以看到这样的情况，锻造时使锻锤重击快击，毛坯温度不仅不会降低，反而会发亮升高。同时，变形体与工具接触面、周围介质的温差越小，热量散失就越少，温度效应也就越大。此外，温度效应与变形温度有关。温度越高，因材料变形抗力降低，单位体积的变形能减少，温度效应自然也减小。相反在冷塑性变形时，因材料变形抗力高，单位体积变形功高，温度效应也就高。

（二）变形速度的影响

变形速度对金属塑性和变形抗力的影响是十分复杂的。

一般来说，如果变形速度大，又没有足够的时间完成塑性变形，金属的变形抗力会提高，塑性降低。众所周知，弹性变形的扩展速度与音速相同（以钢为例，钢中音速约为5000m/s），这个速度远远大于变形时的加载速度，因此弹性变形总是来得及完成，但是塑性变形的扩展速度要比弹性变形慢得多，这是由于塑性变形的机理比较复杂，需要有一定的时间来进行。例如，晶体的位错运动，滑移面由不利方向向有利方向转动，特别如热塑性更需要时间。如果变形速度大，则塑性变形来不及在整个体积内均匀地传播开，而更多地表现为弹性变形。根据虎克定律，弹性变形量越大则应力越大，这样，就导致金属的变形抗力增大。又经研究证明，金属的断裂应力与变形速度关系很小，既然变形抗力随变形速度的增加而提高，而断裂应力却变化不大，那么随着变形速度的增大，金属就会较早地到达断裂阶段，既减小了金属断裂前的变形程度，也会使金属的塑性降低。

如果是在热变形条件下，变形速度大时，还可能由于没有足够的时间进行回复和再结晶，使金属的变形抗力提高，塑性降低。这对于那些再结晶温度高、再结晶速度慢的高合金钢，尤为明显。

然而，变形速度大，有时由于温度效应显著，使金属温度升高，从而提高塑性，降低变形抗力（这种现象在冷变形条件下比热变形时显著，因冷变形时温度效应强）。但是某些材料（例如莱氏体高合金钢），也会因变形速度大引起升温，进入高温脆区，从而使塑性降低。

此外，变形速度还可通过改变摩擦系数，而对金属的塑性和变形抗力产生一定的影响。

随着变形速度的增大，既有使塑性降低和变形抗力提高的可能，有时也有使塑性提高和变形抗力降低的可能；而且对于不同的金属和合金，在不同的变形温度下，变形速度的影响也不相同。变形速度对塑性的影响，可以概括为：

（1）变形速度的增大，金属和合金的变形抗力提高。但提高的程度，与变形温度有密切关系。冷变形时，变形速度的增大仅使变形抗力有所增加或基本不变，而在热变形时，变形速度的增加会引起变形抗力的明显增大。图 2-8 表示在不同温度下，变形速度对低碳钢强度极限的影响。例如，$\dot{\varepsilon}$ 从 10^{-2}/s 增大到 10/s，600℃时 σ_b 增加一倍，1000℃时却增加近 3 倍。又根据古布金的实验，变形速度对变形抗力的最大影响则是在不完全的热变形区与热变形区的过渡温度区间内。

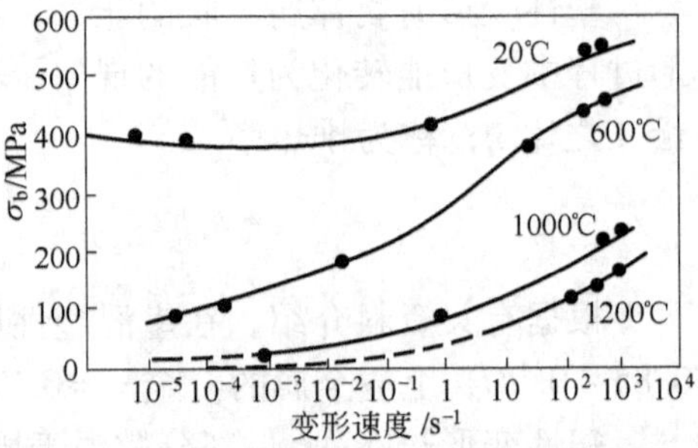

图 2-8　不同温度下变形速度对低碳钢强度极限的影响

鉴于变形速度对材料变形抗力有上述影响，则由实验室准静态条件下测得的变形抗力，必须加以修正。修正办法是在实验室测得的变形抗力乘上一个大于 1 的系数，称速度系数。

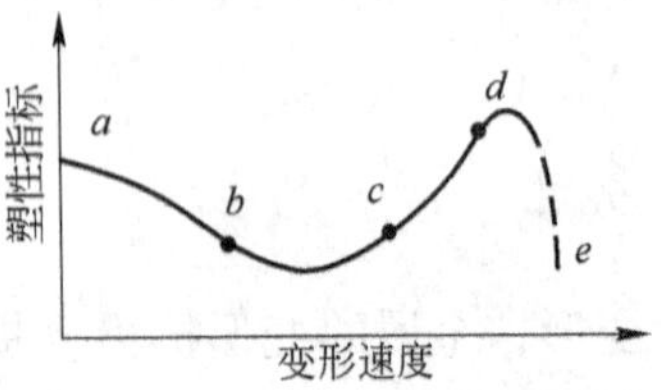

图 2-9　变形速度对塑性的影响

（2）随变形速度提高，塑性变化的一般趋势如图 2-9 所示。当变形速度不大时（图中 *ab* 段），增加变形速度使塑性降低。这是由于变形速度增加所引起的塑性降低，大于温度效应引起的塑性增加。当变形速度较大时（图中 *bc* 段），由于温度效应显著，使塑性基本上不再随变形速度的增加而降低。当变形速度很大时（图中 *cd* 段），则由于温度效应的显著作用，造成的塑性上升超过了变形硬化造成的塑性下降，使塑性回升。必须指出，图 2-9 没有任何数量上的意义。冷变形和热变形时，该曲线各阶段的进程和变化的程度各不相同。冷变形时，随着变形速度的增加，塑性略有下降，以后由于温度效应的作用加强，塑性可能会上升。热变形时，随着变形速度的增加，通常塑性有较显著的降低，以后由于温度效应增强而使塑性稍提高。但当温度效应很大，以致使变形温度由塑性区进入高温脆区，则金属和合金的塑性又急剧下降（如图中虚线段 *de*）。就材料来说，化学成分越复杂，含量越多，再结晶速度就越低，故提高变形速度会使塑性降低。例如高速钢、不锈钢、高温合金以及镁合金、铝合金、钛合金等有色合金，在热变形时都表现出这种趋势。

（3）变形速度对锻压工艺也有广泛的影响。提高变形速度，有下列影响：第一，降低摩擦系数，从而降低变形抗力，改善变形的不均匀性，提高工件质量；第二，减少热加工时的热量散失，从而减少毛坯温度的下降和温度分布的不均匀性，这对工件形状复杂（如具有薄壁、高筋等）或材料的锻造温度范围较狭窄的情况，是有利的；第三，提高变形速度，会由于“惯性作用”，使复杂工件易于成形。例如锤上模锻时上模型腔容易充填。

五、应力状态对塑性和变形抗力的影响

（一）主应力图

在变形体中某点取一单元体（单元体小至和该点重合，以该点为其极限），在单元体三个面上用箭头表示主应力和方向，就成为该点的主应力图。习惯上用主应力图来定性表

示变形体中某点的应力状态。

主应力图共有九种（图 2-10），即单向受力主应力图两种——单向受拉和单向受压，两向受力主应力图三种——两向受拉、两向受压和一向受拉另一向受压，三向受力主应力图四种——三向受拉、三向受压、两向受拉一向受压和两向受压一向受拉。在两向和三向受力主应力图中，各向主应力符号相同时，称同号主应力图；符号不同时，称异号主应力图。

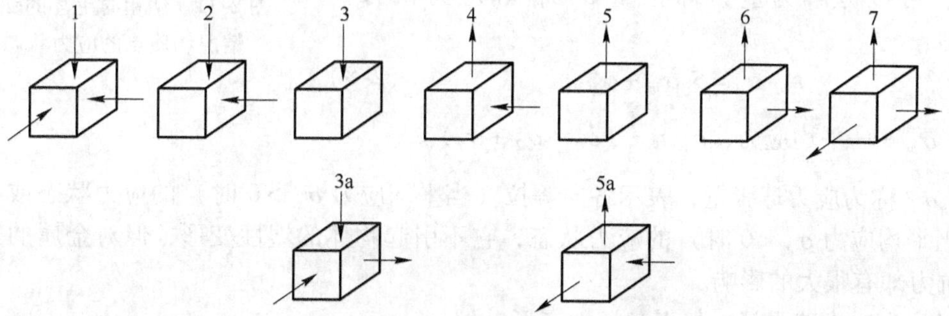

图 2-10　九种主应力图（按发挥塑性的有利程度排列）

根据主应力图，能大概比较各种塑性加工工序在塑性和变形抗力上的差异。图 2-10 中各主应力图就是按照对发挥塑性的有利程度排列的：1 号主应力图塑性最高，2 号其次，其余顺次类推，主应力图虽然只有九种，但主应力的数值是可以多种多样的。例如挤压和镦粗同样是三向受压主应力图，但前者的三向压缩作用比后者强，使金属表现出更高的塑性和更大的变形抗力。所以，分析应力状态的影响时，还应考虑主应力图上各个主应力的数值。

一个主应力图，应在立方单元体的三个主方向表示出主应力的有无、方向（拉或压）和大小的次序（以代数值的大小表示，$\sigma_1 > \sigma_2 > \sigma_3$）。主应力的有无和方向，易于判断；主应力大小的次序，可借助于主应变图来判断。在应力主方向与应变主方向重合的条件下，主应力图上的主应力大小次序与主应变图上的主应变的大小次序（$\epsilon_1 \geqslant \epsilon_2 \geqslant \epsilon_3$，亦以代数值的大小表示），彼此一一对应。

怎样判断主应变图上主应变的大小次序？如立方体的长、宽、高尺寸为 L、B、H，压缩变形后的相应尺寸为 l、b、h，根据变形前后体积不变条件，可得：

$$lbh = LBH$$

即

$$\frac{l}{L} = \frac{b}{B} = \frac{h}{H} = 1$$

取对数得

$$\ln\frac{l}{L} + \ln\frac{b}{B} + \ln\frac{h}{H} = 0$$

即

$$\epsilon_1 + \epsilon_2 + \epsilon_3 = 0 \tag{2-7}$$

由式（2-7）可知，三个主应变之和等于零，因此最大主应变 ϵ_1 必是正的，亦必是伸长应变，最小主应变必是负的，即必是压缩应变，而中间主应变 ϵ_2 可能是正、零或负，据此，便可直观定性地判断出主应变图上主应变的大小次序（注意，主应变图上的对数应变 ϵ_1、ϵ_2、ϵ_3，在变形不大时也可用条件应变 ϵ_1、ϵ_2、ϵ_3 来表示）。例如平砧镦粗（图

2-11），研究中心点的主应变图，显然轴向是压缩应变，应为 ϵ_3，切向和径向均为伸长应变，分别为 ϵ_1 和 ϵ_2，由于镦粗是轴对称变形，可知 $\epsilon_1=\epsilon_2$。这样，根据主应变的大小次序，可以方便地确定主应力图中主应力的大小次序。

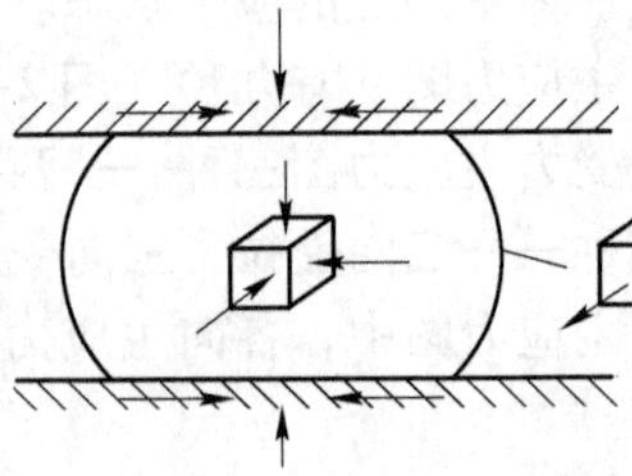

图 2-11 镦粗时毛坯的受力情况和质点的应力状态

第三章我们将会学到，表示点的应力状态的应力张量 $\boldsymbol{\sigma}_{ij}$，可以分解为应力球张量 $\boldsymbol{\delta}_{ij}\sigma_m$ 和应力偏张量 $\boldsymbol{\sigma}'_{ij}$，即

$$\boldsymbol{\sigma}_{ij}=\boldsymbol{\delta}_{ij}\sigma_m+\boldsymbol{\sigma}'_{ij} \tag{2-8}$$

式中，σ_m——平均应力，$\sigma_m=\frac{1}{3}(\sigma_1+\sigma_2+\sigma_3)$。

$\boldsymbol{\delta}_{ij}\sigma_m$ 称为应力球张量，表示各向等拉（当平均应力 $\sigma_m>0$ 时）的应力状态或各向等压（当平均应力 $\sigma_m<0$ 时）的应力状态，它不引起物体的塑性变形，但对金属的塑性和变形抗力却有很大的影响。

$\boldsymbol{\sigma}'_{ij}$称为应力偏张量，仅引起塑性变形。

因此，我们把应力球张量作为衡量应力状态对金属塑性的影响尺度，并习惯上把压缩球张量（$\sigma_m<0$）称为静水压力。

（二）应力状态对塑性的影响

主应力图中，压应力个数越多，数值越大，即静水压力越大，则金属的塑性越高；反之，拉应力个数越多，数值越大，即静水压力越小，则金属的塑性越低。

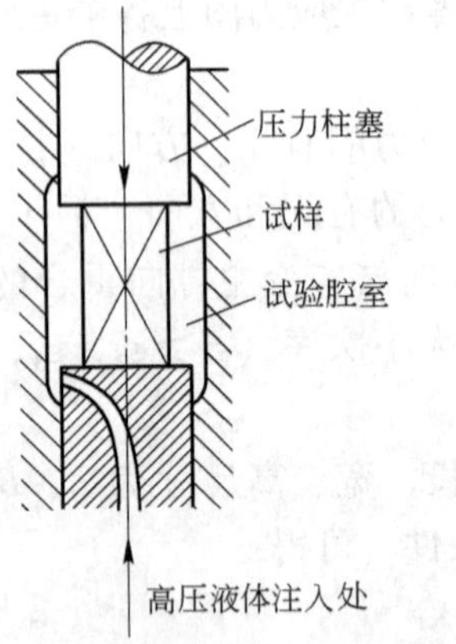

图 2-12 卡尔曼的实验装置

德国的卡尔曼在 20 世纪初曾经对大理石和砂石做过一次著名的试验。他用圆柱形大理石和砂石试样，置于试验装置中进行压缩，同时压入甘油对试样施加侧向压力。试验证明：在没有侧向压力作用时，大理石和砂石显示完全的脆性；在有侧向压力作用时，却表现出一定的塑性；而且侧向压力越大，所需轴向压力也越大，塑性也越高。卡尔曼的试验装置如图 2-12 所示。限于当时的试验条件，卡尔曼所得到大理石的压缩程度约为 8%～9%，砂石约为 6%～7%。以后，拉斯切向耶夫在更大的侧向压力下进行大理石的压缩试验，获得 78% 的变形程度。并在很大的侧向压力下拉伸大理石试样，得到了 25% 的伸长率，出现了像金属试样上的那种颈缩。

对金属和合金的试验也表现出同样的情况。例如通常的静力拉伸试验是在大气压力下进行的，如果把试样放在高压室内进行，则试样除受到轴向拉伸外，还受到周围高压介质的作用，即增加了静水压力，这时测得的塑性指标就大为提高。这充分证明了上述应力状态对塑性影响的论点。

由此可见，静水压力越大，则塑性越高。因此在塑性加工中，人们常常通过改变应力状态，增大变形时的静水压力，来提高金属的塑性。

（三）应力状态对变形抗力的影响

应力状态不仅对金属的塑性，而且对各种塑性加工工序的金属变形抗力有着很大影响。在卡尔曼的实验中也发现：大理石和砂石压缩时，如施加的侧向压力越大，则所需轴向压力也越大。这就说明了应力状态对变形抗力的影响。又如图2-13所示，古布金用铜试样在同样的模具里做了拉拔（图2-13a）和挤压（图2-13b）试验。发现挤压时的变形抗力远远大于拉拔时的变形抗力。这显然是两者的应力状态不同所致。挤压是三向受压，拉拔是两向受压一向受拉。可见和对塑性的影响一样，三向压应力状态使金属变形抗力提高（在图2-13中垂直方向主应力 σ_1 的值，即变形抗力的值）。

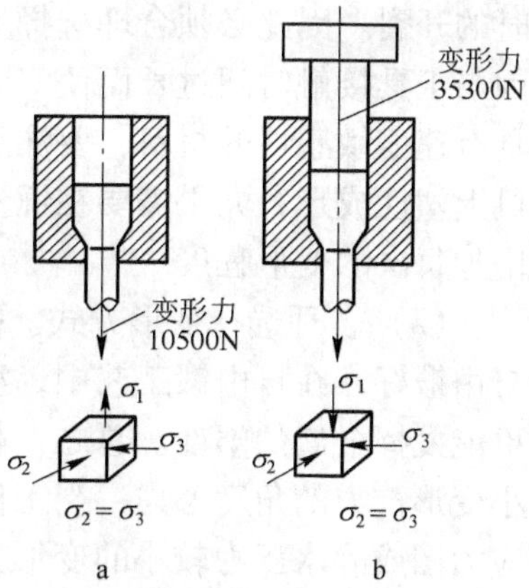

图2-13　应力状态对变形抗力的影响
a—拉拔；b—挤压

变形抗力提高的原因，可以用塑性条件来解释。第四章我们将会学到，为了使材料发生塑性变形必须满足塑性条件：

$$\sigma_1 - \sigma_3 = \beta S \tag{2-9}$$

式中　S——材料的真实应力；

β——考虑中间主应力 σ_2 影响的系数，其值为1～1.155。

由式（2-9）可知，在异号主应力情况下，公式左边系 σ_1、σ_3 绝对值之和，易于达到塑性条件。在同号主应力情况下，公式左边系 σ_1、σ_3 之差，不易达到塑性条件。正如古布金上述实验所证实的那样，拉拔（图2-13a）是异号主应力图，变形抗力较小；挤压（图2-13b）是同号主应力图，变形抗力大多了。

上述卡尔曼实验得出的结果以及古布金实验得出的结果，实际上都说明静水压力越大，变形抗力也越大。

由以上可知，金属塑性加工时，静水压力越大，塑性越好，变形抗力也越大，这就是应力状态对金属和合金的塑性和变形抗力的影响。

除上述几个主要因素外，还有一些因素也影响塑性和变形抗力。其中如变形体的尺寸，便是一个影响因素：变形体的尺寸越大，金属的塑性和变形抗力越低。但一般认为当变形体的体积超过某一临界值时，塑性和变形抗力将不再变化。我们在计算变形力时，公式中作为基本参数的材料真实应力，是在小试样（它与实际变形体的尺寸相比是很小的）上测得的，这样就会造成误差。因此，常根据变形体的尺寸对真实应力做相应的修正。

六、提高金属塑性和降低变形抗力的主要途径

下面仅从塑性加工的角度讨论提高金属塑性的途径。

（1）合理选择变形温度和变形速度。合金钢的始锻温度通常比同样含碳量的碳钢低，而终锻温度则较高，其始、终锻造温度范围一般仅100～200℃。若加热温度选择过高，则易使晶界处的低熔点物质熔化，而且对有些奥氏体钢会形成δ相，对有些铁素体钢其晶粒有过分长大的危险（因铁素体再结晶温度低，再结晶速度大）。而变形温度选择过低时，则会使再结晶不能充分进行，加工硬化严重。这一切都会导致金属塑性的降低，引起锻造

时的开裂。因此必须合理选择变形温度，并保证毛坯温度的均匀分布，注意避免局部区域因与工具接触时间过长而使实际温度过分降低，或因热效应显著而使温度过分升高。对于具有速度敏感性的材料，要注意合理选择变形速度。例如前面所提的镁合金，适于在压力机上塑性成形，如果需要在锤上模锻时，最好开始以轻击进行，随着模膛的充满，再逐渐增加每次的变形程度。

（2）合理选择变形方式。挤压时金属的塑性一般比开式模锻时好，而开式模锻又比自由锻好。在自由锻工艺中，型砧拔长和带套圈的镦粗分别比平砧拔长和不带套圈的镦粗更能发挥金属的塑性。总之，静水压力越高的变形方式，对提高金属的塑性越有利。从减小变形抗力的角度考虑，当工件的生产存在着几种实际可行的方案时，应选择具有异号主应力图或静水压力较小的变形方式。

（3）提高材料成分与组织的均匀性。合金铸锭的成分和组织通常很不均匀，若能在变形前进行高温扩散退火，则能起到均匀化作用，从而提高塑性。

（4）改进操作方法，以改善变形的不均匀性。例如，低塑性材料拔长时，应注意选择合适的送进比。当送进比过小时，变形集中在上、下部，中心部分锻不透，并沿轴向产生拉应力，导致内部横向裂纹的形成（图 2-14）。在镦粗时，常用“铆锻”（图 2-15）和“叠锻”（用于锻薄饼形锻件，图 2-16），以改善变形的不均匀性，防止表面裂纹的产生。

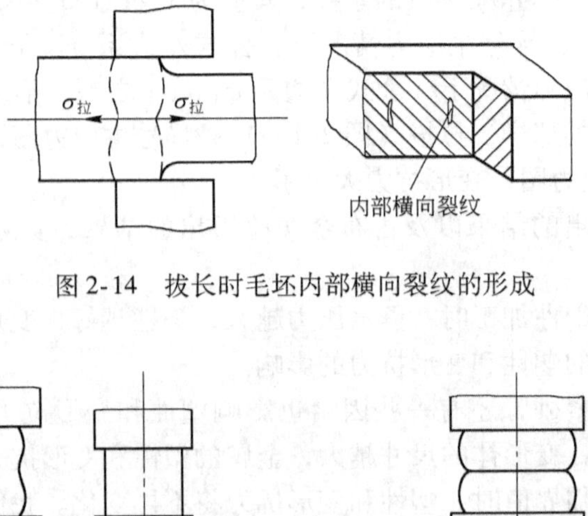

图 2-14　拔长时毛坯内部横向裂纹的形成

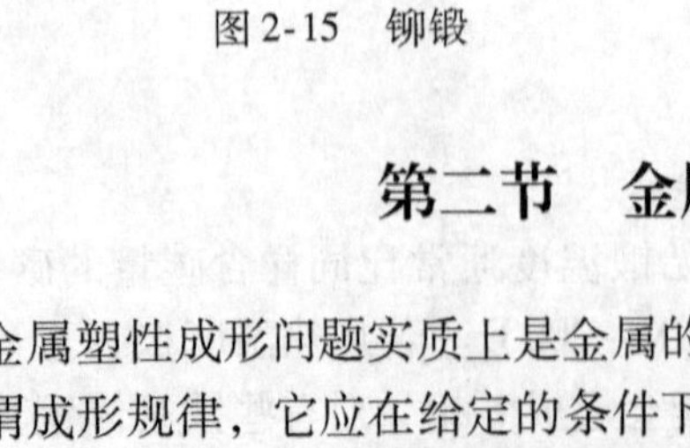

图 2-15　铆锻

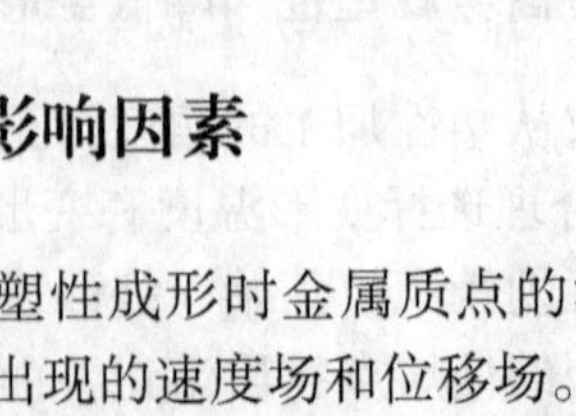

图 2-16　叠锻

第二节　金属的流动及其影响因素

金属塑性成形问题实质上是金属的塑性流动问题。塑性成形时金属质点的流动规律，即所谓成形规律，它应在给定的条件下，预测变形体将出现的速度场和位移场。根据位移便可以求得变形体内的应变场及其尺寸和形状的变化，进而可以合理地选择成形工序、设计成形模具以及分析成形件的质量等问题。

一、金属的塑性变形与流动

（一）最小阻力定律

分析金属塑性成形时质点的流动规律，可以应用最小阻力定律。最小阻力定律最早由屈雷斯加在 1895 年用于塑性变形，苏联学者古布金（С. Игубкин）于 1947 年将它表述为："当变形体的质点有可能向不同方向移动时，则物体各质点将向着阻力最小的方向移动。"

最小阻力定律实际上是力学的普遍原理，它可以定性地用来分析金属质点的流动方向。或者通过调整某个方向的流动阻力，来改变金属在某些方向的流动量，使成形更为合理。例如，在开式模锻中（图 2-17），增加金属流向飞边的阻力，以保证金属充填模腔；或者修磨圆角 r，减少金属流向 A 腔的阻力，使金属充填得更好。在大型覆盖件拉深成形时，常常要设置拉深筋，用以调整或增加板料进入模具的流动阻力，以保证覆盖件的成形质量。

当接触表面存在摩擦时，矩形断面棱柱体镦粗时的流动模型如图 2-18 所示。因为接触面上质点向周边流动的阻力与质点离周边的距离成正比，因此离周边的距离越近，阻力越小，金属质点必然沿这个方向流动。这个方向恰好是周边的最短法线方向，因此，可用点划线将矩形分成两个三角形和两个梯形，形成了四个流动区域，点划线是流动的分界线，线上各点至边界的距离相等。各个区域内的质点到各自边界的法线距离最短。这样流动的结果，梯形区域流出的金属多于三角形区域的。镦粗后，矩形断面将变成双点划线所示的多边形。可以想象，继续镦粗，断面的周边将趋于椭圆，而椭圆将进一步变成圆。此后，各质点将沿着半径方向流动。相同面积的任何形状，圆形的周边最小。因而最小阻力定律在镦粗中也称最小周边法则。

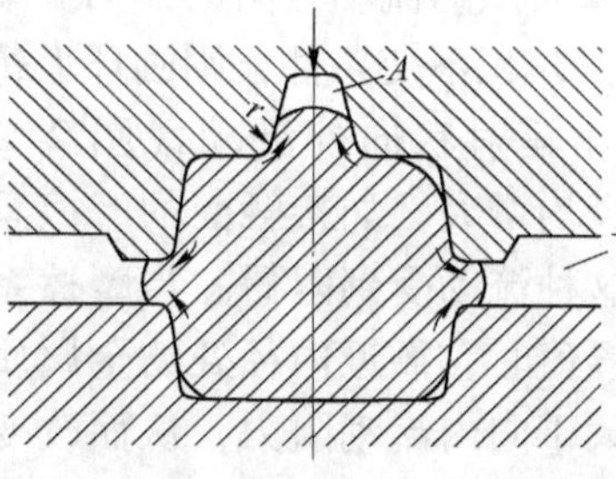

图 2-17　开式模锻中金属的流动

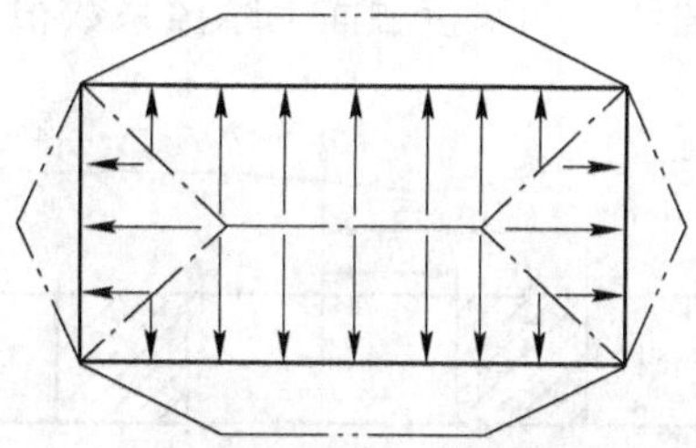

图 2-18　最小周边法则

在拔长工序中运用上述变形模式，可以提高拔长的生产效率。拔长实质上就是沿坯料长度的逐次镦粗，镦粗过程中再伴随着翻转 90°，使坯料断面积逐渐减小、长度增加的工序。图 2-19 是拔长时坯料放置于砧面上的示意图。当要求较高的拔长效率时，坯料的送进要小，这时轴向延伸较大，如图 2-19a 所示。但当要求修正坯料尺寸，不要求长度方向有较大的伸长时，则应采用图 2-19b 的送进方式，这时轴向延伸较小，便于修正到所要求的尺寸。

金属塑性变形过程应满足体积不变条件，即坯料在某些方向被压缩的同时，在另一些方向将有伸长，而变形区内金属质点是沿着阻力最小的方向流动。根据体积不变条件和

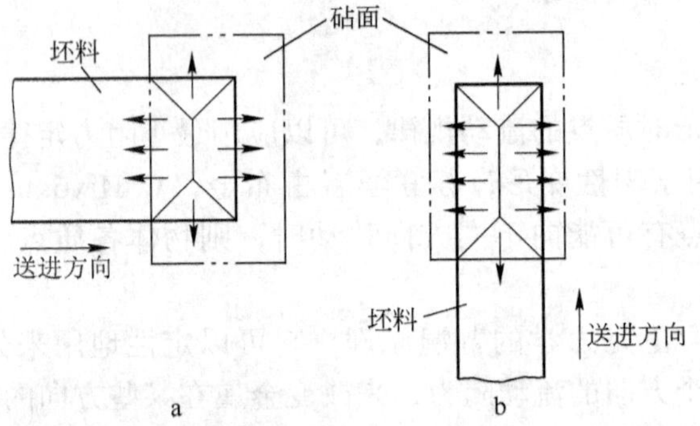

图 2-19 拔长时坯料的变形模式

最小阻力定律，便可以大体确定出塑性成形时的金属流动模型。因此，最小阻力定律在塑性成形工艺分析中得到了广泛的应用。

（二）摩擦对金属塑性变形和流动的影响

在工具和变形金属之间的接触面上必然存在摩擦，由于摩擦力的作用，在一定程度上改变了金属的流动特性。矩形断面的棱柱体在平板间镦粗时，若接触面上无摩擦，则金属质点必然沿着以断面的中心向四周的辐射线方向流动（图 2-20），变形后的断面形状仍为矩形，并与原来的形状相似。当接触面上有摩擦时，由于摩擦力的作用，使各个方向的阻力不同，断面将不再保持矩形（见图 2-18），最终趋于圆形。

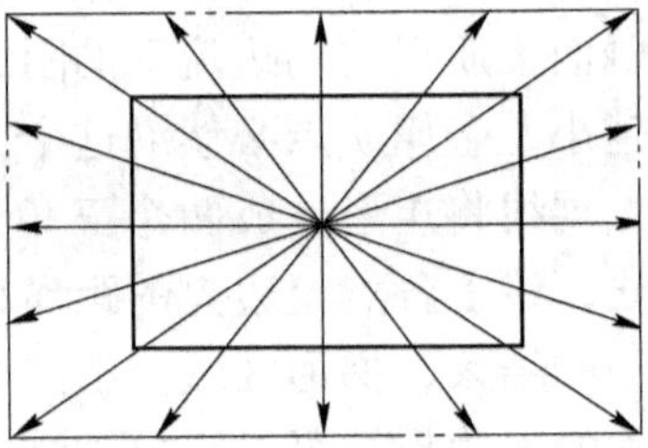

图 2-20 无摩擦镦粗时的放射性模型图

环形零件镦粗时由于摩擦的作用，还会局部改变金属质点的流动方向。如图 2-21a 所示的圆环，如果接触面上摩擦系数很小或无摩擦时，根据体积不变条件，则圆环上每一质点均沿径向作辐射状向外流动（图 2-21b），变形后内外径均增大。如接触面的摩擦系数增加，金属的这种流动受到阻碍。当摩擦系数增大到某一临界值时，靠近内径处的金属质点向外流动阻力大于向内流动阻力，从而改变了流动方向。这时在圆环中出现一个半径为 R_n 的分流面，该面以内的金属向中心流动，该面以外的金属向外流动，变形后的圆环内径缩小，外径增大（图 2-21c）。而且，分流面半径 R_n 随着摩擦系数的增加而加大。但是，R_n 的位置不是在圆环壁厚的中间处，而是偏于内侧。其原因是金属向内流动时，由于直径缩小，沿周向受压应力，该周向压应力的径向分量的方向与圆环分流面以内金属流动的摩擦阻力的方向是一致的。

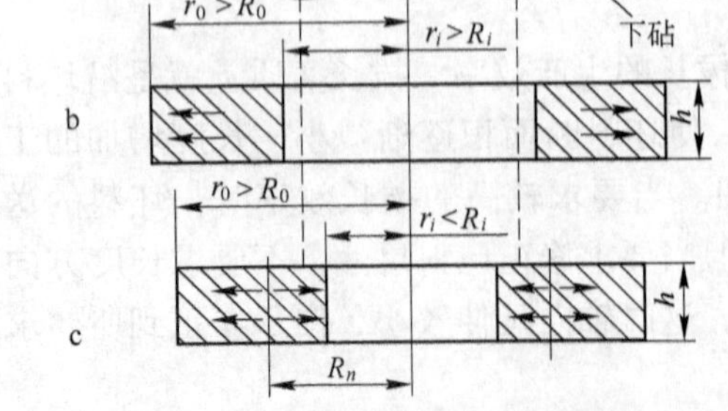

图 2-21 圆环镦粗时的金属流动

a—变形前；b—摩擦系数很小或为 0；c—有摩擦

（三）工具形状对金属塑性变形和流动的影响

工具形状是影响金属塑性流动方向的重要因素。工具形状不同，造成金属沿各个方向流动的阻力有差异，因而金属向各个方向的流动在数量上也有相应的差别。

如图 2-22 a 和 b 所示，在圆形砧或 V 形砧中拔长圆断面坯料时，由于工具的侧向压力使金属沿横向流动受到很大的阻碍，被压下的金属大量地沿轴向流动，这就是用型砧拔长时效率较高的原因。模锻制坯时为提高滚挤和拔长的效率，采用闭式滚挤和闭式拔长模膛也正是利用这一原理。当采用图 2-22c 所示的工具时，则产生相反的结果，金属易于横向流动。叉形件模锻时金属被劈料台分开就属于这种流动方式。利用工具的不同形状，除了可以控制金属的流动方向外，还可以在坯料内产生不同的应力状态，使部分金属先满足屈服准则再进入塑性状态，以达到控制塑性变形区的作用。或者造成不同的静水压力，来改变材料在该状态下的塑性。

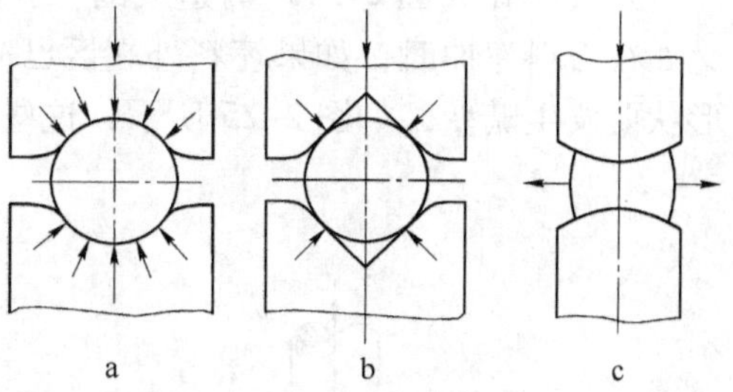

图 2-22　V 形砧中拔长

a—圆形砧；b—V 形砧；c—凸形砧

（四）金属各部分之间的关系对塑性变形和流动的影响

在塑性成形时为保持变形体的完整性和连续性，金属各部分之间通过内力的作用，对金属的变形和流动会产生一定的影响。这类影响包括未变形的金属（或称“外端”）对变形区金属流动的影响和变形金属相互之间的影响。

外端对变形区金属的影响主要是阻碍变形区金属流动，进而产生或加剧附加的应力和应变。在自由锻造中，除镦粗外的其他变形工序，工具只与坯料的一部分接触，变形是分段逐步进行的，因此变形区金属的流动就受到外端的制约。

如图 2-23 所示的坯料拔长，实质上是在坯料上的局部镦粗。但它又区别于自由镦粗，因为拔长时变形区金属的横向流动受到外端金属的阻碍。因此，在其他条件相同的情况下，横向流动的金属量比自由镦粗时少，变形情况与自由镦粗情况相比也有差异。例如当送进长度 l 与宽度之比（即进料比）$l/a<1$ 时，拔长时沿横向流动的金属量小于轴向的流动量，即 $\varepsilon_a<\varepsilon_l$（图 2-23b）。而在自由镦粗时，$l/a=1$ 的水平断面为方形，由最小阻力定律知，沿横向和轴向流动的金属量应该相等。其原因是在变形区与外端的交界面上（即过渡区）产生了剪应力τ，从而阻碍了变形区金属的横向流动。

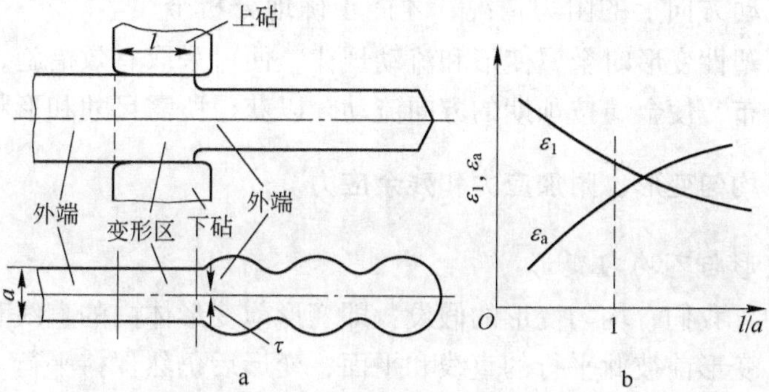

图 2-23　拔长时外端的影响

外端对变形区金属流动产生影响的同时，变形区金属的变形流动也要对于其相邻的外端金属发生作用，它在外端金属内部引起一定的附加应力，并可能引起外端金属产生变形，甚至引起工件开裂。

开式冲孔（图2-24）时造成的“拉缩”便是由于冲头下部金属的变形流动所引起的。又如在板料弯曲时，如果坯料外端区已冲出的孔距离弯曲线太近，则弯曲后该孔的尺寸和形状要发生畸变，如图2-25所示，这些都是变形金属对外端的影响所造成的结果。

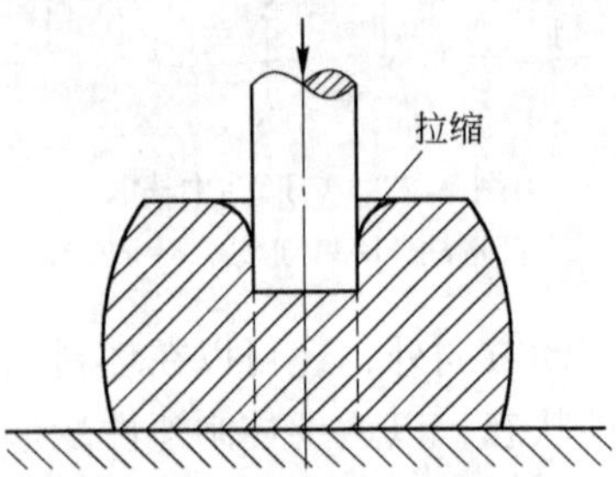

图2-24 开式冲孔时的“拉缩”

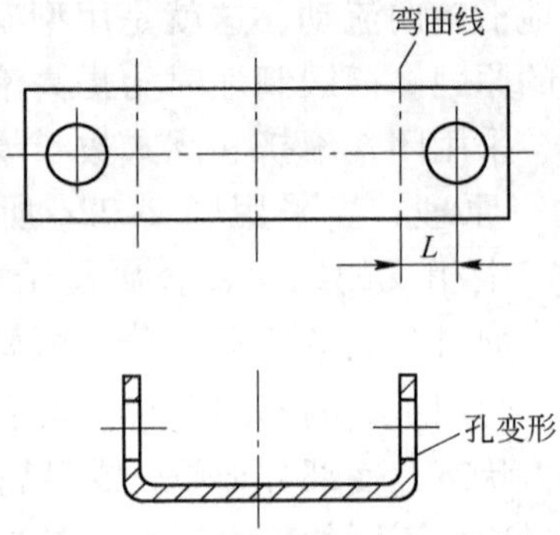

图2-25 弯曲变形对外端的影响

在金属塑性成形中，塑性变形区和不变形的外端之间的相互作用是一个带有普遍性的问题，其影响也是比较复杂的，必须针对具体的变形过程和特点进行分析。

（五）金属本身性质不均匀对塑性变形和流动的影响

由于金属本身性质（化学成分、组织）和温度的不均匀，也会造成金属各部分的变形和流动的差异。变形首先发生在那些变形抗力最小的部分。但金属本身是一个整体，先变形的部分与后变形的部分、变形大的部分与变形小的部分必然彼此产生影响。

例如当坯料加热不均时，则在温度较高的部分首先获得较大的变形。这一特性在生产上常被利用，例如电热局部镦粗（图2-26）、差温拉深、大型钢锭的中心压实法等等。

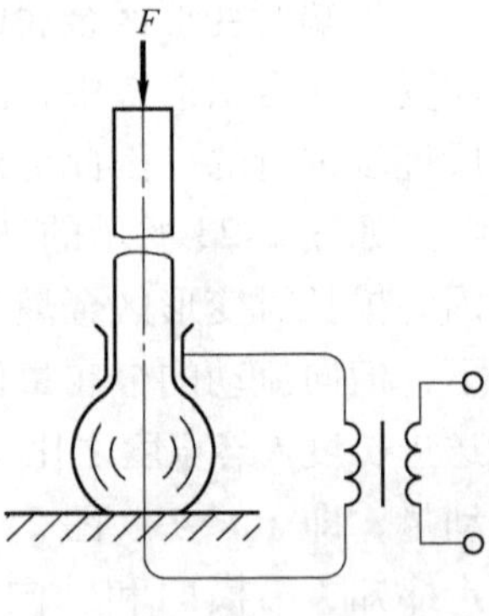

图2-26 电热局部镦粗原理

以上分别讨论了各个因素对金属塑性变形和流动的影响，而在实际生产中常常是好几个因素同时发生作用，因此必须全面考虑各个可能流动方向上的阻力情况，才能正确地分析金属流动问题。掌握了塑性变形时金属变形和流动规律，便可采取有效措施，控制各个可能流动方向上的阻力分布，使金属按预期的方向流动，以获得所需尺寸和形状的工件。

二、金属的不均匀变形、附加应力和残余应力

（一）均匀变形与不均匀变形

在塑性理论中，我们有均匀变形的假设：即变形前变形体内的直线和平面，变形后仍然是直线和平面；变形前彼此平行的直线和平面，变形后仍然保持平行。

显然，要实现均匀变形状态，必须满足以下条件：

（1）变形物体的物理性质必须均匀（即均质），并且各向同性；

（2）整个物体在任何瞬间都承受相等的变形量；

（3）接触表面没有外摩擦，即变形体是在单向应力状态下变形。

可见，要实现均匀变形是困难的。塑性成形时，由于金属本身的性质（成分、组织等）不均匀，各处受力情况也不尽相同，变形体中各处的变形有先有后，有的部位变形大，有的部位变形小。由此，塑性变形实际上都是不均匀的。

不均匀变形的最典型的例子是在平砧下镦粗圆柱体时出现鼓形，由于接触面上摩擦力阻碍金属流动，因而靠近工具表面处的金属变形困难，而坯料中部的金属阻力小，变形较容易，因而形成了鼓形，其剖面上网格的变化如图 2-27 所示。

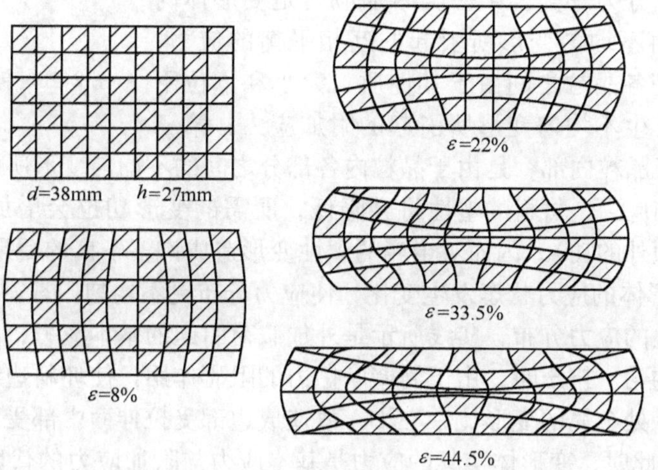

图 2-27　圆柱体不均匀镦粗时的网格变化

圆柱体镦粗时的不均匀变形除了与接触摩擦有关外，还与变形区的几何形状因素有关。当工件的高径比 $h/d>2$ 时，往往首先在与工具接触的两端产生变形，而中间处的变形很小，结果形成双鼓形。在水压机上锻造钢锭以及在初轧机上轧制钢锭的最初几道次常常出现双鼓形现象。如果每次继续使用小变形量，表面变形的积累将会形成折叠。

不均匀变形实质上是由金属质点的不均匀流动引起的。因此，凡是影响金属塑性流动因素，都会对不均匀变形产生影响。

（二）塑性变形时的附加应力

由于物体内各部分的不均匀变形要受到物体整体性的限制，因而在各部分之间会产生相互平衡的应力，该应力叫做附加应力，或称副应力。

以镦粗变形为例来分析塑性变形时的附加应力，如图 2-28 所示。区域Ⅱ是大变形区，而区域Ⅲ变形较小，像套在区域Ⅱ外面的一个箍。镦粗时这个箍受到区域Ⅱ的扩张作用，即受到附加拉应力，而区域Ⅱ则受到附加压应力。不均匀变形程度越大，附加应力越大。附加应力在变形体内是互相平衡的，但附加应力中的拉应力达到材料的破坏极限时，就会使受拉的区域出现裂纹。在这个例子中，就可能在试样的侧表面出现纵向裂纹。

区域Ⅰ、Ⅱ之间也存在附加应力，因为区域Ⅰ的变形小，区域Ⅱ的变形大，故作用于变形区Ⅱ的是附加压应力，作用于区域Ⅰ的是附加拉应力，但区域Ⅰ由于接触面上摩擦应力的作用，仍保持三向压缩状态，不会出现破坏的情况。

由以上分析可知，附加应力是变形体为保持自身的完整和连续，约束不均匀变形而产生的内力。也就是说，附加应力是由不均匀变形所引起的，但同时它又限制不均匀变形的自由发展。此外，附加应力是互相平衡成对出现，当一处受附加压应力时，另一处必受附加拉应力。

物体的塑性变形总是不均匀的，故可以认为，任何塑性变形的物体内，在变形过程中均有自相平衡的附加应力。这就是金属塑性变形的附加应力定律。

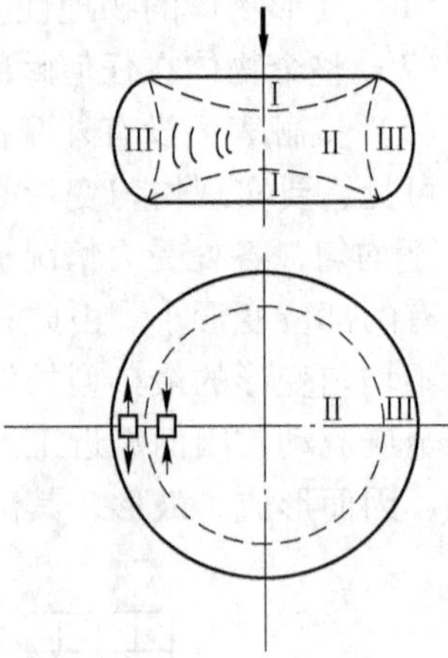

图 2-28　镦粗时的附加应力

附加应力通常分为三类：第一类附加应力是变形体内各区域体积之间由不均匀变形所引起的互相平衡的应力；第二类附加应力是各晶粒之间由于其性质、大小和方位不同，使晶粒之间产生不均匀变形所引起的附加应力；第三类附加应力存在于晶粒内部，是由于晶粒内各部分之间的不均匀变形所引起的附加应力。

由于出现附加应力，材料的塑性将会降低，所需的变形功也会增加（因为产生附加应力必然要消耗额外的功），因而对金属的塑性变形造成许多不良的后果：

（1）引起变形体的应力状态发生变化，使应力分布更不均匀。图 2-29a 所示为正挤压变形区某横截面上的应力分布，实线所示是外加载荷引起的基本应力，因挤压筒壁存在摩擦而使其分布不均匀。挤压时，由于筒壁摩擦力的阻碍作用，使坯料边缘处的金属流动比中心慢，因而边缘处金属的变形比中心小，故造成边部受拉伸而中部受压缩的附加应力分布（图中虚线）。此时，变形体实际的应力是基本应力与附加应力的代数和，这个应力称为工作应力，如图中点画线所示。图 2-29b 是摩擦系数较小的情况，当摩擦系数很大时，可使工作应力的分布图中出现拉应力，如图 2-29c 所示。

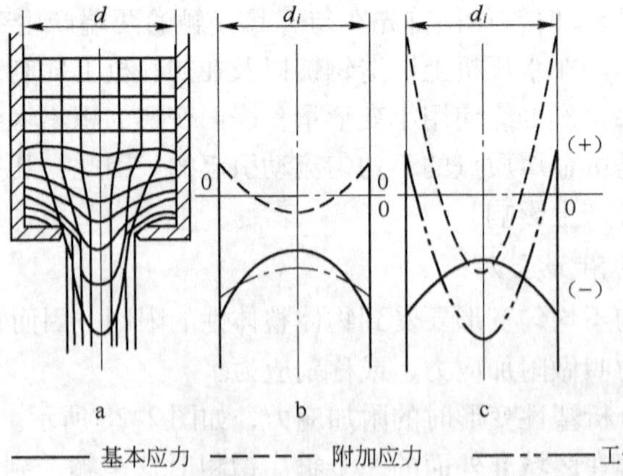

图 2-29　挤压的金属流动和纵向应力的分布

（2）提高了单位变形力。当变形不均匀分布时，变形体内部将产生附加应力，故变形所消耗的能量增加，从而使单位变形力增加。此外，附加应力使变形体的应力状态改变，往往也使单位变形力提高。

（3）使塑性降低，甚至可能造成破坏。当附加拉应力的数值超过材料所允许的强度时，可能造成破裂。在实际生产中挤压制品表面经常出现周期性裂纹，就是由于第一类附加应力形成的残余应力所致。

（4）造成物体形状的歪扭。当变形物体某方向上各处的变形量差别太大，而物体的整体性不能起限制作用时，则所出现的附加应力不能自相平衡而导致变形体外形的歪扭。如薄板或薄带轧制、薄壁型材挤压时出现的镰刀弯、波浪形等，均由这种原因所致。

（5）形成残余应力。附加应力是在不均匀变形时受到变形物体的整体性的制约而发生的，在变形体内自相平衡，并不与外力发生直接关系。因此，当外力去除，变形结束后，仍会继续保留在变形体内部，形成自相平衡的残余应力。

（三）残余应力

附加应力即是平衡的一对内力，因此在外力除去后并不消失，在变形后成为残余应力（内应力）保留在工件中。残余应力是弹性应力，它不超过材料的屈服应力。

同附加应力一样，残余应力也分为三类：第一类残余应力存在于变形物体各大区之间；第二类残余应力存在于各晶粒之间；第三类残余应力存在于晶粒内部。

残余应力可能引起如下一些不良后果：

（1）具有残余应力的变形物体再承受塑性变形时，其应变分布及内部应力分布更不均匀。

（2）缩短制品的使用寿命。具有残余应力的制品在使用时若承受载荷，其内部的实际应力是由外力所引起的基本应力与残余应力之和，或为二者之差。因此，引起应力分布极不均匀。当合成应力的数值超过了该零件强度的允许值时，零件将产生塑性变形而歪扭或破坏，这不但缩短了制品的使用寿命，并且容易使设备出现故障。

（3）使制品的尺寸和形状发生变化。当制品内残余应力的平衡受到破坏后，相应部分的弹性变形也发生了变化，从而会引起制品某部分尺寸或形状的改变。这种现象对于有残余应力的制品进行机械加工时，尤其要给予充分注意。

（4）残余应力增加了塑性变形抗力，使金属的塑性、冲击韧度及抗疲劳强度降低。此外，残余应力还会降低金属的耐蚀性。例如，将挤压或冲压的黄铜制品置于潮湿的气氛中（特别是含氨的气氛中）时，则易产生裂纹，这种现象称为黄铜的季裂。

残余应力一般是有害的，特别是表面层中具有残余拉应力的情况。但当表面层具有残余压应力时，反而可以增加使用性能。例如轧辊表面淬火、零件喷丸加工、表面滚压、表面渗碳、渗氮等。经上述处理后，零件内的残余应力分布如图 2-30 所示，表面层附近有很大的残余压应力，可以明显提高材料的硬度与抗疲劳强度，提高零件的使用寿命。

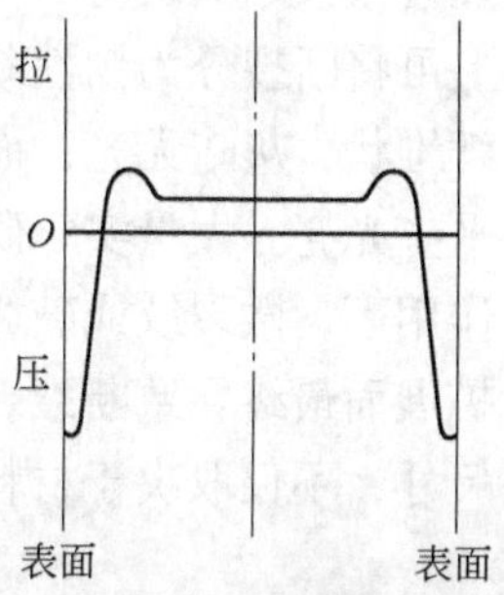

图 2-30 表面处理所得残余应力分布的典型曲线

消除制品内的残余应力一般有两种方法：热处理法及机械处理法。

（1）热处理法。热处理法是较彻底的消除残余应力的方法，即采用去应力退火；第一类残余应力一般在回复温度下便可以大部分消除，而制品的硬化状态不受影响；第二类残余应力在退火温度接近再结晶温度时也可完全消除；至于第三类残余应力，因为存在于晶粒内部，只有充分再结晶后才可能消除。例如普通黄铜在40～140℃只能消除很少一部分残余应力，在200℃附近能消除大部分，其余的需经过再结晶才能消除。

用热处理法消除残余应力，尤其是较高温度下的退火，虽然残余应力消除了，但制品的晶粒明显长大，并有损金属的力学性能。此外，热处理法也只有在制品允许退火时才能采用。对于不允许退火的制品，如双金属、淬火制品等，为了消除因变形所产生的形状歪扭，则应采用机械处理法。

（2）机械处理法。这种方法是使制品表面再产生一些表面变形，使残余应力得到一定程度的释放和松弛，或者使之产生新的附加应力，以抵消制品内的残余应力或尽量减少其数值。例如，用木槌敲打表面或喷丸加工；对管棒材采用多辊校直；板材采用表面辗压及小变形量的拉伸；在冲模内作表面校形等。

图2-31所示为钢材表面原来有残余拉应力用表面辗压法使之减轻的情况。应当指出，机械处理法只能消除第一类残余应力，当表面变形量为1.5%～3%左右时效果最好，继续加大变形量反而可能导致不良后果。

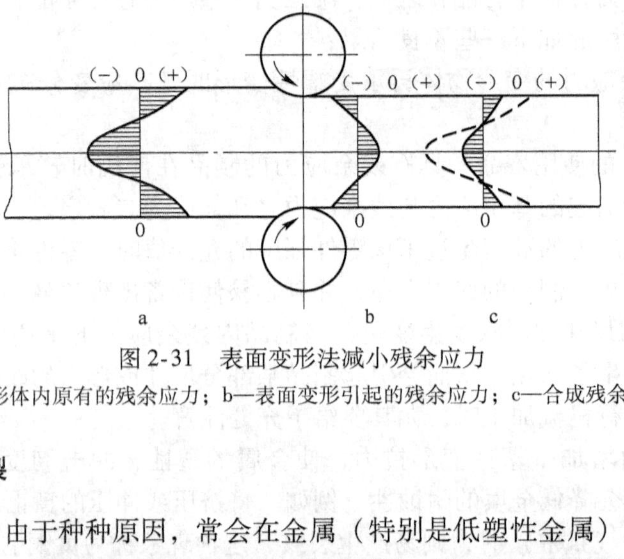

图2-31　表面变形法减小残余应力

a—变形体内原有的残余应力；b—表面变形引起的残余应力；c—合成残余应力

三、金属的断裂

在塑性加工中，由于种种原因，常会在金属（特别是低塑性金属）表面或内部出现断裂（裂纹、裂缝等）。它是造成锻压件报废的重要原因。根据断裂前塑性变形的大小，大体上可将断裂分为韧性断裂和脆性断裂两种。韧性断裂在断裂前有显著的塑性变形，其断口呈纤维状，灰暗无光；而脆性断裂则无明显的塑性变形，直接由弹性状态过渡到断裂，其断口平齐光亮。大量实验研究表明，金属材料断裂前首先形成微裂纹（破坏源），在应力的继续作用下，微裂纹或破坏源缓慢扩张，当达到某一临界尺寸——临界裂纹长度时，裂纹将快速扩展而最终导致断裂。因此，断裂是一个随时间渐进的过程。微裂纹形成后能否扩展至临界尺寸，不仅取决于材料性质，还与应力状态等外部条件密切相关。

第三节　金属塑性成形中的摩擦和润滑

塑性成形中绝大多数工序是在工具和变形金属相接触的条件下进行的，这时金属沿工具表面滑动，工具表面必然要产生阻止金属流动的摩擦力，即（外）摩擦。例如，锻造时坯料与模具间有摩擦；挤压时，坯料与挤压模之间有摩擦；轧制时，坯料与轧辊间有摩擦，等等。

一、塑性成形时摩擦的特点

金属塑性成形时的摩擦和机械传动中的摩擦相比，有下列特点：

（1）有害亦有益。一方面，外摩擦的存在会使变形抗力增加，因而使所需的塑性变形力和变形功增大；引起或加剧变形的不均匀性，从而产生附加应力，附加应力严重时会造成工件开裂；使工件表面发生黏结、擦伤等现象，既影响产品质量，又增加工具的磨损，缩短模具的使用寿命。另一方面，在某些场合下，摩擦也起着有益的作用。例如，薄板拉延时，增加凸缘处的摩擦阻力可避免工件起皱；开式模锻时可利用飞边阻力来保证金属充满模膛；轧制时，轧辊与坯料间要有足够的摩擦力才能使坯料咬入轧辊；连续挤压则完全靠挤压轮和坯料间的摩擦作为变形力，等等。

（2）高压作用下的摩擦。塑性成形时接触表面上的单位压力很大，一般达500MPa左右，钢冷挤压时可达3000MPa。而机械传动中承受重载荷的轴承工作压力一般为10MPa左右，即使重型轧钢机的轴承也不过承受20～50MPa的压力。接触面的压力越高，润滑越困难。

（3）伴随着金属的流动而发生的摩擦。由于接触面压力大，故真实接触表面大。同时，在塑性变形过程中会不断增加新的接触面，包括由原来接触的表面所形成的新表面，以及从原有表面下挤出的新表面。而且，接触面上各处的塑性流动情况各不相同，有快有慢，还有的黏着不动，因而各处的摩擦也不一样。

（4）高温下的摩擦。在热成形时，金属的温度约为800～1200℃，这时金属表面要发生氧化而产生氧化皮，其组织、性能都有变化，从而对摩擦产生影响。

因此，塑性成形时的摩擦比机械传动中的摩擦要复杂得多。

二、塑性成形时摩擦的分类

金属塑性成形时，根据坯料与工具的接触表面之间润滑层的厚度不同，可以把摩擦分为三种类型，即干摩擦、边界摩擦和流体摩擦，由此还可以派生出混合型摩擦，即半干摩擦和半液体摩擦。

（1）干摩擦。当接触表面之间完全不存在润滑剂或任何其他物质，只是金属与金属之间的摩擦时，称为干摩擦（图2-32a）。但在实际生产中，这种绝对理想的干摩擦是不存在的。金属成形过程中，其表面总会形成氧化膜或吸附一些气体、灰尘等其他介质。通常所说的干摩擦是指不加任何润滑剂的摩擦。

（2）边界摩擦。当接触面上存有很薄的润滑剂膜（其厚度约为0.1μm）时产生的摩擦称为边界摩擦，其表面接触方式如图2-32b所示。此时坯料表面的“凸峰”中的一部分被压平。被压平的“凸峰”和模具表面之间，可能会保留一层很薄的润滑剂膜，这层薄膜也可能会被挤掉，此时会出现粘模现象。大多数塑性成形工序的表面接触状态属于这种边界摩擦。

（3）流体摩擦。当金属与工具表面之间的润滑剂层较厚，两表面的微观凹凸不平部分不直接接触，完全由润滑剂隔开时的摩擦称为流体摩擦，此时的润滑方式也称为流体润滑，如图2-32c所示。流体摩擦的性质与干摩擦和边界摩擦有着本质上的区别，其摩擦特征与所加润滑剂的性质和相对速度梯度有关，而与接触表面的状态无关。

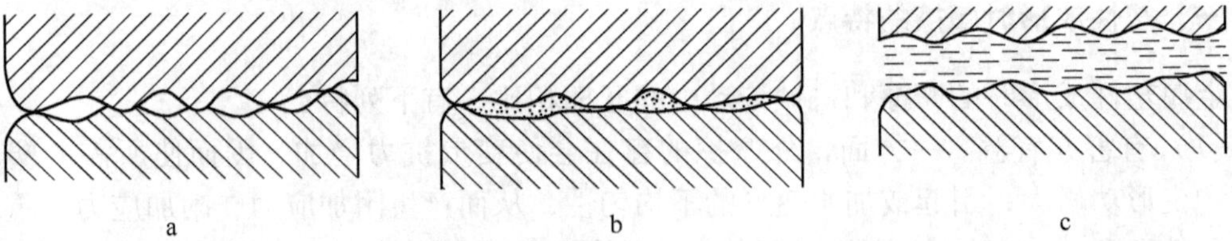

图2-32 摩擦表面接触方式

在实际生产中，上述三种摩擦不是截然分开的。有时常会出现所谓的混合摩擦，即半干摩擦与半流体摩擦。半干摩擦是边界摩擦与干摩擦的混合状态。当接触面之间存在少量的润滑剂或其他介质时，就会出现这种摩擦。半流体摩擦是流体摩擦与边界摩擦的混合状态，此时在变形金属和工具的接触表面之间有一层润滑剂，但又没有完全把两表面分开，在相对运动时，个别部位可能会发生“凸峰”与“凹坑”之间的相互咬合。

三、塑性成形时接触表面摩擦力的计算

金属塑性成形时摩擦力的计算，可以分别按以下四种情况来考虑。

1. 库仑摩擦条件

这时不考虑接触面上的黏合现象，认为单位面积上的摩擦剪应力与接触面上的正应力成正比，即

$$\tau = \mu\sigma_N \tag{2-10}$$

式中 τ——接触表面上的摩擦剪应力；

σ_N——接触表面上的正应力；

μ——摩擦系数。

摩擦系数应根据实验来确定。上式在使用中应注意，摩擦剪应力τ不能随σ_N的增大而无限制地增大，其最大值$\tau=\tau_{max}=K$。此时金属黏附于工具表面，相对运动停止，转变为金属内部晶体的滑移。该式适用于三向压应力不太显著、变形量小的冷成形工序。

2. 最大摩擦条件

当接触表面没有相对滑动，完全处于黏合状态时，摩擦剪应力等于变形金属的最大剪应力K，即

$$\tau = K = \frac{\beta}{2}S \tag{2-11}$$

式中，S为塑性变形的流动应力。根据屈服准则，在轴对称情况下，$\tau=0.5S$；在平面变形条件下，$\tau=0.577S$。在热变形时，常采用最大摩擦力条件。

3. 常摩擦力条件

这时认为接触面上的摩擦剪应力与变形金属的最大剪应力有关，即

$$\tau = mK \tag{2-12}$$

式中，m为摩擦因子，取值范围为0~1。该式适用于三向压力显著的塑性成形过程。如挤压、变形量大的镦粗、模锻等。

4. 反正切摩擦条件

当接触面的相对滑动速度较大时，摩擦应力采用相对滑动速度的反正切函数计算，即

$$\tau = -mK\left\{\frac{2}{\pi}\arctan\left(\frac{|v_{\mathrm{R}}|}{\alpha}\right)\right\} \tag{2-13}$$

式中，α 为比模具速度小几个数量级的正常数，一般取 $10^{-3} \sim 10^{-5}$；v_{R} 为接触面上的相对滑动速度。

$$v_{\mathrm{R}} = \sum_i N_i v_{\mathrm{R}i} \tag{2-14}$$

式中，N_i 为单元接触节点的形函数，$v_{\mathrm{R}i}$为接触节点沿模具表面的切向相对滑动速度。

该摩擦模型是由 C. C. Chen & S Kobayashi 于 1989 年提出的，由于它能较好地解决速度中性点问题，所以较适合非稳态塑性变形问题。

四、影响摩擦系数的因素

在塑性成形中，摩擦系数通常是指接触面上的平均摩擦系数。影响摩擦系数的因素很多，其主要因素分述如下。

（1）金属的种类和化学成分的影响。金属的种类和化学成分对摩擦系数影响很大。由于金属表面的硬度、强度、吸附性、扩散能力、导热性、氧化速度、氧化膜的性质以及金属之间的相互结合力等都与化学成分有关，因此不同种类的金属，摩擦系数也不同。黏附性较强的金属通常具有较大的摩擦系数，如铅、铝、锌等。材料的硬度、强度越高，摩擦系数就越小，因而凡是能提高材料硬度、强度的化学成分都可使摩擦系数减小。对于黑色金属，随着含碳量的增加，摩擦系数有所降低。

（2）工具表面状态的影响。工具表面越光滑，表面凸凹不平程度越轻，这时机械咬合效应就越弱，因而摩擦系数越小。若接触表面都非常光滑，分子吸附作用增强，反而会引起摩擦系数增加，但这种情况在塑性成形中并不常见。工具表面粗糙度在各个方向不同时，则各个方向的摩擦系数亦不相同。实验证明，沿着加工方向的摩擦系数比垂直加工方向的摩擦系数约小 20%。

（3）变形温度的影响。变形温度对摩擦系数的影响很复杂。因为温度变化时，材料的强度、硬度及接触面上氧化皮的性能都会发生变化。一般认为，开始时摩擦系数随温度升高而升高，达到最大值以后又随温度升高而降低。这是因为温度较低时，氧化膜黏附在金属表面上，质地又较硬，所以摩擦系数较小。随着温度的升高，氧化膜增厚，而且分子间的吸附能力也增加，因而摩擦系数也增大。当温度继续升高时，氧化皮会变软或者脱离金属基体表面，在金属与工具之间形成一个隔离层，起到润滑作用，所以摩擦系数下降。不同金属变形时摩擦系数与温度的关系请参考相关手册和资料。

（4）变形速度的影响。许多实验结果表明，摩擦系数随变形速度的增加而有所下降。例如，锤上镦粗时的摩擦系数要比在机械压力机上镦粗时小 20% ~25% 左右。使用液体润滑剂冷轧时，摩擦系数随变形速度的增加而有所下降。在干摩擦时，变形速度增加，表面凸凹不平的部分来不及相互咬合，从而使摩擦系数下降。在边界润滑条件下，由于变形速度的增加，可使润滑油膜的厚度增加并较好地保持在接触表面上，从而减少了金属与工具的实际接触面积，使得摩擦系数下降。但是，变形速度的影响是很复杂的，有时会得到

相反的结果。

（5）接触面上单位压力的影响。单位压力较小时，表面分子吸附作用不明显，摩擦系数与正压力无关，为一常数，此时摩擦力符合库仑定律。当单位压力增加到一定数值以后，表面的氧化膜被破坏，润滑剂被挤掉，这不但增加了真实接触面积，而且使分子吸附作用增强，从而使摩擦系数随单位压力的增加而上升，当上升到一定程度后又趋于稳定。

从上述分析可知，影响摩擦系数的因素很复杂，目前实际使用中已有多种测定塑性成形时摩擦系数的方法，如夹钳轧制法、圆环镦粗法、分段拉模法、挤压法等，本书不作详细介绍。

五、塑性成形时的润滑

润滑是减少摩擦在塑性成形过程中不良影响的最有效措施。润滑的目的是：降低接触面间的摩擦力、减少工具磨损、防止金属在工具上卡住或黏结、获得表面光洁的制品、对工具进行冷却（对流体润滑而言）、减少金属的不均匀变形。为了实现上述目的，必须选用合适的润滑剂。

（一）塑性成形中对润滑剂的要求

塑性成形中使用的润滑剂一般应符合下列要求：

（1）润滑剂应有良好的耐压性能，在高压作用下，润滑膜仍能吸附在接触表面上，保持良好的润滑状态；

（2）应有良好的耐高温性能，在热加工时，润滑剂应不分解，不变质；

（3）有冷却模具的作用；

（4）润滑剂不应对金属和模具有腐蚀作用；

（5）润滑剂应对人体无毒、无害，不污染环境；

（6）润滑剂应使用、清理方便，来源丰富，价格便宜。

（二）塑性成形中常用的润滑剂

用于塑性成形的润滑剂有液体润滑剂和固体润滑剂两大类。

1. 液体润滑剂

这类润滑剂主要包括各种矿物油、动物油、植物油以及乳液等等。矿物油主要是机油，其化学成分稳定，与金属不发生化学反应，但摩擦系数比植物油大。动植物油主要有猪油、牛油、鲸油、蓖麻油、棕榈油等。动植物油都含有脂肪酸。脂肪酸属于表面活性剂类，它的分子一旦落到金属表面，就以其上的活性基连接金属表面分子，形成整齐坚固的脂肪酸润滑膜，因而润滑性能良好，但化学成分不如矿物油稳定。塑性成形时，应根据具体加工条件来选择不同黏度的润滑剂。一般来说，坯料厚、变形程度大而速度低的工艺，应选择黏度较大的润滑油；反之，则宜选用黏度较小的稀油。乳液是由矿物油、乳化剂、石蜡、肥皂和水组成的水包油或者油包水的乳状稳定混合物。乳液除了具有润滑作用外，还对模具有较强的冷却作用。

2. 固体润滑剂

这类润滑剂在常温下呈固态。根据它在高温时存在的形式，又可分为干性固体润滑剂和软（熔）化固体润滑剂。

A　干性固体润滑剂

这类润滑剂在变形过程中不改变自身的聚集状态，如石墨、二硫化钼、云母等。

（1）石墨：石墨属于六方晶系，具有多层鳞状结构，有油脂感。同一层的原子间距比层与层的间距要小得多，所以同层原子间的结合力比层与层间的结合力要大。当晶格受到剪应力的作用时，就容易产生层间的滑移。所以用石墨作为润滑剂，金属与工具的接触面间所表现的摩擦实质上是石墨层与层之间的内摩擦。而且，这种内摩擦力比金属与工具直接接触时的摩擦力要小得多，从而起到润滑作用。石墨具有良好的导热性和热稳定性，其摩擦系数随正压力的增加而有所增大，但与相对滑动速度几乎没有关系。此外，石墨吸附气体以后，其摩擦系数会减小。石墨的摩擦系数一般在0.05～0.19的范围内。

（2）二硫化钼：二硫化钼也属于六方晶系结构，其润滑原理与石墨相同。但它在真空中的摩擦系数比在大气中小，所以更适合作为真空中的润滑剂。二硫化钼的摩擦系数一般为0.12～0.15。

石墨和二硫化钼是目前塑性成形中最常用的固体润滑剂，使用时可制成水剂或油剂。

B　软（熔）化固体润滑剂

此类润滑剂在工作温度超过其软（熔）化点时会变软或熔化，但不燃烧，不会逸出有害气体。在低于它的熔（软化）点时，可起磨料的作用。属于这一类的润滑剂有玻璃、珐琅、天然矿物及各种无机盐等。

（1）玻璃：在温度升高时，玻璃逐渐由固态向黏性状态直至液态转变，而从高温下冷却时其状态、性能则发生可逆变体。通常假定玻璃从固态到黏态的转变时的黏度，为10^7Pa·s，相应的温度为T_g；而向液态转变时的黏度为10^2Pa·s，相应的温度为T_f。把转变温度T_f与T_g相差大的称为长玻璃，而T_f与T_g较为接近的称为短玻璃。高温变形时，玻璃呈液态包在坯料上，使坯料不与工具直接接触，因而起到润滑作用。由于玻璃的导热性差，因而坯料降温小，模具也可以避免过热。玻璃的使用温度范围很广，从450～2200℃的工作温度范围都可选用玻璃作润滑剂。玻璃的化学稳定性好，使用时可以粉状、薄片状或网状单独使用，也可与其他润滑剂混合使用，都有良好的润滑作用。但工件变形后，玻璃会牢牢地黏附在工件表面，不易清理。在钢的热挤压中常用玻璃作为润滑剂。

（2）珐琅：珐琅是涂在金属表面上作为防腐蚀及装饰用的普通搪瓷，它以粒度为0.1～4mm的粉末、含水悬浊液及酒精悬浊液的形式使用。工件变形后，可用酸洗、碱洗或其他一些专门方法除掉制品表面上的珐琅。

（3）无机盐类：无机盐类是天然的或者合成的结晶物质。在塑性加工中常用的无机盐润滑剂有盐酸盐（NaCl）、磷酸盐（$Na_3PO_4H_2O$）、硝酸盐（$NaNO_3$）、亚硝酸盐（$NaNO_2$）等。

除此以外，皂类和蜡类等有机盐和硬脂酸钠、硬脂酸锌及一般肥皂也常用来作为塑性加工中的润滑剂。固体润滑剂的使用状态可以是粉末，但多数是制成糊剂或悬浮液。

（三）润滑剂中的添加剂

为了提高润滑剂的润滑、耐磨、防腐等性能。需要在润滑剂中加入少量的活性物质——添加剂。

润滑油中的添加剂，一般应易溶于机油，热稳定性要好，且应具有良好的物理化学性能。常用的添加剂有油性剂、极压剂、抗磨剂和防锈剂等。

油性剂指天然酯、醇、脂肪酸等。这些物质都含有羧（COOH）类活性基。活性基通过与金属表面的物理吸附作用，在金属表面形成润滑膜。润滑油中加入油性剂后，可使摩擦系数减小。

极压剂是一些含硫、磷、氯的有机化合物。这些有机化合物在高温、高压下发生分解，分解后的产物与金属表面起化学反应而生成熔点低、吸附性强、具有片状结构的氯化铁和硫化铁等薄膜。因此加入极压剂后润滑油在较高压力下仍然能起润滑作用。

抗磨剂常用的有硫化辊子油、硫化鲸油等。这些物质可以分解出自由基与金属表面起化学反应生成抗腐蚀、减磨损的润滑油膜。防锈剂常用的有石油硫酸钡，把它加入到润滑油中以后，在金属表面形成吸附膜，起隔水防锈的作用。

在石墨和二硫化钼中常用三氧化二硼作为添加剂来提高抗氧化性能和使用温度。

润滑剂中加入适当的添加剂后，摩擦系数降低，金属粘模现象减小，变形程度提高，并可使产品表面质量得到改善，因此目前广泛采用有添加剂的润滑油。

（四）表面磷化－皂化处理

冷挤压钢制零件时，接触面上的压力往往高达2000～2560MPa，在这样高的压力下，即使润滑油中加入添加剂，油膜还是会遭到破坏或被挤掉，而失去润滑作用。为此要进行磷化处理，即在坯料表面上用化学方法制成一种磷酸盐或草酸盐薄膜，这种磷化膜是由细小片状的无机盐结晶组成的，呈多孔状态，对润滑剂有吸附作用。磷化膜的厚度约在10～20μm之间，它与金属表面结合很牢，而且有一定的塑性，在挤压时能与钢一起变形。

磷化处理后须进行润滑处理，常用的有硬脂酸钠、肥皂等，故称为皂化。磷化-皂化处理方法出现之后，大大推动了钢的冷挤压工艺的应用发展。但磷化-皂化工序繁杂，因此人们正在研究新的润滑方法。

塑性加工条件下的摩擦系数及测定方法请参考相关资料。

习题与思考题

1. 什么是金属的塑性，什么是变形抗力？
2. 简述变形速度、变形温度、应力状态对金属塑性和变形抗力的影响。如何提高金属的塑性？
3. 什么是附加应力，附加应力分几类，试分析下图在凸形轧辊间轧制矩形板坯时产生的附加应力？

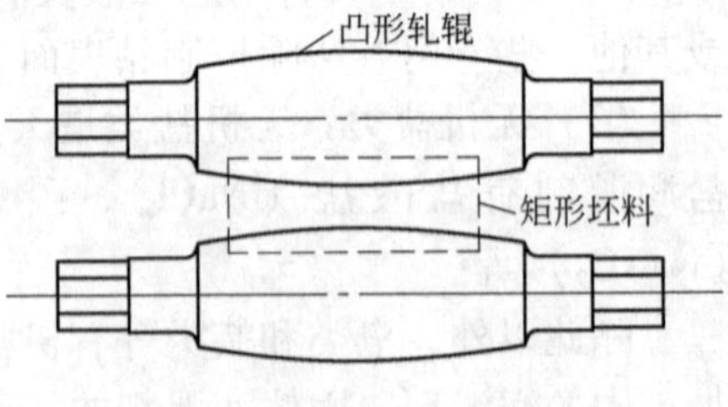

4. 什么是最小阻力定律，最小阻力定律对分析塑性成形时的金属流动有何意义？
5. 塑性成形时，影响金属变形和流动的因素有哪些，各产生什么影响？
6. 为什么说塑性成形时金属的变形都是不均匀的，不均匀变形会产生什么后果？
7. 什么是残余应力，残余应力有哪几类，会产生什么后果，如何消除工件中的残余应力？
8. 金属塑性成形中的摩擦有什么特点？
9. 塑性成形中的摩擦机理是什么？
10. 塑性成形时接触面上的摩擦条件有哪几种，各适用于什么情况？
11. 塑性成形中对润滑剂有何要求？
12. 塑性成形中常用的液体润滑剂和固体润滑剂各有哪些，石墨和二硫化钼如何起润滑作用？

第三章　应力和应变

在外力作用下金属的变形超过弹性阶段后便进入了塑性状态。研究金属在塑性状态的力学行为称为塑性理论或塑性力学，它是连续介质力学的一个分支。为了简化研究过程，塑性理论通常采用以下假设：

（1）变形体是连续的，即整个体积内不存在任何空隙。这样，应力、应变、位移等物理量也都是连续的，并可用坐标的连续函数来表示。

（2）变形体是均质的和各向同性的，这样，从变形体上切取的任一微元体都能保持原变形体所具有的物理性质，且不随坐标的改变而变化。

（3）在变形的任意瞬间，力的作用是平衡的。

（4）在一般情况下，忽略体积力的影响。

在塑性理论中，分析问题需要从静力学、几何学和物理学等角度来考虑。静力学角度是从变形体中质点的应力分析出发，根据静力学平衡条件导出该点附近各应力分量之间的关系式，即平衡微分方程。几何学角度就是根据变形体的连续性和均匀性，用几何的方法导出应变分量与位移分量之间的关系式，即几何方程。物理学角度就是根据实验与假设导出应变分量与应力分量之间的关系式，即物理方程或本构方程。此外，还要建立变形体从弹性状态进入塑性状态并使塑性变形继续进行时，其应力分量与材料性能之间的关系，即屈服准则或塑性条件。

以上就是有关塑性变形的力学基础，本章从张量的基本概念和性质入手，从静力学和几何学的角度阐述应力和应变分析。

第一节　求和约定及张量

一、求和约定

在塑性力学以及相关学科中，有许多物理量，如：力、速度、位移、应力、应变等，在研究时为了方便起见，总是建立一定的坐标系，然后再研究这些物理量在坐标系中的分量，在用符号表示物理量时若用角标符号表示这些分量，将会使本来冗长烦琐的公式在形式上变得简洁明了。但采用角标符号表示物理量，需有一定的标记和运算规则，下面就对其加以介绍。

（一）角标符号

成组的符号和数组都可用一个带下角标的符号表示，这种符号叫做角标符号。例如，直角坐标系的三根轴 x、y、z 可写成 x_1、x_2、x_3，于是就可用角标符号简记为 x_i（$i=1, 2, 3$）；空间直线的方向余弦 l、m、n 可写成 l_x、l_y、l_z，并记为 l_i（$i=x, y, z$）；九个应力分量 σ_{xx}、σ_{xy}……可记为 σ_{ij}（$i, j=x, y, z$）等等。在不引起误会的情况下，角标符号后面的括号常可省略。如一个角标符号带有 m 个角标，每个角标取 n 个值，则该角标符号就代表了 n^m 个元素，例如 a_{ij}（i，$j=1$，2，3）就有 $3^2=9$ 个元素。

（二）求和约定

在运算中常遇到几个数组各元素乘积求和的式子，例如空间中的平面方程为

$$Ax+By+Cz=p$$

采用角标符号，将 A、B、C 写成 a_1、a_2、a_3，记为 a_i，将 x、y、z 写成 x_1、x_2、x_3，并记为 x_i，于是上式可写成

$$a_1x_1+a_2x_2+a_3x_3=\sum_{i=1}^{3}a_ix_i=p$$

为了省略求和记号 Σ，可以引入如下的"求和约定"：在算式的某同一项中，如果有某个角标重复出现，就表示要对该角标自 1 至 n 的所有元素求和。这样，上式即可简记为

$$a_ix_i=p(i=1,2,3)$$

下面再举一些例子：

例 3-1 $A=\dfrac{\partial a_i}{\partial b_i}$（$i=1$，2，3），这里 i 重复出现，故

$$A=\frac{\partial a_1}{\partial b_1}+\frac{\partial a_2}{\partial b_2}+\frac{\partial a_3}{\partial b_3}$$

例 3-2 $\varepsilon_{ij}=\dfrac{1}{2}\left(\dfrac{\partial u_i}{\partial x_j}+\dfrac{\partial u_j}{\partial x_i}\right)$（$i$，$j=x$，$y$，$z$）

则

$$\varepsilon_{xx}=\frac{1}{2}\left(\frac{\partial u_x}{\partial x_x}+\frac{\partial u_x}{\partial x_x}\right)=\frac{\partial u_x}{\partial x_x};\ \gamma_{yz}=\gamma_{zy}=\frac{1}{2}\left(\frac{\partial u_y}{\partial x_z}+\frac{\partial u_z}{\partial x_y}\right)$$

$$\varepsilon_{yy}=\frac{1}{2}\left(\frac{\partial u_y}{\partial x_y}+\frac{\partial u_y}{\partial x_y}\right)=\frac{\partial u_y}{\partial x_y};\ \gamma_{zx}=\gamma_{xz}=\frac{1}{2}\left(\frac{\partial u_z}{\partial x_x}+\frac{\partial u_x}{\partial x_z}\right)$$

$$\varepsilon_{zz}=\frac{1}{2}\left(\frac{\partial u_z}{\partial x_z}+\frac{\partial u_z}{\partial x_z}\right)=\frac{\partial u_z}{\partial x_z};\ \gamma_{xy}=\gamma_{yx}=\frac{1}{2}\left(\frac{\partial u_x}{\partial x_y}+\frac{\partial u_y}{\partial x_x}\right)$$

上述重复出现的角标叫做哑标。如果在用角标符号表示的等式中有不重复出现的角标，则这种角标就叫自由标。自由标不包含求和的意思，但它可表示该等式代表了几个等式。等式两边的自由标必须相同。遇到这种等式时，首先需要分清哑标和自由标。再看下面一个例子：

例 3-3 $\dfrac{\partial\sigma_{ij}}{\partial x_i}=0$（$i$，$j=1$，2，3）。

这里 i 是哑标，j 是自由标，故此式为

$$\frac{\partial\sigma_{11}}{\partial x_1}+\frac{\partial\sigma_{21}}{\partial x_2}+\frac{\partial\sigma_{31}}{\partial x_3}=0\quad(i=1,\ 2,\ 3;\ j=1)$$

$$\frac{\partial\sigma_{12}}{\partial x_1}+\frac{\partial\sigma_{22}}{\partial x_2}+\frac{\partial\sigma_{32}}{\partial x_3}=0\quad(i=1,\ 2,\ 3;\ j=2)$$

$$\frac{\partial\sigma_{13}}{\partial x_1}+\frac{\partial\sigma_{23}}{\partial x_2}+\frac{\partial\sigma_{33}}{\partial x_3}=0\quad(i=1,\ 2,\ 3;\ j=3)$$

二、张量

（一）张量的基本概念

为了方便起见，我们从普通的物理量出发，引出张量的概念。有些简单的物理量，例如距离、时间、温度等等，只用一个标量就可以表示出来。有些物理量，例如位移、速度、力等空间矢量，则需要用坐标系中的三个标量，也即它们在坐标系内的三个分量来表示。还有一些比较复杂的物理量，例如应力状态、应变状态、刚体对固定点的惯性矩等等，则需要用坐标系中的三个矢量，也即九个分量才能完整地表示出来，这就是本书中所指的张量。但是广义地说，绝对标量就是零阶张量，其分量数目为 $3^0=1$；矢量就是一阶张量，有 $3^1=3$ 个分量；应力状态等则是二阶张量，有 $3^2=9$ 个分量。当然，还可以有更高阶的张量。

从概念上说，如果表示同一抽象事件的总量与坐标选择无关，而其分量与坐标选择有关，当坐标进行变换时，这些分量的变换具有某种指定的形式，则这些分量的集合即称为张量。

张量的决定性特征是它在不同坐标系中的分量之间可以用一定的线性关系来换算。下面仅以直角坐标系的变换公式为例。

设坐标系 $ox_1'x_2'x_3'$（记为 x_k' 系）的各坐标轴在坐标系 $ox_1x_2x_3$（记为 x_i 系）中的方向余弦为

	x_1	x_2	x_3
x_1' 轴的方向余弦	$l_{1'1}$	$l_{1'2}$	$l_{1'3}$
x_2' 轴的方向余弦	$l_{2'1}$	$l_{2'2}$	$l_{2'3}$
x_3' 轴的方向余弦	$l_{3'1}$	$l_{3'2}$	$l_{3'3}$

上列九个方向余弦可记为 l_{ki} 或 l_{lj}（k，$l=1'$，$2'$，$3'$；i，$j=1$，2，3）。如始终记住 k、l 表示 x_k' 系的轴号，i、j 表示 x_i 系的轴号，则可把 k、l 也写成1、2、3。x_i 系各轴在 x_k' 系中的方向余弦可记为 l_{ik} 或 l_{jl}。由于 $\cos(x_k',x_i)=\cos(x_i,x_k')$，所以 $l_{ki}=l_{ik}$，$l_{lj}=l_{jl}$。

一阶张量的坐标变换公式也就是矢量转轴公式。设某矢量在 x_i 坐标系中的分量为 p_i，则在 x_k' 系中的分量 p_k' 必为

$$p_k'=p_il_{ki}\qquad (i,\ k=1,\ 2,\ 3)\tag{3-1}$$

设某张量在 x_i 系中的分量为 p_{ij}，在 x_k' 系中的分量为 p_{kl}'，则它们之间必有如下变换关系

$$p_{kl}'=p_{ij}l_{ki}l_{lj}\qquad (i,\ j,\ k,\ l=1,\ 2,\ 3)\tag{3-2}$$

按求和约定展开，即可得到九个分量的变换式，每式为九项之和。

（二）张量的基本性质

（1）张量的分量一定可以组成某些函数 $f(p_{ij})$，这些函数的值不随坐标而变，即

$$f(p_{ij})=f(p_{kl}')$$

这样的函数就叫做张量的不变量。对于二阶张量，基本的独立不变量有三个，用 C_1、C_2、C_3 表示，则

$$C_1 = p_{ii}, \quad C_2 = p_{ij}p_{ji}, \quad C_3 = p_{ij}p_{jk}p_{ki}$$

由这三个基本的不变量可以导出很多其他的不变量。例如本章要讲的应力张量的第二个不变量 J_2

$$J_2 = \frac{1}{2}(C_2 - C_1^2)$$

其实应力张量中的主应力、主剪应力、八面体应力等也都是不变量。

（2）几个同阶张量各对应的分量之和或差定义另一同阶张量。因此张量可以叠加，也可以分解。应力张量分解成偏张量和球张量即为一例。两个相同的张量之差称为零张量，它的分量都是零。

（3）如某张量具有性质 $p_{ij} = p_{ji}$，就叫对称张量。应力、应变张量及惯性矩张量等都是对称张量。如某张量具有性质 $p_{ij} = -p_{ji}$，则叫反对称张量，这时 $i=j$ 的分量必为零。刚体绕固定点转动张量就是反对称张量。如某张量 $p_{ij} \neq p_{ji}$，就叫非对称张量。

（4）二阶对称张量的一个重要特点是它一定有三个主轴，如取主轴为坐标轴，则两个下角标不同的分量都将为零，只留下下角标相同的三个分量，叫做主值。

第二节 应力分析

通过工程力学的学习，我们已经熟悉了应力的概念。在工程力学中，主要研究杆件在轴向拉伸（或压缩）、扭转、弯曲及其组合变形时的应力状态。为了求得物体内的应力，常常采用切面法，即假想把物体切开，在一定的假设条件下，直接利用内力和外力的平衡条件求得切面上的应力分布。本书中则采用另一种方法，就是假想把物体切成无数个极其微小的六面体（在物体边界上也可以是四面体或五面体），叫做单元体或微元体。一个单元体可代表物体的一个质点。根据单元体的平衡条件写出平衡微分方程，然后考虑其他必要的条件设法求解。这种方法也是一般连续体力学的通用方法。

由于本节研究的单元体的受力平衡问题并不涉及具体材料的物理性质，因此，所阐述的方法、概念和结论具有普遍意义，不仅适用于弹性状态，而且也适用于塑性状态。

一、外力

由物体外部施加于物体的作用力叫做外力。外力通常可分成两类，一类是作用在物体表面上的力，叫做面力或接触力，它可以是集中力，但更一般的是分布力；第二类是作用在物体每个质点上的力，例如重力、磁力以及惯性力等等，叫做体力。塑性成形时，体力相对面力而言是很小的，通常可以忽略不计。因此，一般都假定面力是静力平衡力系。

二、应力

在外力作用下，物体内各质点之间就会产生相互作用的力，叫做内力。单位面积上的内力叫做应力。图 3-1 表示一物体受外力系 P_1、P_2……的作用而处于平衡状态。设物体内有任意一点 Q，过 Q 作一法线为 N 的平面 A，将物体切开而移去上半部。这时 A 面即可看成是下半部的外表面，A 面上作用的内力应该与下半部其余的外力保持平衡。这样，内力的问题就可以当成外力来处理。

在 A 面上围绕 Q 点取一很小的面积 ΔF，设该面积上内力的合力为 ΔP，则定义

$$S=\lim_{\Delta F\to 0}\frac{\Delta P}{\Delta F}=\frac{\mathrm{d}P}{\mathrm{d}F}$$

为 A 面上 Q 点的全应力。全应力 S 可以分解成两个分量，一个垂直于 A 面，叫做正应力，用 σ 表示；另一个平行于 A 面，叫做剪应力，用 τ 表示。这时，面积 $\mathrm{d}F$ 可叫做 Q 点在 N 方向的微分面，S、σ 及 τ 分别称为 Q 点在 N 方向微分面上的全应力、正应力及剪应力。

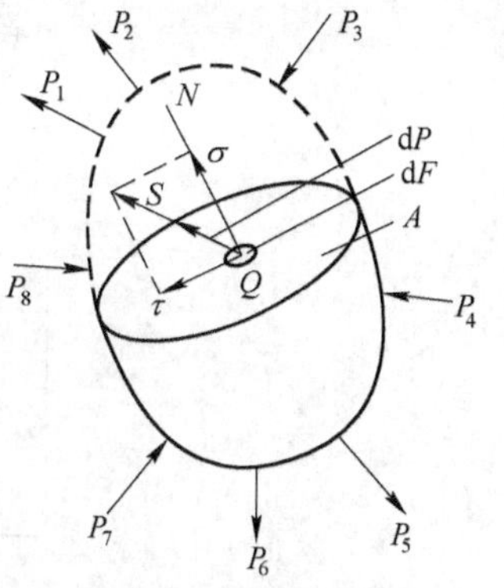

图 3-1　外力、内力和应力

通过 Q 点可以做无限多个切面。在不同方向的切面上，Q 点的应力显然是不同的。在简单情况下，只要知道 Q 点任意一个切面上的应力，就可以求得其他切面上的应力。但是，在多向受力的情况下，显然不能由一点任意切面上的应力求得该点其他方向切面上的应力。也就是说，仅仅用某一方向切面上的应力并不足以全面地表示出一点所受应力的情况。为了全面地表示一点的受力情况，就需引入“点应力状态”的概念。

三、直角坐标系中一点的应力状态

（一）应力分量及应力张量

在直角坐标系下，若围绕变形体内任意一点 Q 切取一矩形六面体作为单元体，其棱边分别平行于三根坐标轴。取六面体中三个相互垂直的表面作为微分面，如果这三个微分面上的应力为已知，则该单元体任意方向上的应力都可以通过静力平衡求得。这就是说，可以用质点在三个相互垂直的微分面上的应力来完整地描述该质点的应力状态。

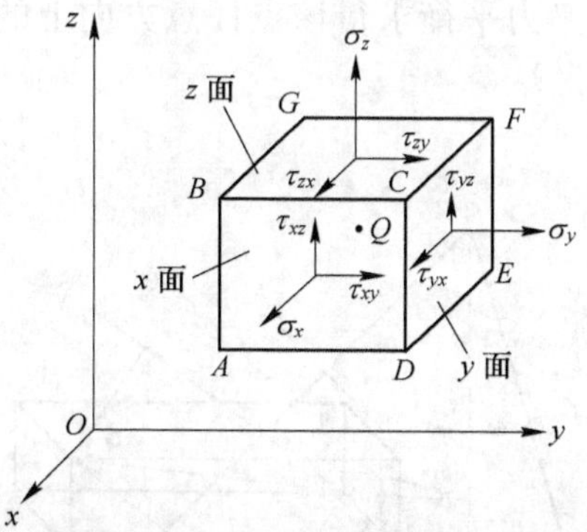

图 3-2　单元体上的应力分量

上述三个微分面上的应力都可以按坐标轴的方向分成三个分量。由于每个微分面都与一坐标轴垂直且与另两坐标轴平行，故三个应力分量中必有一个是正应力分量，另两个则是剪应力分量。三个微分面共有九个分量。因此一般情况下，一点的应力状态应该用九个应力分量来描述，如图 3-2 所示。

为了清楚地表示出各个微分面上的应力分量，三个微分面都可用各自的法线方向命名，例如图 3-2 中 $ABCD$ 面叫 x 面，$CDEF$ 面叫 y 面等。每个应力分量的符号都带有两个下角标。第一个角标表示该应力分量的作用面，第二个角标则表示它的作用方向。很明显，两个下角标相同的是正应力分量，例如 σ_{xx} 即表示 x 面上平行于 x 轴的正应力分量，一般简写为 σ_x；两个下角标不同的是剪应力分量，例如 τ_{xy} 即表示 x 面上平行于 y 轴的剪应力分量。为了清楚起见，可将九个分量表示如下：

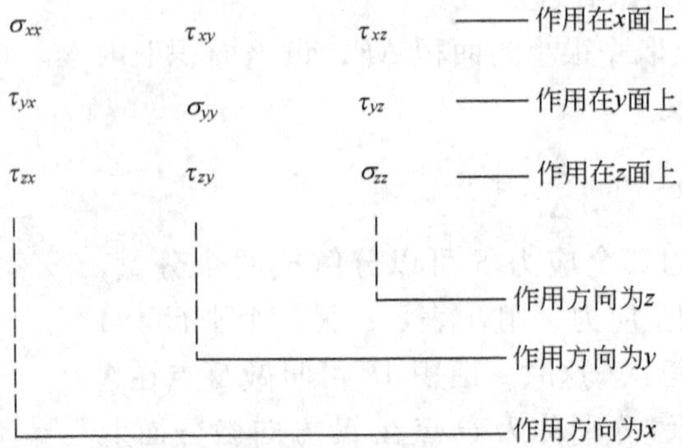

应力分量的正、负号按以下方法确定：在单元体上，外法线指向坐标轴正向的微分面叫做正面，反之称为负面。在正面上，指向坐标轴正向的应力分量取正号，指向负向的取负号。负面上的应力分量则相反，指向坐标轴负向的为正，反之为负。按此规定，正应力分量以拉为正，以压为负，图 3-2 中的剪应力分量都是正的。

由于单元体处于静力平衡状态，故绕单元体各轴的合力矩必须等于零，则可以导出以下关系：

$$\tau_{xy} = \tau_{yx}; \quad \tau_{yz} = \tau_{zy}; \quad \tau_{zx} = \tau_{xz} \tag{3-3}$$

式（3-3）叫做剪应力互等定律。它表明，为了保持单元体的平衡，剪应力总是成对出现的。由此，为了表示一点的应力状态，实际上只需要六个应力分量。它们组成对称应力张量 $\boldsymbol{\sigma}_{ij}$：

$$\boldsymbol{\sigma}_{ij} = \begin{bmatrix} \sigma_x & \tau_{xy} & \tau_{xz} \\ \tau_{yx} & \sigma_y & \tau_{yz} \\ \tau_{zx} & \tau_{zy} & \sigma_z \end{bmatrix} = \begin{bmatrix} \sigma_x & \tau_{xy} & \tau_{xz} \\ \cdot & \sigma_y & \tau_{yz} \\ \cdot & \cdot & \sigma_z \end{bmatrix} \tag{3-4}$$

应力张量的六个独立分量的数值，取决于所选定的坐标系。

（二）任意切面上的应力

如果通过一点 Q 的九个应力分量 $\boldsymbol{\sigma}_{ij}$ 已知，则可通过静力平衡求得该点任意方向上的应力。

设过 Q 点任一切面的法线 N 与三个给定坐标轴夹角的方向余弦为 l、m、n（或 l_x、l_y、l_z），称为方向余弦，该切面面积为 $\mathrm{d}F$；其上的全应力为 S，它在三个坐标轴方向的分量为 S_x、S_y、S_z。由各向静力平衡条件（见图 3-3）可得：

$$\left.\begin{aligned} S_x &= \sigma_x l + \tau_{yx} m + \tau_{zx} n \\ S_y &= \tau_{xy} l + \sigma_y m + \tau_{zy} n \\ S_z &= \tau_{xz} l + \tau_{yz} m + \sigma_z n \end{aligned}\right\} \tag{3-5}$$

用角标符号可简记为

$$S_j = \sigma_{ij} l_i \tag{3-5a}$$

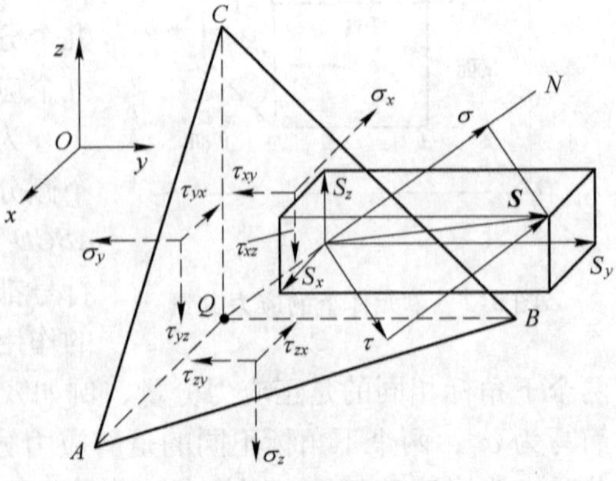

图 3-3 斜切微分面上的应力

于是，全应力为

$$S^2 = S_x^2 + S_y^2 + S_z^2 = S_i S_i \tag{3-6}$$

而切面上的正应力和剪应力为

$$\sigma = S_x l + S_y m + S_z n \tag{3-7}$$

$$\tau^2 = S^2 - \sigma^2 \tag{3-8}$$

如果质点 Q 处于物体边界上，则切面 ABC 就是物体表面，则作用在其上的为外力 T_j（$j = x, y, z$）。这时式（3-5a）仍然成立，于是

$$T_j = \sigma_{ij} l_i$$

这就是柯西应力边界条件。

通过上面的分析可知，若已知一点的 σ_x、σ_y、σ_z、τ_{xy}、τ_{yz}、τ_{zx}、l、m、n，则可以求得过该点任意切面上的 σ、τ、S_x、S_y、S_z。

（三）主应力和应力不变量

根据张量理论，二阶对称张量必定存在三个互相垂直的主方向。应力张量是一个二阶对称张量，所以应力张量具有三个互相垂直的主方向。应力张量的主方向具有这样的性质：在以主方向为法线的平面上，剪应力为零。若选取三个相互垂直的主方向作为坐标轴，那么应力张量的六个剪应力分量都将为零，可使问题大为简化。

三个主应力和三个相互垂直的主方向都可以由任意坐标系的应力分量求得。为此，我们可以假定图 3-3 中法线方向余弦为 l、m、n 的斜切微分面正好就是主平面，面上的剪应力 $\tau = 0$，则 $\sigma = S$，于是主应力在三个坐标轴方向上的投影也就是 S_x、S_y、S_z，即

$S_x = l\sigma$；　$S_y = m\sigma$；　$S_z = n\sigma$

将上列的 S_i 值代入式（3-5），整理后可得

$$\left.\begin{aligned}(\sigma_x - \sigma) l + \tau_{yx} m + \tau_{zx} n = 0\\ \tau_{xy} l + (\sigma_y - \sigma) m + \tau_{zy} n = 0\\ \tau_{xz} l + \tau_{yz} m + (\sigma_z - \sigma) n = 0\end{aligned}\right\} \tag{3-9}$$

上式是以 l、m、n 为未知数的齐次线性方程组。其解就是应力主轴的方向。此方程组的一组解是 $l = m = n = 0$。但由解析几何可知，方向余弦之间必须保持

$$l^2 + m^2 + n^2 = 1 \tag{3-10}$$

它们不能同时为零，所以必须寻求非零解。齐次线性方程组（3-9）存在非零解的条件是方程组的系数所组成的行列式等于零，即

$$\begin{vmatrix}(\sigma_x - \sigma) & \tau_{yx} & \tau_{zx}\\ \tau_{xy} & (\sigma_y - \sigma) & \tau_{zy}\\ \tau_{xz} & \tau_{yz} & (\sigma_z - \sigma)\end{vmatrix} = 0$$

将行列式展开，整理后可得

$$\sigma^3 - (\sigma_x + \sigma_y + \sigma_z)\sigma^2 + [\sigma_x\sigma_y + \sigma_y\sigma_z + \sigma_z\sigma_x - (\tau_{xy}^2 + \tau_{yz}^2 + \tau_{zx}^2)]\sigma -$$
$$[\sigma_x\sigma_y\sigma_z + 2\tau_{xy}\tau_{yz}\tau_{zx} - (\sigma_x\tau_{yz}^2 + \sigma_y\tau_{zx}^2 + \sigma_z\tau_{xy}^2)] = 0$$

设：

$$
\left.\begin{aligned}
J_1 &= \sigma_x + \sigma_y + \sigma_z \\
J_2 &= -(\sigma_x\sigma_y + \sigma_y\sigma_z + \sigma_z\sigma_x) + \tau_{xy}^2 + \tau_{yz}^2 + \tau_{zx}^2 \\
J_3 &= \sigma_x\sigma_y\sigma_z + 2\tau_{xy}\tau_{yz}\tau_{zx} - (\sigma_x\tau_{yz}^2 + \sigma_y\tau_{zx}^2 + \sigma_z\tau_{xy}^2)
\end{aligned}\right\} \tag{3-11}
$$

于是上式即可写成

$$\sigma^3 - J_1\sigma^2 - J_2\sigma - J_3 = 0 \tag{3-12}$$

这是一个以σ为未知数的三次方程式，叫做应力状态的特征方程，它必然有三个实根，也就是三个主应力，一般用σ_1、σ_2、σ_3表示。将解得的每一个主应力代入式（3-9）并与式（3-10）联解，即可得到该主应力的方向余弦，这样就可以得到三个相互垂直的主方向。

对于一个确定的应力状态，只能有一组（三个）主应力的数值，因此，特征方程式（3-12）的系数J_1、J_2及J_3应该是单值的，不随坐标而变。于是可以得出如下的重要结论：尽管应力张量的各分量随坐标而变，但按式（3-11）的形式组合起来的函数的值是不变的。因此我们把J_1、J_2及J_3分别称为应力张量的第一、第二和第三不变量。存在不变量也是张量的特性。

如果取三个主方向为坐标轴，则一般用1、2、3代替x、y、z，这时应力张量（图3-4）为

$$\boldsymbol{\sigma}_{ij} = \begin{pmatrix} \sigma_1 & 0 & 0 \\ 0 & \sigma_2 & 0 \\ 0 & 0 & \sigma_3 \end{pmatrix} \tag{3-4a}$$

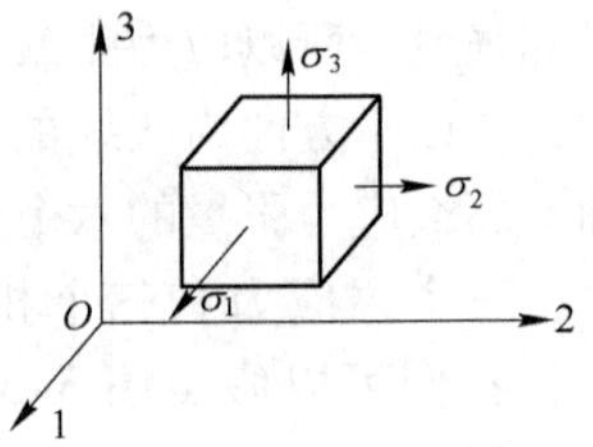

图3-4 轴坐标系中的应力分量

将上式中的各分量代入式（3-7）和式（3-8），即可得到主轴坐标系中斜切面上的正应力和剪应力公式

$$\sigma = \sigma_1 l^2 + \sigma_2 m^2 + \sigma_3 n^2 \tag{3-7a}$$

$$\tau^2 = S^2 - \sigma^2 = \sigma_1^2 l^2 + \sigma_2^2 m^2 + \sigma_3^2 n^2 - (\sigma_1 l^2 + \sigma_2 m^2 + \sigma_3 n^2)^2 \tag{3-8a}$$

这时，三个应力不变量为

$$
\left.\begin{aligned}
J_1 &= \sigma_1 + \sigma_2 + \sigma_3 \\
J_2 &= -(\sigma_1\sigma_2 + \sigma_2\sigma_3 + \sigma_3\sigma_1) \\
J_3 &= \sigma_1\sigma_2\sigma_3
\end{aligned}\right\} \tag{3-11a}
$$

（四）主剪应力和最大剪应力

由工程力学知道，在与主应力方向成45°的平面上作用着最大剪应力（τ_{12}，τ_{23}，τ_{31}），通常称其为主剪应力，其值为：

$$
\left.\begin{aligned}
\tau_{12} &= \pm\frac{\sigma_1 - \sigma_2}{2} \\
\tau_{23} &= \pm\frac{\sigma_2 - \sigma_3}{2} \\
\tau_{31} &= \pm\frac{\sigma_3 - \sigma_1}{2}
\end{aligned}\right\} \tag{3-13}
$$

主剪应力中绝对值最大的一个，也就是一点所有方向切面上剪应力的最大者，叫做最大剪应力，用τ_{max}表示。如设$\sigma_1 > \sigma_2 > \sigma_3$，则：

$$\tau_{max} = \pm \frac{\sigma_1 - \sigma_3}{2} \tag{3-14}$$

显然，三个主剪应力平面与三个主应力平面之一垂直而与另外两个主应力平面成45°，如图3-5所示。

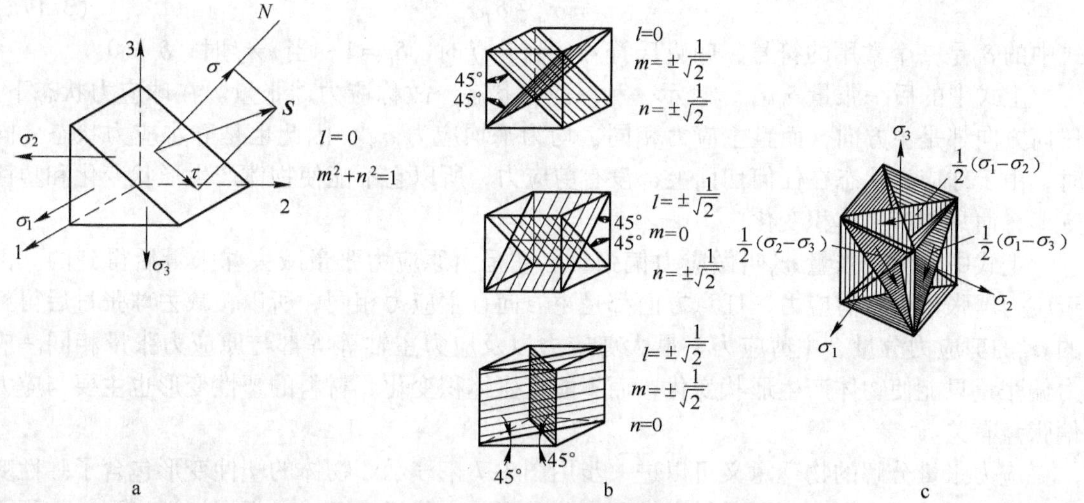

图3-5　主应力平面

主剪应力作用的平面叫做主剪应力平面，而其上的正应力并不一定为零，相应为：

$$\left.\begin{aligned} \sigma_{12} &= \frac{\sigma_1 + \sigma_2}{2} \\ \sigma_{23} &= \frac{\sigma_2 + \sigma_3}{2} \\ \sigma_{31} &= \frac{\sigma_3 + \sigma_1}{2} \end{aligned}\right\} \tag{3-15}$$

应注意到，每对主剪应力平面上的正应力都是相等的，图3-6为$\sigma_1 - \sigma_2$坐标平面上的例子。

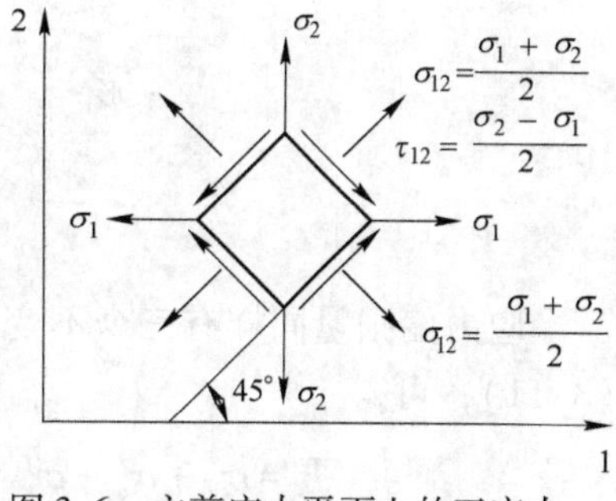

图3-6　主剪应力平面上的正应力

（五）应力球张量和应力偏张量

应力张量和矢量一样，也是可以分解的。现设σ_m为三个正应力分量的平均值，即

$$\sigma_m = \frac{1}{3}(\sigma_x + \sigma_y + \sigma_z) = \frac{1}{3}(\sigma_1 + \sigma_2 + \sigma_3) = \frac{1}{3}J_1 \tag{3-16}$$

σ_m叫做平均应力，是不变量，对于一个确定的应力状态，它是单值的。如果设：

$$\sigma'_x = \sigma_x - \sigma_m$$
$$\sigma'_y = \sigma_y - \sigma_m$$
$$\sigma'_z = \sigma_z - \sigma_m$$

则我们可将应力张量分解成两部分：

$$\boldsymbol{\sigma}_{ij}=\begin{pmatrix}\sigma'_x+\sigma_m & \tau_{xy} & \tau_{xz}\\ \tau_{yx} & \sigma'_y+\sigma_m & \tau_{yz}\\ \tau_{zx} & \tau_{zy} & \sigma'_z+\sigma_m\end{pmatrix}=\begin{pmatrix}\sigma'_x & \tau_{xy} & \tau_{xz}\\ \tau_{yx} & \sigma'_y & \tau_{yz}\\ \tau_{zx} & \tau_{zy} & \sigma'_z\end{pmatrix}+\begin{pmatrix}\sigma_m & 0 & 0\\ 0 & \sigma_m & 0\\ 0 & 0 & \sigma_m\end{pmatrix} \tag{3-17}$$

用张量符号表示为

$$\boldsymbol{\sigma}_{ij}=\boldsymbol{\sigma}'_{ij}+\delta_{ij}\boldsymbol{\sigma}_m \tag{3-17a}$$

式中的 δ_{ij} 是一个常用的符号，叫克氏符号。当 $i=j$ 时，$\delta_{ij}=1$；当 $i\neq j$ 时，$\delta_{ij}=0$。

上式中的后一张量 $\delta_{ij}\sigma_m$，表示一种球应力状态，故称应力球张量。在球应力状态下，任何方向都是主方向，而且主应力相同，均为平均应力 σ_m，因此也是静水应力状态。同时，由于球应力状态在任何切面上都没有剪应力，所以它不能使物体产生形状变化和塑性变形，而只能产生体积变化。

上式中的前一张量 $\boldsymbol{\sigma}'_{ij}$ 叫做应力偏张量。它是由原应力张量减去球张量后得到的。由于应力球张量没有剪应力，任意方向都是主方向且主应力相同，所以，减去球张量后得到的 $\boldsymbol{\sigma}'_{ij}$ 的剪应力分量、主剪应力、最大剪应力以及应力主轴等等都与原应力张量相同。应力偏张量只能使物体产生形状变化，而不能产生体积变化。材料的塑性变形也主要与应力偏张量有关。

应力张量分解的物理意义可以进一步用图 3-7 来表示。物体的塑性变形包含了弹性变形部分，而总的变形又可以看做由体积变化和形状变化组合而成。根据塑性变形的体积不变条件，物体在塑性变形时，变形前后的体积相等（见本章第三节），因此，体积变化只是弹性的体积变形。应力张量的分解正好从数量上把引起弹性体积变化和引起形状变化（即塑性变形）的两种张量分解开来。

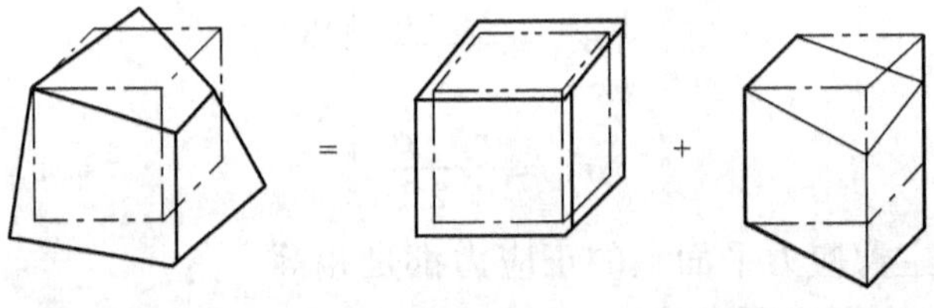

图 3-7　体积变化和形状变化

应力偏张量同样有三个不变量，可用 J'_1，J'_2 及 J'_3 表示。将应力偏张量的分量代入式(3-11)，可得

$$\left.\begin{aligned}J'_1&=\sigma'_x+\sigma'_y+\sigma'_z=(\sigma_x-\sigma_m)+(\sigma_y-\sigma_m)+(\sigma_z-\sigma_m)=0\\ J'_2&=-(\sigma'_x\sigma'_y+\sigma'_y\sigma'_z+\sigma'_z\sigma'_x)+\tau_{xy}^2+\tau_{yz}^2+\tau_{zx}^2\\ J'_3&=\begin{vmatrix}\sigma'_x & \tau_{xy} & \tau_{xz}\\ \tau_{yx} & \sigma'_y & \tau_{yz}\\ \tau_{zx} & \tau_{zy} & \sigma'_z\end{vmatrix}\end{aligned}\right\} \tag{3-18}$$

对于主轴坐标系，则

$$\left.\begin{aligned}J_1' &= 0\\ J_2' &= \frac{1}{6}[(\sigma_1-\sigma_2)^2+(\sigma_2-\sigma_3)^2+(\sigma_3-\sigma_1)^2]\\ J_3' &= \sigma_1'\sigma_2'\sigma_3'\end{aligned}\right\}\qquad(3\text{-}18a)$$

应力偏张量：（1）不变量 $J_1'=0$ 表明应力分量中已经没有静水应力成分。（2）不变量 J_2' 与屈服准则有关。（3）不变量 J_3' 决定了应变的类型，即 $J_3'>0$ 属于伸长类应变；$J_3'=0$ 属于平面应变；$J_3'<0$ 属于压缩类应变。

应力偏张量对塑性加工来说是十分重要的概念。图 3-8 中的三个分图分别表示简单拉伸、拉拔、挤压变形区典型部位的应力状态及其分解后的应力球张量和应力偏张量。从图中可以看出，虽然三种变形的主应力的大小和方向不同，但它们的应力偏张量相同，因此产生的形状变化相同，即都是轴向伸长、横向收缩，同属于伸长类应变。因此，应力偏张量可以判断变形的类型。

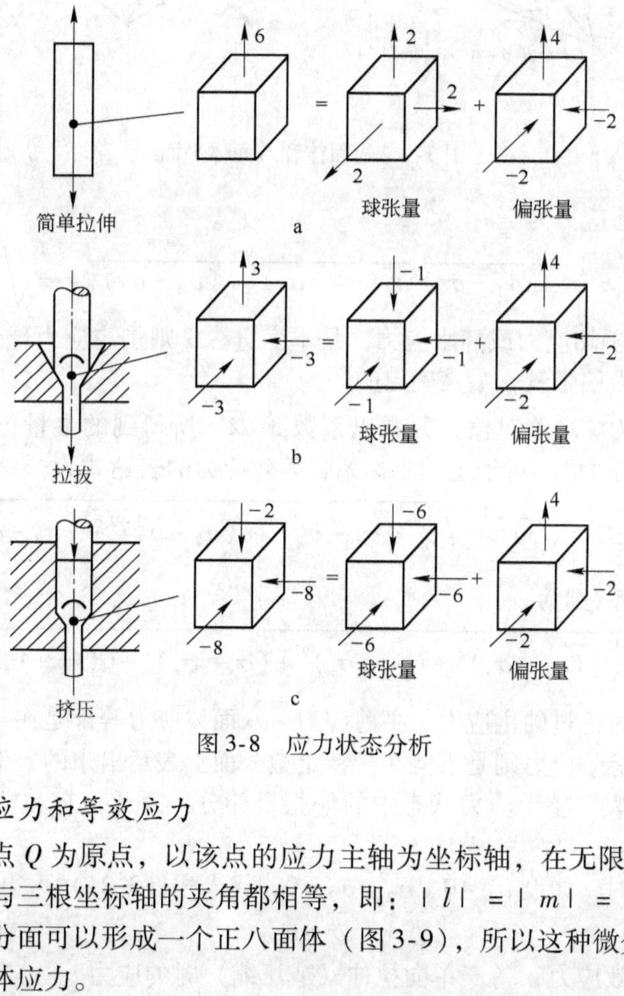

图 3-8　应力状态分析

（六）八面体应力和等效应力

以物体内任意点 Q 为原点，以该点的应力主轴为坐标轴，在无限靠近 Q 点处作等倾斜微分面，其法线与三根坐标轴的夹角都相等，即：$|l|=|m|=|n|$。坐标空间八个象限的等倾斜微分面可以形成一个正八面体（图 3-9），所以这种微分面叫八面体平面。面上的应力叫八面体应力。

八面体平面的方向余弦为

$$l=m=n=\pm\frac{1}{\sqrt{3}}$$

将上列数值代入斜切面应力公式（3-7a），可求得八面体正应力 σ_8，

$$\sigma_8 = \frac{1}{3}(\sigma_1 + \sigma_2 + \sigma_3) = \sigma_m = \frac{1}{3}J_1 \qquad (3\text{-}19)$$

将八面体平面的方向余弦代入式（3-8a），将有

$$\tau_8^2 = \frac{1}{3}(\sigma_1^2 + \sigma_2^2 + \sigma_3^2) - \frac{1}{9}(\sigma_1 + \sigma_2 + \sigma_3)^2$$

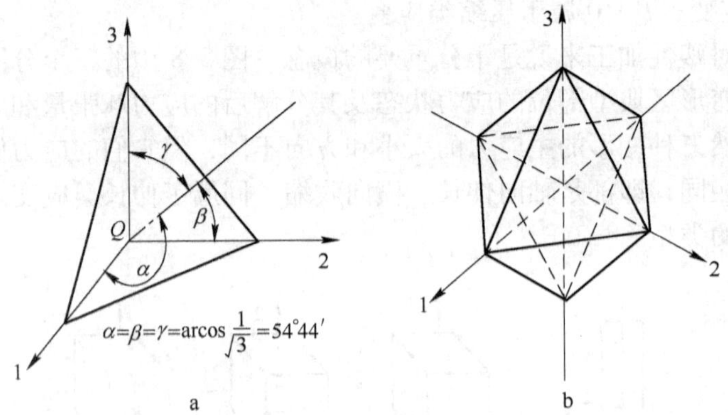

图 3-9　八面体和八面体平面

整理后可得八面体剪应力为

$$\tau_8 = \pm\frac{1}{3}\sqrt{(\sigma_1 - \sigma_2)^2 + (\sigma_2 - \sigma_3)^2 + (\sigma_3 - \sigma_1)^2} = \pm\sqrt{\frac{2}{3}J_2'} \qquad (3\text{-}20)$$

可见，σ_8 就是平均应力或静水应力，是不变量。τ_8 则是与应力球张量无关的不变量。对于一个确定的应力偏张量，τ_8 是确定的。

将八面体剪应力 τ_8 取绝对值，并乘以系数 $3/\sqrt{2}$，所得到的参量仍是一个不变量，我们把它叫做“等效应力”。对于主轴坐标系，等效应力的表达式为

$$\overline{\sigma} = \frac{3}{\sqrt{2}}\tau_8 = \sqrt{3J_2'} = \sqrt{\frac{1}{2}[(\sigma_1 - \sigma_2)^2 + (\sigma_2 - \sigma_3)^2 + (\sigma_3 - \sigma_1)^2]} \qquad (3\text{-}21)$$

对于任意坐标系，则为

$$\overline{\sigma} = \sqrt{\frac{1}{2}[(\sigma_x - \sigma_y)^2 + (\sigma_y - \sigma_z)^2 + (\sigma_z - \sigma_x)^2 + 6(\tau_{xy}^2 + \tau_{yz}^2 + \tau_{zx}^2)]} \qquad (3\text{-}21a)$$

应指出，前面讨论过的主应力、主剪应力、八面体应力等都是在某些特殊微分面上实际存在的应力，而等效应力则是不能在某特定微分面上表示出来的，但是，等效应力可以在一定意义上“代表”整个应力状态中的偏张量部分，因此，它和塑性变形的关系是很密切的。

单向应力状态时，如设 $\sigma_1 \neq 0$，$\sigma_2 = \sigma_3 = 0$，代入式（3-21）可得：

$$\overline{\sigma} = \sigma_1$$

由此可见，等效应力 $\overline{\sigma}$ 等于单向拉伸（或压缩）时的应力 σ_1。

四、应力平衡微分方程

设物体（连续体）内有一点 Q，其坐标为 x、y、z，应力状态为 $\boldsymbol{\sigma}_{ij}$。在 Q 点无限邻近

处有另一点 Q'，坐标为 $x+\mathrm{d}x$、$y+\mathrm{d}y$、$z+\mathrm{d}z$，则形成一个与三个坐标平面平行的平行六面体。由于两点坐标的微量变化，各个应力分量也将产生微量的变化。

由于应力分量是坐标的连续函数，而且有连续的一阶偏导数。现设 Q 点在其 x 面上的正应力分量为

$$\sigma_x = f(x, y, z)$$

在 Q'点的 x 面上，由于坐标变化了 $\mathrm{d}x$，故其正应力分量将为

$$f(x+\mathrm{d}x, y, z) = f(x, y, z) + \frac{\partial f}{\partial x}\mathrm{d}x + \frac{1}{2}\frac{\partial^2 f}{\partial x^2}\mathrm{d}x^2 + \cdots \approx \sigma_x + \frac{\partial \sigma_x}{\partial x}\mathrm{d}x$$

其余的八个应力分量也可同样推导，得到相类似的式子，如图 3-10 所示。

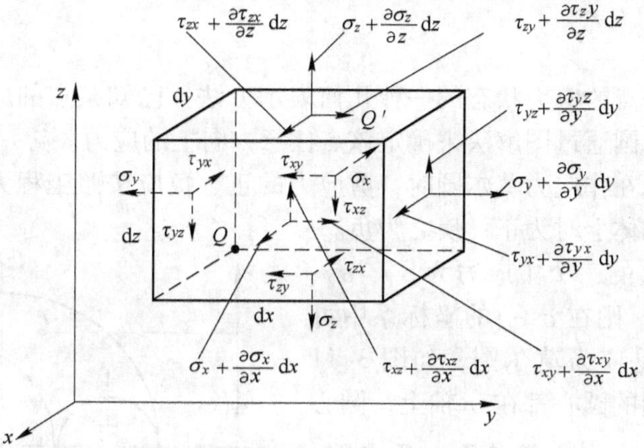

图 3-10 单元体六个面上的应力分量

设图 3-10 所示的单元体处于静力平衡状态，则由平衡条件 $\sum P_x = 0$ 有

$$\left(\sigma_x + \frac{\partial \sigma_x}{\partial x}\mathrm{d}x\right)\mathrm{d}y\mathrm{d}z + \left(\tau_{yx} + \frac{\partial \tau_{yx}}{\partial y}\mathrm{d}y\right)\mathrm{d}z\mathrm{d}x + \left(\tau_{zx} + \frac{\partial \tau_{zx}}{\partial z}\mathrm{d}z\right)\mathrm{d}x\mathrm{d}y -$$

$$\sigma_x \mathrm{d}y\mathrm{d}z - \tau_{yx}\mathrm{d}z\mathrm{d}x - \tau_{zx}\mathrm{d}x\mathrm{d}y = 0$$

简化整理后得

$$\frac{\partial \sigma_x}{\partial x} + \frac{\partial \tau_{yx}}{\partial y} + \frac{\partial \tau_{zx}}{\partial z} = 0$$

按 $\sum P_y = 0$ 及 $\sum P_z = 0$ 还可以推得两个式子，于是质点的平衡微分方程为

$$\left.\begin{aligned} \frac{\partial \sigma_x}{\partial x} + \frac{\partial \tau_{yx}}{\partial y} + \frac{\partial \tau_{zx}}{\partial z} = 0 \\ \frac{\partial \tau_{xy}}{\partial x} + \frac{\partial \sigma_y}{\partial y} + \frac{\partial \tau_{zy}}{\partial z} = 0 \\ \frac{\partial \tau_{xz}}{\partial x} + \frac{\partial \tau_{yz}}{\partial y} + \frac{\partial \sigma_z}{\partial z} = 0 \end{aligned}\right\} \tag{3-22}$$

简记为

$$\frac{\partial \sigma_{ij}}{\partial x_i} = 0 \tag{3-22a}$$

下面考虑转矩的平衡。以过单元体中心且平行于 x 轴的直线为轴线取力矩，由

$\sum M_x=0$，有

$$\left(\tau_{yz}+\frac{\partial \tau_{yz}}{\partial y}\mathrm{d}y\right)\mathrm{d}x\mathrm{d}z\frac{\mathrm{d}y}{2}+\tau_{yz}\mathrm{d}x\mathrm{d}z\frac{\mathrm{d}y}{2}-\left(\tau_{zy}+\frac{\partial \tau_{zy}}{\partial z}\mathrm{d}z\right)\mathrm{d}x\mathrm{d}y\frac{\mathrm{d}z}{2}-\tau_{zy}\mathrm{d}x\mathrm{d}y\frac{\mathrm{d}z}{2}=0$$

或

$$\tau_{yz}+\frac{1}{2}\frac{\partial \tau_{yz}}{\partial y}\mathrm{d}y-\tau_{zy}-\frac{1}{2}\frac{\partial \tau_{zy}}{\partial z}\mathrm{d}z=0$$

略去微量后可得

$$\tau_{yz}=\tau_{zy}$$

同理可得

$$\tau_{zx}=\tau_{xz};\ \tau_{xy}=\tau_{yx}$$

这就是式（3-3）所示的剪应力互等定律。

五、应力莫尔圆

应力莫尔圆也是点的应力状态的一种几何表示方法。已知某点的应力分量或主应力，就可以利用应力莫尔圆通过图解法来确定该点任意方向上的应力。

需要指出的是，在作应力莫尔圆时，剪应力的正、负应按照工程力学中的规定确定：即顺时针作用在单元体上时为正；反之为负。

设变形体中某点的三个主应力为 σ_1、σ_2、σ_3，且 $\sigma_1>\sigma_2>\sigma_3$，则在 $\sigma-\tau$ 的坐标系中可作得三个圆，这就是应力莫尔圆，如图 3-11 所示。显然，三个圆的圆心都在 σ 轴上，圆心到原点 O 的距离分别为 $\frac{\sigma_1+\sigma_2}{2}$、$\frac{\sigma_3+\sigma_1}{2}$、$\frac{\sigma_2+\sigma_3}{2}$。三个圆的半径恰好是主剪应力值，即 $\frac{\sigma_1-\sigma_2}{2}$、$\frac{\sigma_3-\sigma_1}{2}$、$\frac{\sigma_2-\sigma_3}{2}$。

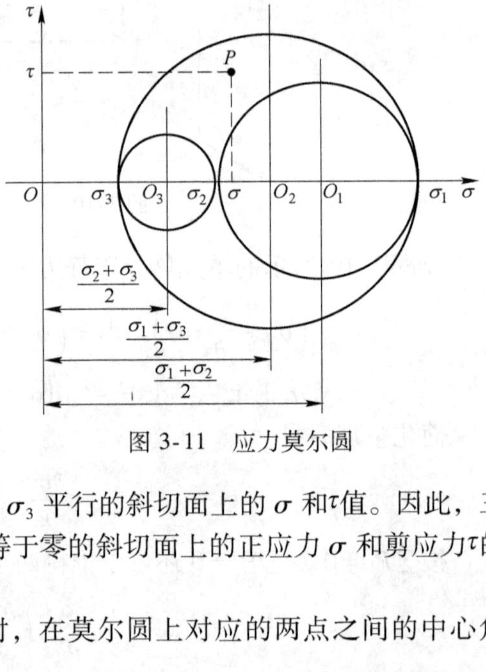

图 3-11　应力莫尔圆

每一个圆分别表示某方向余弦为零的斜切面上的正应力 σ 和剪应力 τ 的变化规律。例如，在以 σ_1 和 σ_2 构成的圆中，圆周上的点均代表与 σ_3 平行的斜切面上的 σ 和 τ 值。因此，三个圆所围绕的面积内的点，便表示 l，m，n 都不等于零的斜切面上的正应力 σ 和剪应力 τ 的值。故应力莫尔圆可形象地表示出点的应力状态。

在实际变形体内两个平面之间的夹角为 φ 时，在莫尔圆上对应的两点之间的中心角为 2φ，这就是二倍角法则。

六、平面问题的应力状态和轴对称应力状态

求解一般的三维问题是很困难的，在处理实际问题时，通常要把复杂的三维问题简化为平面或轴对称的状态。平面问题的应力状态有两类：一类是平面应力状态，另一类是平面应变的应力状态。在上述这些问题中，应力张量和平衡微分方程可以得到某些简化。

（一）平面应力状态

平面应力状态的特点是：

（1）变形体内各质点在与某一方向（如 z 向）垂直的平面上没有应力，即 $\sigma_z=\tau_{zx}=\tau_{zy}=0$，$z$ 轴为主方向，只有 σ_x、σ_y、τ_{xy} 三个应力分量；

（2）σ_x、σ_y、τ_{xy} 沿 z 轴均匀分布，即应力分量与 z 轴无关，对 z 轴的偏导数为零。因此整个变形体的应力分布可以在 xy 坐标平面上表示出来。

在实际工程中，薄壁管扭转、薄壁容器承受内压、板料成形中的一些工序，例如拉延等，由于厚度方向的应力相对很小，可以忽略，一般均作平面应力状态来处理。

平面应力状态的应力张量为

$$\boldsymbol{\sigma}_{ij}=\begin{pmatrix}\sigma_x & \tau_{xy} & 0\\ \tau_{yx} & \sigma_y & 0\\ 0 & 0 & 0\end{pmatrix} \quad 或 \quad \boldsymbol{\sigma}_{ij}=\begin{pmatrix}\sigma_1 & 0 & 0\\ 0 & \sigma_2 & 0\\ 0 & 0 & 0\end{pmatrix} \tag{3-23}$$

直角坐标系中平面应力状态的应力平衡微分方程，由于 $\sigma_z=\tau_{zx}=\tau_{zy}=0$，由式（3-23）得

$$\left.\begin{aligned}\frac{\partial\sigma_x}{\partial x}+\frac{\partial\tau_{yx}}{\partial y}=0\\ \frac{\partial\tau_{xy}}{\partial x}+\frac{\partial\sigma_y}{\partial y}=0\end{aligned}\right\} \tag{3-24}$$

平面应力状态下任意斜面上的应力、主应力和主切力可分别由三向应力状态的公式导出。如图 3-12 所示，设斜面 AB 的法线 N 与 x 轴的交角为 φ，则该斜面的三个方向的余弦为

$$l=\cos\varphi,\ m=\cos(90°-\varphi)=\sin\varphi,\ n=0$$

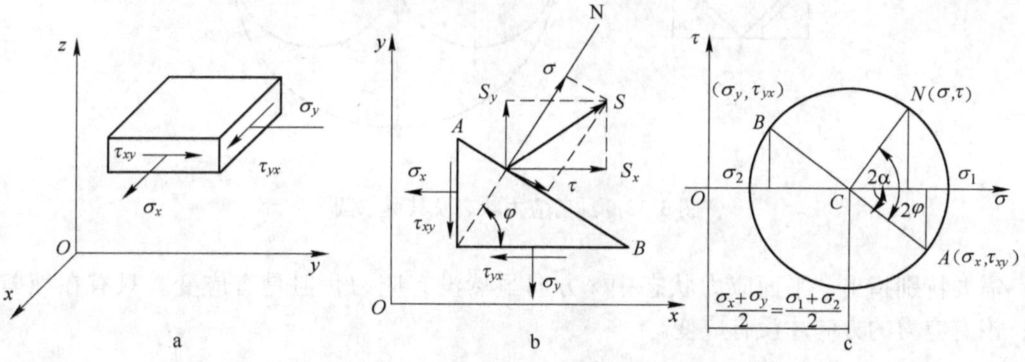

图 3-12 平面应力状态及其莫尔圆

由式（3-5）得

$$\left.\begin{aligned}S_x&=\sigma_x l+\tau_{yx}m=\sigma_x\cos\varphi+\tau_{yx}\sin\varphi\\ S_y&=\tau_{xy}l+\sigma_y m=\tau_{xy}\cos\varphi+\sigma_y\sin\varphi\end{aligned}\right\} \tag{3-25}$$

则斜面上的正应力由式（3-7）得

$$\sigma=\frac{1}{2}(\sigma_x+\sigma_y)+\frac{1}{2}(\sigma_x-\sigma_y)\cos2\varphi+\tau_{xy}\sin2\varphi \tag{3-26}$$

斜面上的剪应力由图 3-12 可直接得

$$\tau = S_x m - S_y l = \frac{1}{2}(\sigma_x - \sigma_y)\sin 2\varphi - \tau_{xy}\cos 2\varphi \tag{3-27}$$

应力张量的三个不变量为

$$J_1 = \sigma_x + \sigma_y,\ J_2 = -\sigma_x\sigma_y + \tau_{xy}^2,\ J_3 = 0$$

应力状态的特征方程为

$$\sigma^2 - (\sigma_x + \sigma_y)\sigma + \sigma_x\sigma_y - \tau_{xy}^2 = 0$$

于是，可求得主应力

$$\left.\begin{matrix}\sigma_1\\ \sigma_2\end{matrix}\right\} = \frac{\sigma_x + \sigma_y}{2} \pm \sqrt{\left(\frac{\sigma_x - \sigma_y}{2}\right)^2 + \tau_{xy}^2} \tag{3-28}$$

由于 $\sigma_3 = 0$，平面应力状态下的主剪应力为

$$\tau_{12} = \pm\frac{\sigma_1 - \sigma_2}{2} = \pm\sqrt{\left(\frac{\sigma_x - \sigma_y}{2}\right)^2 + \tau_{xy}^2} \tag{3-29}$$

在平面应力状态中有一种“纯剪”状态（图3-13），它的特点是在主剪平面上的正应力为零，主剪应力在数值上等于主应力。

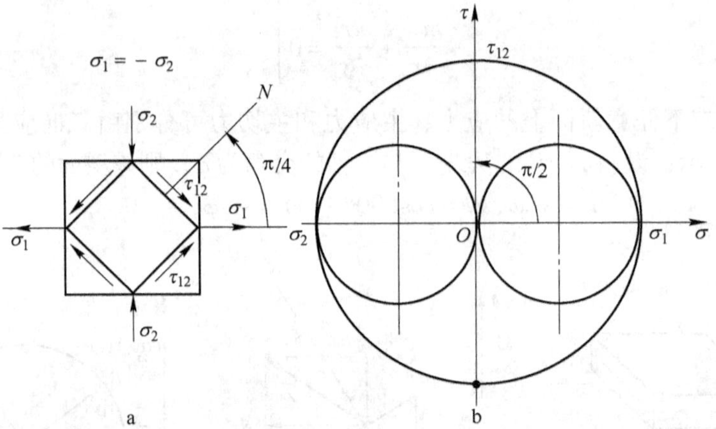

图3-13 纯剪应力状态及其莫尔圆

需要特别指出，平面应力状态中 z 方向虽然没有应力，但是有应变。只有在纯剪切时，没有应力的方向才没有应变。

（二）平面应变状态下的应力状态

如果物体内所有的质点都只在同一个坐标平面内发生变形，而在该平面的法线方向没有变形，则称这种变形为平面变形，其应力状态称为平面应变状态下的应力状态。平面应变的应力状态特点是：

（1）不产生变形的方向（设 z 向）为主方向，与该方向垂直的平面上没有剪应力，即 $\tau_{zx} = \tau_{zy} = 0$，因而 σ_z 为主应力；

（2）在 z 方向有阻止变形的正应力，其值为：对于弹性变形，$\sigma_z = \nu(\sigma_x + \sigma_y)$，式中 ν 为泊松比，对于塑性变形，$\sigma_z = \frac{1}{2}(\sigma_x + \sigma_y) = \sigma_m$；

（3）所有应力分量沿 z 轴均匀分布，即与 z 轴无关，对 z 的偏导数为零。

平面应变状态下的应力张量可写成

$$\boldsymbol{\sigma}_{ij}=\begin{bmatrix}\sigma_x & \tau_{xy} & 0\\ \tau_{yx} & \sigma_y & 0\\ 0 & 0 & \sigma_z\end{bmatrix}=\begin{bmatrix}\dfrac{\sigma_x-\sigma_y}{2} & \tau_{xy} & 0\\ \tau_{yx} & -\dfrac{\sigma_x-\sigma_y}{2} & 0\\ 0 & 0 & 0\end{bmatrix}+\begin{bmatrix}\sigma_m & 0 & 0\\ 0 & \sigma_m & 0\\ 0 & 0 & \sigma_m\end{bmatrix} \tag{3-30}$$

在主轴坐标系时为

$$\boldsymbol{\sigma}_{ij}=\begin{bmatrix}\sigma_1 & 0 & 0\\ 0 & \sigma_2 & 0\\ 0 & 0 & \dfrac{\sigma_1+\sigma_2}{2}\end{bmatrix}=\begin{bmatrix}\dfrac{\sigma_1-\sigma_2}{2} & 0 & 0\\ 0 & -\dfrac{\sigma_1-\sigma_2}{2} & 0\\ 0 & 0 & 0\end{bmatrix}+\begin{bmatrix}\sigma_m & 0 & 0\\ 0 & \sigma_m & 0\\ 0 & 0 & \sigma_m\end{bmatrix} \tag{3-30a}$$

式中，$\sigma_m=\frac{1}{2}(\sigma_x+\sigma_y)=\frac{1}{2}(\sigma_1+\sigma_2)$，可见其应力偏张量是纯剪切的应力状态。

平面应变状态的应力平衡微分方程、变形平面中斜面上的应力和主应力均与式(3-24)、式（3-26）～式（3-28）相同。平面应变状态的主剪应力和最大剪应力为：

$$\left.\begin{aligned}\tau_{12}&=\pm\frac{\sigma_1-\sigma_2}{2}=\tau_{\max}\\ \tau_{23}&=\tau_{31}=\pm\frac{\sigma_1-\sigma_2}{4}\end{aligned}\right\} \tag{3-31}$$

由式（3-31）可知，平面应变状态下最大剪应力所在的平面与变形平面上的两个主平面交成45°角（由图3-14可以看得更清楚），这是建立平面应变滑移线理论的重要依据。

（三）轴对称应力状态

当旋转体承受的外力对称于旋转轴分布时，则物体内质点所处的应力状态称为轴对称应力状态，如图3-15所示（采用圆柱坐标系）。

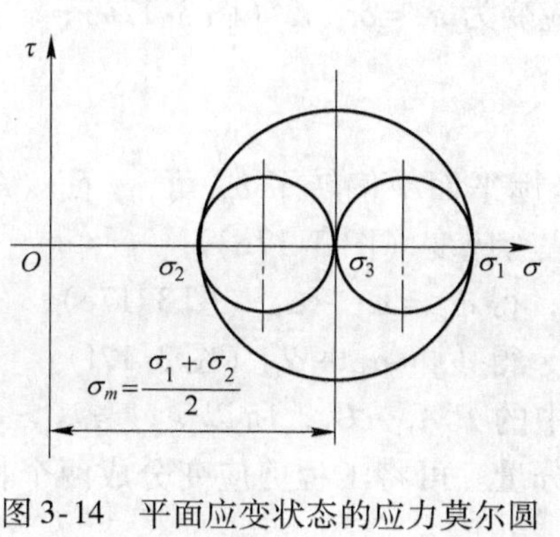

图3-14　平面应变状态的应力莫尔圆

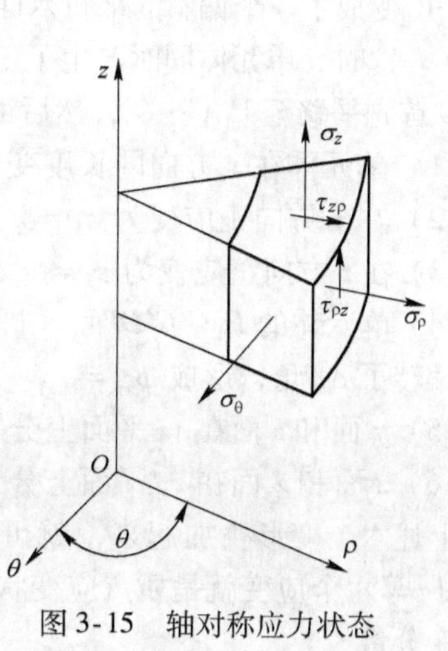

图3-15　轴对称应力状态

轴对称应力状态的特点是：

（1）由于子午面（指通过旋转体轴线的平面，即 θ 面）在变形过程中始终不会扭曲，所以在 θ 面上没有剪应力，即 $\tau_{\theta\rho}=\tau_{\theta z}=0$，只有 σ_ρ、σ_θ、σ_z、$\tau_{\rho z}$ 等应力分量，而且 σ_θ 是主应力；

（2）各应力分量与 θ 坐标无关，对 θ 的偏导数都为零。

采用圆柱坐标系时，轴对称应力状态的应力张量为

$$\boldsymbol{\sigma}_{ij}=\begin{bmatrix}\sigma_\rho & 0 & \tau_{\rho z}\\ 0 & \sigma_\theta & 0\\ \tau_{z\rho} & 0 & \sigma_z\end{bmatrix} \tag{3-32}$$

根据轴对称应力状态的特点，用圆柱坐标时的平衡微分方程为

$$\left.\begin{aligned}\frac{\partial\sigma_\rho}{\partial\rho}+\frac{\partial\tau_{z\rho}}{\partial z}+\frac{\sigma_\rho-\sigma_\theta}{\rho}=0\\ \frac{\partial\tau_{\rho z}}{\partial\rho}+\frac{\partial\sigma_z}{\partial z}+\frac{\tau_{\rho z}}{\rho}=0\end{aligned}\right\} \tag{3-33}$$

在有些轴对称问题中，例如圆柱体的平砧镦粗、圆柱体坯料的挤压和拉拔等，其径向和切向的正应力分量相等，即 $\sigma_\rho=\sigma_\theta$。此时，只有三个独立的应力分量，这样就又减少了一个未知量。

第三节 应变分析

一、点的应变状态及应变张量

变形的大小可用应变来表示，应变可分为正应变和剪应变。我们把线元单位长度的变化叫做正应变，而把线元偏转的角度叫做工程剪应变，并且认为工程剪应变的一半即是剪应变。

在直角坐标系中取一极小的单元体 $PA\cdots G$，边长分别为 r_x、r_y 及 r_z，小变形后移至 $P_1A_1\cdots G_1$ 变成了一个偏斜的平行六面体，如图 3-16a 所示。图 3-16b 为它在三个坐标平面上的投影。这时，单元体同时产生了正变形、剪变形、刚体平移和转动。我们可以设想单元体 $PA\cdots G$ 首先平移至 $P_1A'\cdots G'$，然后可能产生如图 3-17 所示的三种正应变和三种剪应变：

（1）单元体在 x 方向的长度变化了 δr_x，其正应变为 $\varepsilon_x=\delta r_x/r_x$（图 3-17a）；

（2）在 y 方向正应变为 $\varepsilon_y=\delta r_y/r_y$（图 3-17b）；

（3）在 z 方向正应变为 $\varepsilon_z=\delta r_z/r_z$（图 3-17c）；

（4）单元体的 $P_1C'G'D'$ 面（即 x 面）在 xy 坐标平面中偏转了 α_{yx} 角；y 面（$P_1A'E'D'$）偏转了 α_{xy} 角，形成 $\phi_{xy}=\alpha_{xy}+\alpha_{yx}$，称之为工程剪应变（图 3-17d）；

（5）y 面和 z 面在 yz 平面上分别偏转 α_{zy} 和 α_{yz}，得 $\phi_{yz}=\alpha_{zy}+\alpha_{yz}$（图 3-17e）；

（6）z 面和 x 面在 zx 平面上分别偏转 α_{xz} 和 α_{zx}，得 $\phi_{zx}=\alpha_{zx}+\alpha_{xz}$（图 3-17f）；

上述六个变形叠加起来，就可得到图 3-16a 中的 $P_1A_1\cdots G_1$，所以 ε_x、ε_y、ε_z、ϕ_{xy}、ϕ_{yz}、ϕ_{zx} 等六个应变就是质点应变状态的六个应变分量。可将工程剪应变分成两个相等的剪应变分量

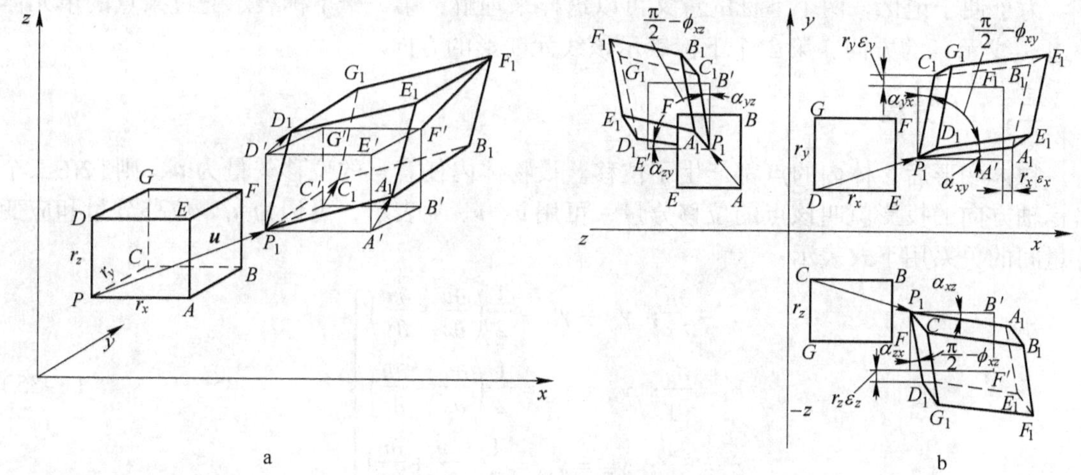

图 3-16　单元体变形

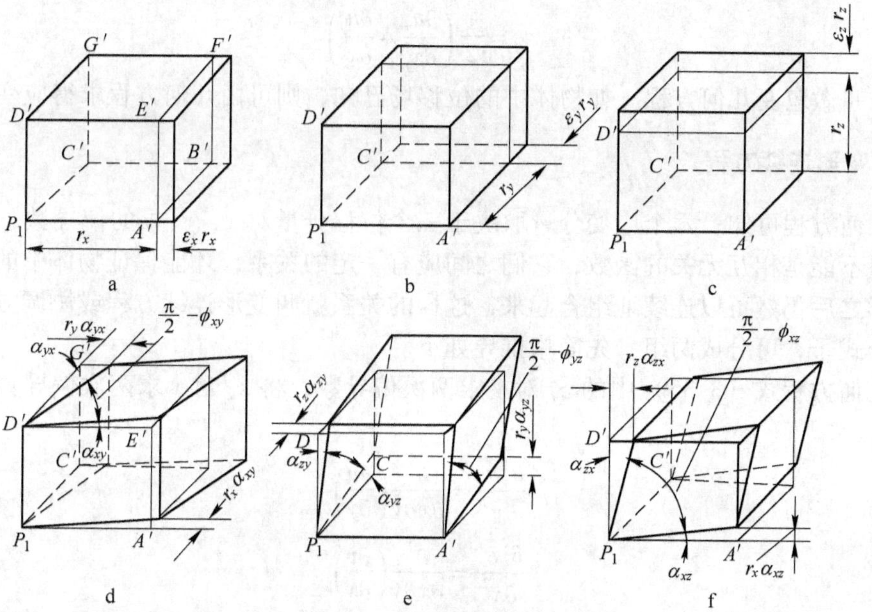

图 3-17　单元体变形的分解

$$\gamma_{xy}=\gamma_{yx}=\frac{1}{2}\phi_{xy}$$

$$\gamma_{yz}=\gamma_{zy}=\frac{1}{2}\phi_{yz}$$

$$\gamma_{zx}=\gamma_{xz}=\frac{1}{2}\phi_{zx}$$

于是得到九个应变分量，它们构成应变张量 $\boldsymbol{\varepsilon}_{ij}$，即

$$\boldsymbol{\varepsilon}_{ij}=\begin{bmatrix}\varepsilon_x & \gamma_{xy} & \gamma_{xz}\\ \gamma_{yx} & \varepsilon_y & \gamma_{yz}\\ \gamma_{zx} & \gamma_{zy} & \varepsilon_z\end{bmatrix} \tag{3-34}$$

为了便于记忆，两个下标的意义可以这样来理解：第一个下标表示通过某点的单元体棱边（线元）的方向，第二个下标表示该线元变形的方向。

二、几何方程

物体变形后，体内的点都产生了位移。设物体内任意点的位移矢量为 $\boldsymbol{u}$，则它在三个坐标轴方向的投影就叫该点的位移分量，可用 u、v、w 表示，可记为 u_i。位移分量和应变分量间的关系用下式表示：

$$\left.\begin{aligned}\varepsilon_x&=\frac{\partial u}{\partial x};\ \gamma_{yz}=\gamma_{zy}=\frac{1}{2}\left(\frac{\partial v}{\partial z}+\frac{\partial w}{\partial y}\right)\\ \varepsilon_y&=\frac{\partial v}{\partial y};\ \gamma_{zx}=\gamma_{xz}=\frac{1}{2}\left(\frac{\partial w}{\partial x}+\frac{\partial u}{\partial z}\right)\\ \varepsilon_z&=\frac{\partial w}{\partial z};\ \gamma_{xy}=\gamma_{yx}=\frac{1}{2}\left(\frac{\partial u}{\partial y}+\frac{\partial v}{\partial x}\right)\end{aligned}\right\}\tag{3-35}$$

简记为

$$\boldsymbol{\varepsilon}_{ij}=\frac{1}{2}\left(\frac{\partial u_i}{\partial x_j}+\frac{\partial u_j}{\partial x_i}\right)$$

上式叫做应变几何方程。如物体中的位移场已知，则可由几何方程求得应变分量。

三、变形连续方程

由几何方程可知，六个应变分量取决于三个位移分量对 x、y、z 的偏导数，所以六个应变分量不能是相互无关的函数，它们之间应有一定的关系，才能保证物体中的所有单元体在变形之后仍然可以连续地组合起来，这样的关系就叫变形连续方程或协调方程。连续共有六个式子，可分成两组。先简略推导如下。

将几何方程式（3-35）中的 ε_x 对 y 求两次偏导数；将 ε_y 对 x 求两次偏导数，可得如下两式：

$$\frac{\partial^2\varepsilon_x}{\partial y^2}=\frac{\partial^2}{\partial x\partial y}\left(\frac{\partial u}{\partial y}\right)$$

$$\frac{\partial^2\varepsilon_y}{\partial x^2}=\frac{\partial^2}{\partial x\partial y}\left(\frac{\partial v}{\partial x}\right)$$

将上列两式相加，得

$$\frac{\partial^2\varepsilon_x}{\partial y^2}+\frac{\partial^2\varepsilon_y}{\partial x^2}=\frac{\partial^2}{\partial x\partial y}\left(\frac{\partial u}{\partial y}+\frac{\partial v}{\partial x}\right)=2\,\frac{\partial^2\gamma_{xy}}{\partial x\partial y}$$

用同样的方法还可以得到其他两个式子，连同上式共三个等式

$$\left.\begin{aligned}\frac{\partial^2\gamma_{xy}}{\partial x\partial y}&=\frac{1}{2}\left(\frac{\partial^2\varepsilon_x}{\partial y^2}+\frac{\partial^2\varepsilon_y}{\partial x^2}\right)\\ \frac{\partial^2\gamma_{yz}}{\partial y\partial z}&=\frac{1}{2}\left(\frac{\partial^2\varepsilon_y}{\partial z^2}+\frac{\partial^2\varepsilon_z}{\partial y^2}\right)\\ \frac{\partial^2\gamma_{zx}}{\partial z\partial x}&=\frac{1}{2}\left(\frac{\partial^2\varepsilon_z}{\partial x^2}+\frac{\partial^2\varepsilon_x}{\partial z^2}\right)\end{aligned}\right\}\tag{3-36}$$

上式表示了在每个坐标平面内应变分量之间的关系。

将式（3-35）中的 ε_x 对 y 及 z 求偏导数，将 γ_{xy} 对 x 及 z 求偏导数，γ_{zx} 对 x 及 y 求偏导数，可得下列四式：

$$\frac{\partial^2 \varepsilon_y}{\partial y \partial z} = \frac{\partial^3 u}{\partial x \partial y \partial z} \tag{3-37}$$

$$\frac{\partial^2 \gamma_{xy}}{\partial x \partial z} = \frac{1}{2}\left(\frac{\partial^3 v}{\partial x^2 \partial z} + \frac{\partial^3 u}{\partial x \partial y \partial z}\right) \tag{3-38}$$

$$\frac{\partial^2 \gamma_{zx}}{\partial x \partial y} = \frac{1}{2}\left(\frac{\partial^3 w}{\partial x^2 \partial y} + \frac{\partial^3 u}{\partial x \partial y \partial z}\right) \tag{3-39}$$

$$\frac{\partial^2 \gamma_{yz}}{\partial x^2} = \frac{1}{2}\left(\frac{\partial^3 v}{\partial x^2 \partial z} + \frac{\partial^3 w}{\partial x^2 \partial y}\right) \tag{3-40}$$

将上列的式（3-38）加式（3-39）减去式（3-40），则等号后面可消去四项，余下的两项和式（3-37）的后面相同，因此可得

$$\left.\begin{aligned}
\frac{\partial}{\partial x}\left(\frac{\partial \gamma_{zx}}{\partial y} + \frac{\partial \gamma_{xy}}{\partial z} - \frac{\partial \gamma_{yz}}{\partial x}\right) &= \frac{\partial^2 \varepsilon_x}{\partial y \partial z} \\
\frac{\partial}{\partial y}\left(\frac{\partial \gamma_{xy}}{\partial z} + \frac{\partial \gamma_{yz}}{\partial x} - \frac{\partial \gamma_{zx}}{\partial y}\right) &= \frac{\partial^2 \varepsilon_y}{\partial z \partial x} \\
\frac{\partial}{\partial z}\left(\frac{\partial \gamma_{yz}}{\partial x} + \frac{\partial \gamma_{zx}}{\partial y} - \frac{\partial \gamma_{xy}}{\partial z}\right) &= \frac{\partial^2 \varepsilon_z}{\partial x \partial y}
\end{aligned}\right\} \tag{3-41}$$

式（3-41）表示了不同平面中应变分量之间的关系。

式（3-36）和式（3-41）即所谓变形连续方程。如果已知位移分量 u_i，则用几何方程求得的应变分量 ε_{ij} 自然满足连续方程。如果先用其他方法求得应变分量，则它们必须同时满足连续方程，才能通过式（3-35）求得正确的位移分量。

对于平面变形状态，$\varepsilon_z = \gamma_{yz} = \gamma_{zx} = 0$，且其余应变分量与 z 无关，于是上式连续方程只剩下式（3-36）中的第一式

$$\frac{\partial^2 \gamma_{xy}}{\partial x \partial y} = \frac{1}{2}\left(\frac{\partial^2 \varepsilon_x}{\partial y^2} + \frac{\partial^2 \varepsilon_y}{\partial x^2}\right)$$

四、体积不变条件

设单元体变形前的边长为 dx、dy、dz，则其体积为

$$V_0 = \mathrm{d}x\mathrm{d}y\mathrm{d}z$$

变形后由于产生应变而体积变为

$$\begin{aligned}
V_1 &= (1+\varepsilon_x)\mathrm{d}x(1+\varepsilon_y)\mathrm{d}y(1+\varepsilon_z)\mathrm{d}z \\
&\approx (1+\varepsilon_x+\varepsilon_y+\varepsilon_z)\mathrm{d}x\mathrm{d}y\mathrm{d}z
\end{aligned}$$

单元体的体积变化率为

$$\Delta = \frac{\Delta V}{V_0} = \frac{V_1 - V_0}{V_0} = \varepsilon_x + \varepsilon_y + \varepsilon_z \tag{3-42}$$

由于在金属塑性变形理论中，假设金属是不可压缩的，即认为塑性变形时体积不变，则

$$\Delta = \varepsilon_x + \varepsilon_y + \varepsilon_z = 0 \tag{3-43}$$

上式即为塑性变形时的体积不变条件，它在实际应用中十分重要。由上式可以看出，塑性变形时，三个正应变分量不可能全部是同号的。

五、主应变、应变张量的不变量、主剪应变和最大剪应变

应变张量是一个二阶对称张量，具有与应力张量相似的性质，所以在对应变张量作进一步分析时，完全可以类比于对应力张量的分析过程。

通过一点，存在三个相互垂直的应变主方向（主轴），在主方向上的线元没有角度偏转，只有正应变，该正应变就叫主应变，一般以 ε_1、ε_2、ε_3 表示。如取应变主轴为坐标轴，则应变张量就简化为

$$\boldsymbol{\varepsilon}_{ij}=\begin{pmatrix}\varepsilon_1 & 0 & 0\\ 0 & \varepsilon_2 & 0\\ 0 & 0 & \varepsilon_3\end{pmatrix}$$

主应变可由应变张量的特征方程

$$\varepsilon^3-I_1\varepsilon^2-I_2\varepsilon-I_3=0$$

求得，式中的 I_1、I_2、I_3 就是应变张量的第一、第二和第三不变量

$$\left.\begin{aligned}I_1&=\varepsilon_x+\varepsilon_y+\varepsilon_z=\varepsilon_1+\varepsilon_2+\varepsilon_3=0\\ I_2&=-(\varepsilon_x\varepsilon_y+\varepsilon_y\varepsilon_z+\varepsilon_z\varepsilon_x)+(\gamma_{xy}^2+\gamma_{yz}^2+\gamma_{zx}^2)\\ &=-(\varepsilon_1\varepsilon_2+\varepsilon_2\varepsilon_3+\varepsilon_3\varepsilon_1)\\ I_3&=\varepsilon_x\varepsilon_y\varepsilon_z+2\gamma_{xy}\gamma_{yz}\gamma_{zx}-(\varepsilon_x\gamma_{yz}^2+\varepsilon_y\gamma_{zx}^2+\varepsilon_z\gamma_{xy}^2)=\varepsilon_1\varepsilon_2\varepsilon_3\end{aligned}\right\}\tag{3-44}$$

在与应变主方向成 ±45°角的方向上，存在三对各自相互垂直的线元，它们的剪应变有极值，叫做主剪应变，其大小为

$$\left.\begin{aligned}\gamma_{12}&=\pm\frac{1}{2}(\varepsilon_1-\varepsilon_2)\\ \gamma_{23}&=\pm\frac{1}{2}(\varepsilon_2-\varepsilon_3)\\ \gamma_{31}&=\pm\frac{1}{2}(\varepsilon_3-\varepsilon_1)\end{aligned}\right\}\tag{3-45}$$

如 $\varepsilon_1\geqslant\varepsilon_2\geqslant\varepsilon_3$，则最大剪应变为

$$\gamma_{\max}=\pm\frac{1}{2}(\varepsilon_1-\varepsilon_3)\tag{3-46}$$

六、应变偏张量和球张量、八面体应变和等效应变

设三个正应变分量的平均值为 ε_m，即

$$\varepsilon_m=\frac{1}{3}(\varepsilon_x+\varepsilon_y+\varepsilon_z)=\frac{1}{3}(\varepsilon_1+\varepsilon_2+\varepsilon_3)=\frac{1}{3}I_1$$

则应变张量可以分解成两个张量

$$\boldsymbol{\varepsilon}_{ij}=\begin{pmatrix}(\varepsilon_x-\varepsilon_m) & \gamma_{xy} & \gamma_{xz}\\ \gamma_{yx} & (\varepsilon_y-\varepsilon_m) & \gamma_{yz}\\ \gamma_{zx} & \gamma_{zy} & (\varepsilon_z-\varepsilon_m)\end{pmatrix}+\begin{pmatrix}\varepsilon_m & 0 & 0\\ 0 & \varepsilon_m & 0\\ 0 & 0 & \varepsilon_m\end{pmatrix}$$

$$=\varepsilon'_{ij}+\delta_{ij}\varepsilon_m \tag{3-47}$$

前者为应变偏张量，表示单元体的形状变化；后者为应变球张量，表示体积变化。应注意，塑性变形时体积不变，$\varepsilon_m=0$，所以应变偏张量就是应变张量。

如以应变主轴为坐标轴，同样可作出八面体，八面体平面的应变分别为

$$\varepsilon_8=\frac{1}{3}(\varepsilon_1+\varepsilon_2+\varepsilon_3)=\varepsilon_m$$

$$\gamma_8=\pm\frac{1}{3}\sqrt{(\varepsilon_x-\varepsilon_y)^2+(\varepsilon_y-\varepsilon_z)^2+(\varepsilon_z-\varepsilon_x)^2+6(\gamma_{xy}^2+\gamma_{yz}^2+\gamma_{zx}^2)} \tag{3-48}$$

$$=\pm\frac{1}{3}\sqrt{(\varepsilon_1-\varepsilon_2)^2+(\varepsilon_2-\varepsilon_3)^2+(\varepsilon_3-\varepsilon_1)^2}$$

将八面体剪应变 γ_8 乘以系数$\sqrt{2}$，所得的参量叫做等效应变，也称广义应变或应变强度

$$\bar{\varepsilon}=\sqrt{2}\gamma_8$$

$$=\frac{\sqrt{2}}{3}\sqrt{(\varepsilon_x-\varepsilon_y)^2+(\varepsilon_y-\varepsilon_z)^2+(\varepsilon_z-\varepsilon_x)^2+6(\gamma_{xy}^2+\gamma_{yz}^2+\gamma_{zx}^2)}$$

$$=\frac{\sqrt{2}}{3}\sqrt{(\varepsilon_1-\varepsilon_2)^2+(\varepsilon_2-\varepsilon_3)^2+(\varepsilon_3-\varepsilon_1)^2} \tag{3-49}$$

单向应力状态时，其主应变为 ε_1、$\varepsilon_2=\varepsilon_3$。塑性变形时，$\varepsilon_1+\varepsilon_2+\varepsilon_3=0$，故有

$$\varepsilon_2=\varepsilon_3=-\frac{1}{2}\varepsilon_1$$

代入式（3-49）得

$$\bar{\varepsilon}=\frac{\sqrt{2}}{3}\sqrt{\left(\frac{3}{2}\varepsilon_1\right)^2+\left(-\frac{3}{2}\varepsilon_1\right)^2}=\varepsilon_1$$

七、应变增量和应变速率张量

前面我们所讨论的应变，都是反映单元体在某一变形过程或变形过程中的某个阶段结束时的应变，称之为全量应变。而塑性成形问题一般都是大变形，且大塑性变形的整个过程是十分复杂的。因此，前面讨论的应变的这些公式在大变形中不能直接应用。然而，大变形是由很多瞬间的小变形累积而成的。因此有必要分析大变形过程中某个特定瞬间的变形情况，于是提出了应变增量和应变速率的概念。

（一）速度分量

物体塑性变形过程中，体内各质点都处于运动状态，即各质点以一定的速度在运动，都存在一个速度场。将质点在单位时间内的位移叫做位移速度，位移速度在三个坐标轴上的投影叫做位移速度分量，简称速度分量，表示为

$$\left.\begin{aligned}\dot{u}&=\frac{u}{t}\\ \dot{v}&=\frac{v}{t}\\ \dot{w}&=\frac{w}{t}\end{aligned}\right\} \tag{3-50}$$

简记

$$\dot{u}=\frac{u_i}{t} \tag{3-50a}$$

位移是坐标的连续函数，而位移速度既是坐标的连续函数，又是时间的函数，故

$$\dot{u}_i=\dot{u}_i(x,y,z,t) \tag{3-51}$$

式（3-51）可表示为变形物体内运动质点的速度场。如果已知变形物体内各点的速度分量，则物体中的速度场即可确定。

（二）应变增量

设在变形过程中的某一瞬时，物体各点的速度分量为 $\dot{u}_i$，在随后的一个无限小时间间隔 dt 之内，体内各点位移增量记为 du_i。在图3-18中，设物体中某一点 P，它在变形过程中经 $PP'P_1$ 的路线到达 P_1，这时的位移为 PP_1，将 PP_1 的分量代入几何方程求得的应变就是该变形过程的全量应变。若在某一瞬时，该点移动至 $PP'P_1$ 路线上的任一点，例如 P'点，则由 PP'求得的应变就是该瞬时的全量应变。如果该点由 P'再沿原路线经极短的时间 dt 移动无限小的距离到 P''，这时位移矢量 PP''与 PP'之差即为此时的位移增量。此时的速度分量为

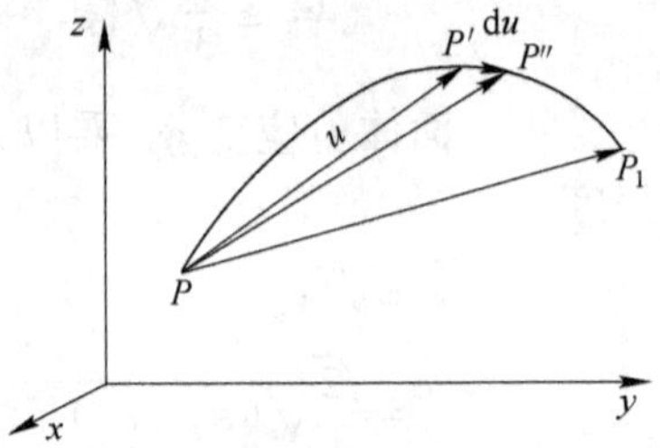

图3-18　位移矢量和增量

$$\left.\begin{aligned}\dot{u}&=\frac{\mathrm{d}u}{\mathrm{d}t}\\ \dot{v}&=\frac{\mathrm{d}v}{\mathrm{d}t}\\ \dot{w}&=\frac{\mathrm{d}w}{\mathrm{d}t}\end{aligned}\right\} \tag{3-52}$$

简记为

$$\dot{u}_i=\frac{\mathrm{d}u_i}{\mathrm{d}t} \tag{3-52a}$$

此时的位移增量分量为

$$\mathrm{d}u_i=\dot{u}_i\mathrm{d}t \tag{3-53}$$

根据前面的分析，产生位移增量之后，变形体内各质点就有相应的无限小应变增量，用 $\mathrm{d}\boldsymbol{\varepsilon}_{ij}$ 表示。此时应变增量与位移增量之间的关系，也即几何方程，在形式上与小变形几何方程相同。只要将小变形几何方程中的 u_i 改成 du_i，$\boldsymbol{\varepsilon}_{ij}$ 改成 $\mathrm{d}\boldsymbol{\varepsilon}_{ij}$ 即可，于是应变增量的几何方程为

$$\left.\begin{aligned}\mathrm{d}\boldsymbol{\varepsilon}_x&=\frac{\partial(\mathrm{d}u)}{\partial x};\mathrm{d}\boldsymbol{\gamma}_{yz}=\mathrm{d}\boldsymbol{\gamma}_{zy}=\frac{1}{2}\left[\frac{\partial(\mathrm{d}w)}{\partial y}+\frac{\partial(\mathrm{d}v)}{\partial x}\right]\\ \mathrm{d}\boldsymbol{\varepsilon}_y&=\frac{\partial(\mathrm{d}v)}{\partial y};\mathrm{d}\boldsymbol{\gamma}_{zx}=\mathrm{d}\boldsymbol{\gamma}_{xz}=\frac{1}{2}\left[\frac{\partial(\mathrm{d}u)}{\partial z}+\frac{\partial(\mathrm{d}w)}{\partial y}\right]\\ \mathrm{d}\boldsymbol{\varepsilon}_z&=\frac{\partial(\mathrm{d}w)}{\partial z};\mathrm{d}\boldsymbol{\gamma}_{xy}=\mathrm{d}\boldsymbol{\gamma}_{yx}=\frac{1}{2}\left[\frac{\partial(\mathrm{d}v)}{\partial x}+\frac{\partial(\mathrm{d}u)}{\partial z}\right]\end{aligned}\right\} \tag{3-54}$$

简记为

$$\mathrm{d}\boldsymbol{\varepsilon}_{ij}=\frac{1}{2}\left[\frac{\partial(\mathrm{d}u_i)}{\partial x_j}+\frac{\partial(\mathrm{d}u_j)}{\partial x_i}\right] \tag{3-54a}$$

一点的应变增量也是二阶对称张量，应变增量和小应变张量一样，具有三个主方向、三个主应变增量（$d\varepsilon_1$、$d\varepsilon_2$、$d\varepsilon_3$）、三个不变量、三对主剪应变增量、偏张量、球张量、等效应变增量等等。它们的定义和表达式的形式都和小应变张量一样，只要用 $d\boldsymbol{\varepsilon}_{ij}$代替 $\boldsymbol{\varepsilon}_{ij}$就行了。但应指出，塑性变形过程中某瞬时的应变增量 $d\boldsymbol{\varepsilon}_{ij}$是当时具体变形条件下的无限小应变，而当时的全量应变则是该瞬时以前的变形积累的结果；该瞬时的变形条件和以前的条件不一定相同，所以应变增量的主轴和当时的全量应变主轴不一定重合。

（三）应变速率张量

单位时间内的应变称为应变速率，用 $\dot{\varepsilon}_{ij}$表示，其单位为 s^{-1}。

将式（3-53）所得位移增量的分量代入式（3-54a），得

$$d\boldsymbol{\varepsilon}_{ij}=\frac{1}{2}\left[\frac{\partial}{\partial x_j}(\dot{u}_i dt)+\frac{\partial}{\partial x_i}(\dot{u}_j dt)\right]$$

将上式除以时间 dt，则得应变速率（分量）为

$$\dot{\boldsymbol{\varepsilon}}_{ij}=\frac{d\boldsymbol{\varepsilon}_{ij}}{dt}=\frac{1}{2}\left(\frac{\partial \dot{u}_i}{\partial x_j}+\frac{\partial \dot{u}_j}{\partial x_i}\right) \tag{3-55}$$

或写成

$$\left.\begin{aligned}
\dot{\varepsilon}_x&=\frac{\partial \dot{u}}{\partial x};\ \dot{\gamma}_{yz}=\dot{\gamma}_{zy}=\frac{1}{2}\left(\frac{\partial \dot{v}}{\partial z}+\frac{\partial \dot{w}}{\partial y}\right)\\
\dot{\varepsilon}_y&=\frac{\partial \dot{v}}{\partial y};\ \dot{\gamma}_{zx}=\dot{\gamma}_{xz}=\frac{1}{2}\left(\frac{\partial \dot{w}}{\partial x}+\frac{\partial \dot{u}}{\partial z}\right)\\
\dot{\varepsilon}_z&=\frac{\partial \dot{w}}{\partial z};\ \dot{\gamma}_{xy}=\dot{\gamma}_{yx}=\frac{1}{2}\left(\frac{\partial \dot{u}}{\partial y}+\frac{\partial \dot{v}}{\partial x}\right)
\end{aligned}\right\} \tag{3-55a}$$

一点的应变速率也是二阶对称张量。应变速率可以表示变形的快慢，也即变形速度。应指出，应变速率实际上反映了物体内各点位移速度的差别，它取决于变形工具运动速度和物体形状尺寸，所以仅仅用工具速度或质点速度并不能表示变形速度。

八、平面变形问题和轴对称问题

（一）平面变形问题

前面我们已经介绍了平面变形的概念，设 z 方向没有变形，则 z 方向必为主方向，z 向的位移分量 $w=0$，且其余各位移分量与 z 轴无关，故有 $\varepsilon_z=\gamma_{yz}=\gamma_{zx}=0$。因此平面变形只有三个应变分量，即 ε_x，ε_y，γ_{xy}。平面应变问题的几何方程为

$$\left.\begin{aligned}
&\varepsilon_x=\frac{\partial u}{\partial x};\ \varepsilon_y=\frac{\partial v}{\partial y}\\
&\gamma_{xy}=\frac{1}{2}\left(\frac{\partial u}{\partial y}+\frac{\partial v}{\partial x}\right)
\end{aligned}\right\} \tag{3-56}$$

又根据塑性变形时的体积不变条件及 $\varepsilon_z=0$，有

$$\varepsilon_x=-\varepsilon_y$$

应该特别强调的是，平面塑性变形时应变为零的方向应力一般不等于零，其正应力是一个主应力，即

$$\sigma_z=\frac{1}{2}(\sigma_x+\sigma_y)=\frac{1}{2}(\sigma_1+\sigma_2)=\sigma_m$$

（二）轴对称问题

讨论轴对称变形问题时用圆柱坐标比较方便。轴对称变形时，通过轴线的子午面始终保持平面，所以 θ 向的位移分量 $v=0$，且各位移分量均与 θ 坐标无关，因此 $\gamma_{\rho\theta}=\gamma_{\theta z}=0$，$\theta$ 向必为应变主方向，这时只有四个应变分量

$$\left.\begin{aligned}&\varepsilon_{\rho}=\frac{\partial u}{\partial \rho};\ \varepsilon_{z}=\frac{\partial w}{\partial z};\ \varepsilon_{\theta}=\frac{u}{\rho}\\&\gamma_{z\rho}=\frac{1}{2}\left(\frac{\partial w}{\partial \rho}+\frac{\partial u}{\partial z}\right)\end{aligned}\right\}\tag{3-57}$$

对于某些轴对称问题，例如均匀变形时的单向拉伸、锥形模挤压及拉拔、圆柱体镦粗等，其径向位移分量 u 与坐标 ρ 成线性关系，则

$$\frac{\partial u}{\partial \rho}=\frac{u}{\rho}$$

所以

$$\varepsilon_{\rho}=\varepsilon_{\theta}$$

在这种情况下，径向与周向的正应力分量也必相等，即 $\sigma_{\rho}=\sigma_{\theta}$。

习题与思考题

1. 什么是求和约定，张量有哪些基本性质？
2. 什么是点的应力状态，表示点的应力状态有哪些方法？
3. 什么是应力张量、应力球张量、应力偏张量和应力张量不变量？
4. 什么是主应力、主剪应力、八面体应力？
5. 什么是等效应力，有何物理意义？
6. 什么是平面应力状态、平面应变的应力状态？
7. 什么是点的应变状态，如何表示点的应变状态？
8. 什么是应变球张量、应变偏张量和应变张量不变量？
9. 什么是主应变、主剪应变、八面体应变和等效应变？
10. 说明应变偏张量和应变球张量的物理意义？
11. 塑性变形时应变张量和应变偏张量有何关系？其原因何在？
12. 平面应变状态和轴对称状态各有什么特点？
13. 已知物体中一点的应力分量为 $\boldsymbol{\sigma}_{ij}=\begin{pmatrix}50&50&80\\50&0&-75\\80&-75&-30\end{pmatrix}$，试求方向余弦为 $l=m=\frac{1}{2}$，$n=\frac{1}{\sqrt{2}}$ 的斜面上的全应力、正应力和剪应力。
14. 已知物体中一点的应力分量为 $\boldsymbol{\sigma}_{ij}=\begin{pmatrix}10&0&-10\\0&-10&0\\-10&0&10\end{pmatrix}$，求其主应力、主剪应力、八面体应力、应力球张量及应力偏张量。
15. 设某物体内的应力场为

$$\left.\begin{aligned}&\sigma_{x}=-6xy^{2}+C_{1}x^{3}\\&\sigma_{y}=-\frac{3}{2}C_{2}xy^{2}\\&\tau_{xy}=-C_{2}y^{3}-C_{3}x^{2}y\\&\sigma_{z}=\tau_{yz}=\tau_{zx}=0\end{aligned}\right\}$$

试求系数 C_1、C_2、C_3。

16. 某点处于平面应力状态，已知其应力分量 $\sigma_x = 20$、$\sigma_y = -40$、$\tau_{xy} = -30$，试利用莫尔圆求主应力、主方向、主剪应力及最大剪应力。

17. 设物体在变形过程中某一极短时间内的位移场为

$$u = (10 + 0.1xy + 0.05z) \times 10^{-3}$$

$$v = (5 - 0.05x + 0.1yz) \times 10^{-3}$$

$$w = (10 - 0.1xyz) \times 10^{-3}$$

试求：点 A（1，1，1）的应变分量、应变球张量及偏张量、主应变、等效应变。

第四章　屈服准则

屈服准则是材料质点发生屈服而进入塑性状态的判断依据。对于仅在单向拉应力或压应力作用下的质点，我们可以直接使用简单拉伸或单向压缩的实验结果，即用屈服应力 σ_s 的值来进行判别。多向应力作用下的材料质点的屈服是各向应力共同作用的结果，所以，需要有一个统一的判断依据，这也就是本章要讨论的内容。

屈服准则一般可以用函数表示为：

$$f(\sigma_{ij}) = C \tag{4-1}$$

式中，C 对于给定的材料是一个不变的常数，上式称为屈服函数或塑性方程。

在研究塑性成形问题时，常常涉及到有关材料性质的一些基本概念，我们列举几种常用的材料：

（1）弹塑性材料：在变形过程中既有弹性变形又有塑性变形的材料。

（2）刚塑性材料：在研究塑性变形时不考虑弹性变形的材料。

（3）理想弹性材料：弹性变形时，应力与应变完全成线性关系。

（4）理想塑性材料：塑性变形时不产生硬化的材料。

（5）理想弹塑性材料：弹塑性材料塑性变形时不产生硬化的材料。

（6）弹塑性硬化材料：弹塑性材料塑性变形时产生硬化的材料。

（7）理想刚塑性材料：刚塑性材料塑性变形时不产生硬化的材料。

（8）刚塑性硬化材料：刚塑性材料塑性变形时产生硬化的材料。

图 4-1 给出了一些材料的真实应力-应变曲线模型。显然，实际的物体变形时都应该既有弹性变形又有塑性变形，上面列举的后 7 种材料都是假定的。但是，为了研究问题方便，常常要用到这些假定的材料。下面要讨论的两个屈服准则就是以各向同性的理想刚塑性材料为研究对象。

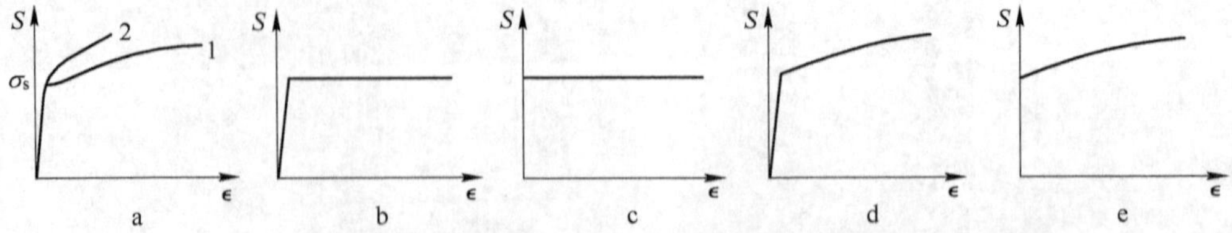

图 4-1　真实应力-应变曲线及某些简化形式

a—实际金属材料；b—理想弹塑性；c—理想刚塑性；d—弹塑性硬化；e—刚塑性硬化

1—有物理屈服点；2—无明显物理屈服点

第一节　屈雷斯加屈服准则

屈雷斯加（H. Tresca）通过对金属挤压的研究，于 1864 年提出了一个屈服准则。

他提出这一准则时很可能受到多年前库仑（C. A. Comlomb）提出的最大剪应力强度理论的影响。屈雷斯加屈服准则可表述如下：当材料（质点）中的最大剪应力达到某一定值时，材料就屈服。或者说，材料处于塑性状态时，其最大剪应力始终是一不变的定值，该定值只取决于材料在变形条件下的性质，而与应力状态无关。该准则可写为：

$$\tau_{\max} = C$$

若已知 $\sigma_1 \geqslant \sigma_2 \geqslant \sigma_3$，则：

$$\tau_{\max} = \frac{\sigma_1 - \sigma_3}{2} = C \tag{4-2}$$

在某一变形温度和变形速度条件下，材料单向均匀拉伸时，当拉伸应力 σ_1 达到材料屈服极限 σ_s 时，材料就开始进入塑性状态，此时

$$\sigma_1 = \sigma_s,\ \sigma_3 = 0$$

将上式代入式（4-2），得

$$C = \frac{\sigma_s}{2}$$

则

$$\sigma_1 - \sigma_3 = \sigma_s = 2K \tag{4-3}$$

式（4-3）即为屈雷斯加屈服准则的数学表达式，式中 K 为材料屈服时的最大剪应力值。

如果不知道主应力大小顺序时，则屈雷斯加屈服准则表达式为：

$$\left.\begin{aligned} \sigma_1 - \sigma_2 &= \pm 2K = \pm\sigma_s \\ \sigma_2 - \sigma_3 &= \pm 2K = \pm\sigma_s \\ \sigma_3 - \sigma_1 &= \pm 2K = \pm\sigma_s \end{aligned}\right\} \tag{4-4}$$

很显然，在事先知道主应力次序的情况下，使用屈雷斯加准则是非常方便的。但是在一般的三向应力条件下，主应力是待求的，大小次序也不能事先知道，这时使用屈雷斯加准则就不很方便。

第二节　米塞斯屈服准则

米塞斯（Von Mises）于1913年提出另一屈服准则。米塞斯认为，为了便于数学处理，式（4-4）的三个式子可以统一写成平方和的形式；上列三个式子等号左边的平方和就等于应力偏张量第二不变量 J_2' 的6倍，所以米塞斯屈服准则可以表述为：当应力偏张量的第二不变量 J_2' 达到某定值时，材料就会屈服。更为方便的表述方式是：当点应力状态的等效应力达到某一与应力状态无关的定值时，材料就屈服；或者说，材料处于塑性状态时，等效应力始终是一不变的定值，也即

$$\bar{\sigma} = \sqrt{\frac{1}{2}[(\sigma_1 - \sigma_2)^2 + (\sigma_2 - \sigma_3)^2 + (\sigma_3 - \sigma_1)^2]} = C \tag{4-5}$$

同样，用单向拉伸屈服时的应力状态（σ_s，0，0）代入上式即可得到常数 C：

$$\sqrt{\frac{1}{2}[(\sigma_s - 0)^2 + (0 - \sigma_s)^2]} = \sigma_s = C$$

于是，米塞斯屈服准则的表达式为

$$\bar{\sigma} = \sigma_s \tag{4-6}$$

即

$$(\sigma_1 - \sigma_2)^2 + (\sigma_2 - \sigma_3)^2 + (\sigma_3 - \sigma_1)^2 = 2\sigma_s^2 \tag{4-7}$$

或

$$(\sigma_x - \sigma_y)^2 + (\sigma_y - \sigma_z)^2 + (\sigma_z - \sigma_x)^2 + 6(\tau_{xy}^2 + \tau_{yz}^2 + \tau_{zx}^2) = 2\sigma_s^2 \tag{4-8}$$

汉基（H. Hencky）于1924年阐明了米塞斯屈服准则的物理意义，这就是：当材料的质点内单位体积的弹性形变能（即形状变化的能量）达到某临界值时，材料就屈服。米塞斯准则还可以有其他的物理解释，例如纳达依（A. Nadai）认为，米塞斯准则的式（4-7）或式（4-8）意味着，当八面体剪应力为某一临界值时，材料就屈服了。

米塞斯屈服准则和屈雷斯加准则实际上相当接近，在有两个主应力相等的应力状态下两者还是一致的。米塞斯在提出自己的准则时，还认为屈雷斯加准则是准确的，而自己的则是近似的，但以后的大量试验证明，对于绝大多数金属材料，米塞斯准则更接近于实验数据。

上述两个屈服准则有一些共同的特点，也有不同点。这些特点对于各向同性理想塑性材料的屈服准则是有普遍意义的。

共同点是：

（1）屈服准则的表达式都和坐标的选择无关，等式左边都是不变量的函数；

（2）三个主应力可以任意置换而不影响屈服；同时，认为拉应力和压应力的作用是一样的；

（3）各表达式都和应力球张量无关，实验证明，在通常的工作应力下，应力球张量对材料屈服的影响较小，可以忽略不计。应指出的一点是，如果应力球张量的三个分量是拉应力，那么球张量大到一定程度后材料就将脆断，不能发生塑性变形。

不同点是：

屈雷斯加屈服准则没有考虑中间主应力的影响，三个主应力大小顺序不知时，使用不便；而米塞斯屈服准则考虑了中间主应力的影响，使用方便。

第三节 屈服准则的几何表达

屈服准则的数学表达式可以用几何图形形象化地表示出来。在 $\sigma_1\sigma_2\sigma_3$ 坐标系中，屈服准则都是空间曲面，叫做屈服表面。如把屈服准则表示在各种平面坐标系中，则它们都是封闭曲线，叫做屈服轨迹。屈服表面和屈服轨迹是进一步分析屈服准则的有力工具。

一、两向应力状态的屈服轨迹

将 $\sigma_3 = 0$ 代入式（4-7）即可得到两向应力状态的米塞斯屈服准则：

$$\sigma_1^2 - \sigma_1\sigma_2 + \sigma_2^2 = \sigma_s^2 \tag{4-9}$$

上式在 $\sigma_1\sigma_2$ 坐标平面上是一个椭圆（图4-2），它的中心在原点、对称轴与坐标轴成

45°，长半轴为$\sqrt{2}\sigma_s$，短半轴为$\sqrt{2/3}\sigma_s$，与坐标轴的截距是$\pm\sigma_s$。这个椭圆就叫$\sigma_1\sigma_2$平面上的屈服轨迹。

同样，将$\sigma_3=0$代入式（4-4），可得两向应力状态时的屈雷斯加屈服准则：

$$|\sigma_1-\sigma_2|=\sigma_s;\ |\sigma_2|=\sigma_s;\ |\sigma_1|=\sigma_s \tag{4-10}$$

这是一个六边形，内接于米塞斯椭圆（图4-2）。

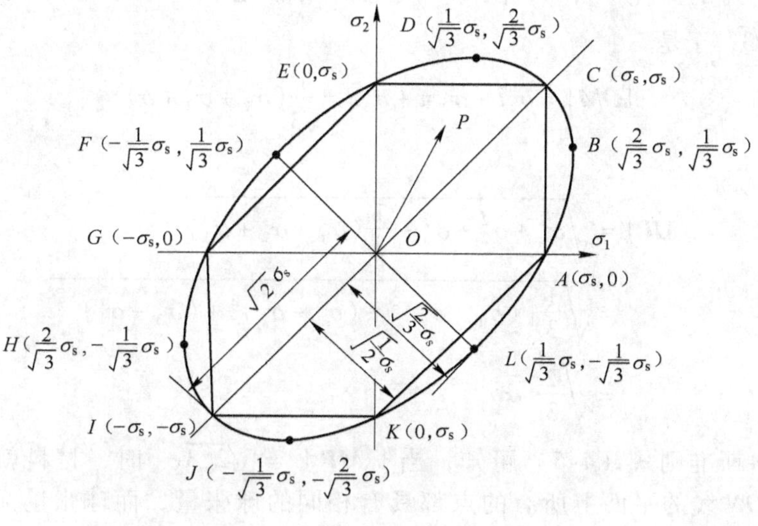

图4-2　两向应力状态的屈服轨迹

任一两向应力状态都可用$\sigma_1\sigma_2$平面上的一点P表示，并可用矢量$\boldsymbol{OP}$来代表。如P点在屈服轨迹的里面，则材料的质点处于弹性状态；如P点在轨迹上，则质点处于塑性状态；对于理想塑性材料，P点不可能在轨迹的外面。

屈雷斯加六边形内接于米塞斯椭圆，这就意味着，在六个角点上，两个准则是一致的，其中与坐标轴相交的A、E、G、K四点表示单向应力状态；另两点C、I是椭圆的长轴端点，其特征是$\sigma_1=\sigma_2$。除这六点外，两个准则都不一致。椭圆在外，意味着按米塞斯准则需要较大的应力才能使材料屈服。两者差别最大的也有六点，其中F、L两点的特征是$\sigma_1=-\sigma_2$，即纯剪状态；另四点B、D、H、J的特征是$\sigma_1=2\sigma_2$或$2\sigma_1=\sigma_2$。在这六点上，两个准则的差别都是15.5%。

二、主应力空间中的屈服表面

以主应力为坐标轴可以构成一个主应力空间，如图4-3所示。一种应力状态（σ_1、σ_2、σ_3）即可用该空间中的一点P来表示，并可用矢量$\boldsymbol{OP}$来代表。设ON为该空间第一象限的等倾线。由P点引一直线$PM\perp ON$，并把矢量$\boldsymbol{OP}$分解成$\boldsymbol{OM}$及$\boldsymbol{MP}$，则$\boldsymbol{OM}$就是应力张量中球张量的分量，而$\boldsymbol{MP}$也就是三个主偏应力σ_1'、σ_2'、σ_3'。因此矢量$\boldsymbol{OM}$和$\boldsymbol{MP}$即可分别代表P点应力球张量和偏张量。等倾线ON还有这样的特点：在垂直于ON的平面

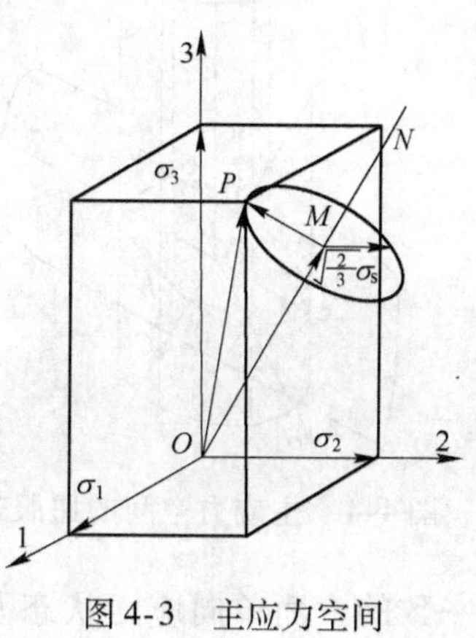

图4-3　主应力空间

上，任何点的应力球张量都相同；在平行于 ON 的直线上，各点的应力偏张量都相同。下面讨论如何在主应力空间中表示屈服准则。

代表应力偏张量的矢量 $\boldsymbol{MP}$ 的模可按如下步骤求得：

$$\boldsymbol{OP}=\boldsymbol{OM}+\boldsymbol{MP}$$

所以

$$|\boldsymbol{MP}|=\sqrt{|\boldsymbol{OP}|^2-|\boldsymbol{OM}|^2}$$

式中 $|\boldsymbol{OM}|$ 就是 σ_1、σ_2、σ_3 在 ON 线上的投影之和，考虑到 ON 的方向余弦为 $l=m=n=1/\sqrt{3}$，于是

$$|\boldsymbol{OM}|=\sigma_1 l+\sigma_2 m+\sigma_3 n=\frac{1}{\sqrt{3}}(\sigma_1+\sigma_2+\sigma_3)$$

由此得

$$\begin{aligned}|\boldsymbol{MP}|&=\sqrt{\sigma_1^2+\sigma_2^2+\sigma_3^2-\frac{1}{3}(\sigma_1+\sigma_2+\sigma_3)^2}\\&=\sqrt{\frac{1}{3}[(\sigma_1-\sigma_2)^2+(\sigma_2-\sigma_3)^2+(\sigma_3-\sigma_1)^2]}\\&=\sqrt{\frac{2}{3}}\,\bar{\sigma}\end{aligned}$$

根据米塞斯准则式（4-5）可知，当 $|\boldsymbol{MP}|=\sqrt{2/3}\sigma_s$ 时，材料就将发生屈服。由于垂直于 ON 线的平面上所有的点都具有相同的球张量，而球张量又不影响屈服，所以，如以 M 为圆心，$\sqrt{2/3}\sigma_s$ 为半径，在垂直于 ON 的平面上作一圆，则圆上的每一点都是屈服的应力状态。又由于平行于 ON 的直线上所有的点都有相同的偏张量，因此，以 ON 为轴心，以 $\sqrt{2/3}\sigma_s$ 为半径作一圆柱面，面上的点都符合米塞斯屈服准则。该圆柱面就是主应力空间的米塞斯屈服表面（图 4-4）。当 P 点在圆柱面里面时质点处于弹性状态；在表面上即处于塑性状态。对于理想塑性材料，P 点不能在圆柱面之外。屈雷斯加准则也可以同样处理，得到一个内接于米塞斯圆柱面的正六棱柱面。

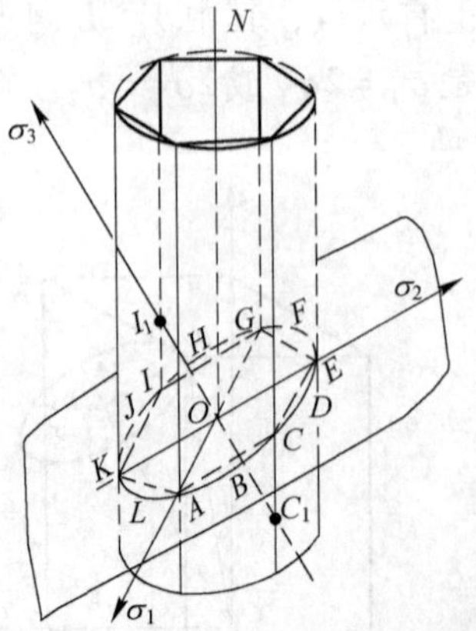

图 4-4 主应力空间的屈服表面

实际上前面图 4-2 所示的屈服轨迹就是上述屈服表面与 $\sigma_1 O\sigma_2$ 平面的交线。图 4-2 中的十二个特征点在屈服表面上就成了柱面的母线。其中通过 A、C、E、G、I、K 六点的母线就是六棱柱面的棱，它们都与坐标轴相交。所以，这六条母线上的点实际上都代表叠加了一个球张量的单向屈服应力状态：

通过 A 及 G 点的母线为（$\sigma_m+\sigma_s$，σ_m，σ_m）；

通过 E 及 K 点的母线为（σ_m，$\sigma_m+\sigma_s$，σ_m）；

通过 C 及 I 点的母线为（σ_m，σ_m，$\sigma_m+\sigma_s$）。

它们共同的特点是有两个主应力相等。这就是说，对于有两个主应力相等的应力状态，两个准则是一致的，而单向应力状态及部分轴对称状态正是属于这种情况。两个屈服准则相差

最大的六条母线上的点，实际上都是纯剪状态（即一个主应力为零，另两个主应力数值相等符号相反）叠加一个球张量，它们的共同特点都是：一个主应力是另两个的平均值，这正是平面变形状态的特征。所以：平面变形时，两个屈服准则相差最大。

三、π平面上的屈服轨迹

在主应力空间中，通过原点并垂直于等倾线 ON 的平面叫做 π 平面，它的方程是：

$$\sigma_1+\sigma_2+\sigma_3=0$$

π 平面与两个屈服表面都垂直，故屈服表面在 π 平面上的投影（也即交线）是圆及其内接正六边形，这就是 π 平面上的屈服轨迹，见图 4-5。主应力空间中代表应力状态的矢量在 π 平面上的投影 OP 即可代表应力偏张量。因此，π 平面上的屈服轨迹能更清楚地表示出屈服准则的性质。

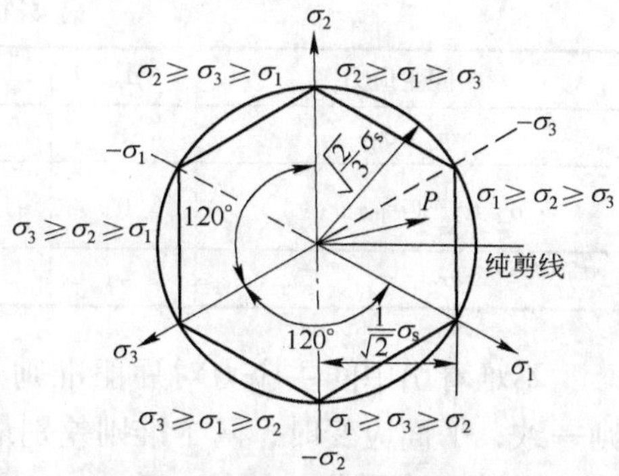

图 4-5　π 平面上的屈服轨迹

三根主轴在 π 平面上的投影互成 120°角。如把主轴负向的投影也画出来，就把平面分成了六个 60°角的区间，每个区间内主应力的大小次序互不相同。三根主轴线上的点都表示（减去了球张量的）单向应力状态；每个 60°角平分线上的点都表示纯剪状态。由于六个区间的轨迹是一样的，所以实际上只要用一个区间（例如图中的 $\sigma_1\geqslant\sigma_2\geqslant\sigma_3$ 区间）就可以表示出整个屈服轨迹的性质。

第四节　中间主应力的影响

设 $\sigma_1\geqslant\sigma_2\geqslant\sigma_3$，则屈雷斯加屈服准则可写成：

$$\sigma_1-\sigma_3=\sigma_s$$

上式表明中间主应力 σ_2（在 σ_1 到 σ_3 之间变化）不影响材料屈服。而米塞斯屈服准则式（4-5）表明，σ_2 对材料屈服有影响。为了评价中间主应力 σ_2 的影响，现引入罗代应力参数

$$\mu_\sigma=\frac{(\sigma_2-\sigma_3)-(\sigma_1-\sigma_2)}{\sigma_1-\sigma_3}=\frac{\sigma_2-\dfrac{\sigma_1+\sigma_3}{2}}{\dfrac{\sigma_1-\sigma_3}{2}} \tag{4-11}$$

当 σ_2 在 σ_1 到 σ_3 之间变化时，μ_σ 则在 -1 ~ 1 之间变化。

由式（4-11）知，可用 μ_σ 表示中间主应力 σ_2，即

$$\sigma_2=\frac{\sigma_1-\sigma_3}{2}\mu_\sigma+\frac{\sigma_1+\sigma_3}{2}$$

代入米塞斯屈服准则式（4-5）中，整理后得

$$\sigma_1-\sigma_3=\frac{2}{\sqrt{3+\mu_\sigma^2}}\sigma_s$$

设
$$\beta=\frac{2}{\sqrt{3+\mu_\sigma^2}} \tag{4-12}$$

则
$$\sigma_1-\sigma_3=\beta\sigma_s \tag{4-13}$$

式中β为考虑中间主应力影响的系数，β值的变化范围为1 ~ 1.155。μ_σ、β的关系如图4-6及表4-1所示。

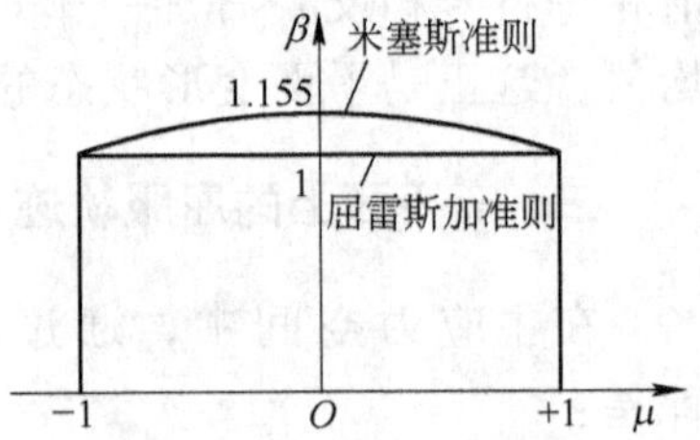

图4-6 μ_σ和β的关系

表4-1 μ_σ和β的变化范围

中间主应力	μ_σ	β	应力状态
$\sigma_2=\sigma_1$	1	1	圆柱体应力状态（单向应力叠加球张量）
$\sigma_2=\frac{1}{2}(\sigma_1+\sigma_3)$	0	1.155	平面变形应力状态（纯剪切叠加球张量）
$\sigma_2=\sigma_3$	−1	1	圆柱体应力状态（单向应力叠加球张量）

不难看出中间主应力对屈服准则的影响，对于圆柱体应力状态，$\beta=1$，两个屈服准则一致；平面应变时，两个准则差别最大，为15.5%。

现设K为屈服时的最大剪应力，则

$$K=\pm\frac{\sigma_1-\sigma_3}{2}=\pm\frac{\beta}{2}\sigma_s \tag{4-14}$$

于是，两个屈服准则可统一表达为

$$\sigma_1-\sigma_3=\pm 2K \tag{4-15}$$

按屈雷斯加屈服准则，$K=0.5\sigma_s$；按米塞斯屈服准则，$K=(0.50\sim0.577)\sigma_s$。

第五节 屈服准则的实验验证

屈雷斯加屈服准则和米塞斯屈服准则是否正确，还要通过实验来验证。采用薄壁管承受轴向拉力、内压力、轴向拉力及扭矩的实验方法是研究塑性理论常用的方法。

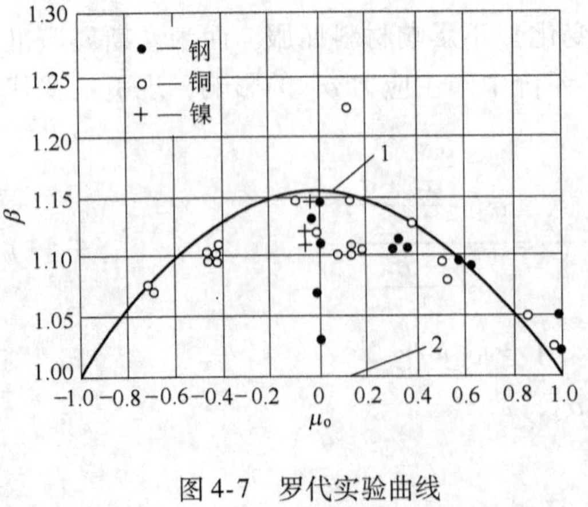

图4-7 罗代实验曲线

1—米塞斯屈服准则；2—屈雷斯加屈服准则

罗代在1926年用铜、铁、镍等薄壁管加轴向拉力P和内拉力p进行实验，得到了罗代应力参数与中间主应力影响系数的关系图（如图4-7所示），实验结果与式（4-12）的理论结果一致。

1931年泰勒（Tayor）及奎乃（Quinney）用铜、铝、钢的薄壁管承受轴向力及扭矩做实验，薄壁管复合拉扭时可以认为是平面应力状态，承受均匀的拉应力σ及剪应力τ，如图4-8所示。这时

$$\left.\begin{aligned}\sigma_1 &= \frac{\sigma_z}{2} + \sqrt{\frac{\sigma_z^2}{4} + \tau_{xz}^2}\\ \sigma_2 &= 0\\ \sigma_3 &= \frac{\sigma_z}{2} - \sqrt{\frac{\sigma_z^2}{4} + \tau_{xz}^2}\end{aligned}\right\} \tag{4-16}$$

将式（4-16）代入式（4-3）及式（4-7）可得到

屈雷斯加屈服准则：
$$\left(\frac{\sigma_z}{\sigma_s}\right)^2 + 4\left(\frac{\tau_{xz}}{\sigma_s}\right)^2 = 1 \tag{4-17}$$

米塞斯屈服准则：
$$\left(\frac{\sigma_z}{\sigma_s}\right)^2 + 3\left(\frac{\tau_{xz}}{\sigma_s}\right)^2 = 1 \tag{4-18}$$

式（4-17）及式（4-18）即为$\frac{\sigma_z}{\sigma_s}-\frac{\tau_{xz}}{\sigma_s}$坐标平面上的屈服轨迹，它们都是椭圆方程。用不同的拉力与扭矩之比做实验，结果实验点仍然在米塞斯屈服轨迹附近，如图 4-9 所示。

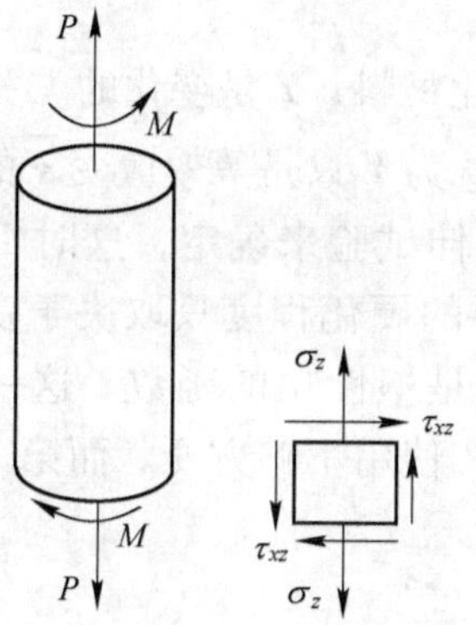

图 4-8　薄壁筒复合拉扭

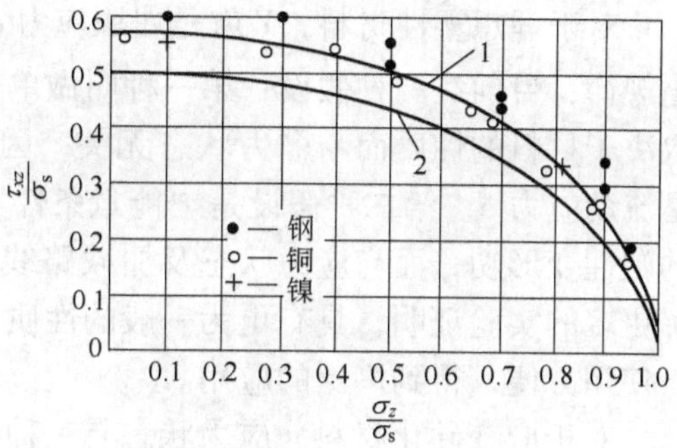

图 4-9　泰勒及奎乃实验曲线
1—米塞斯屈服准则；2—屈雷斯加屈服准则

大量实验表明，一般韧性材料（如铜、镍、铝、中碳钢、铝合金、铜合金等）与米塞斯屈服准则符合较好；然而，有些材料（如退火软钢）的屈服点的实验值偏向于屈雷斯加屈服准则。因此，符合哪一个屈服准则要看具体材料性质。总的来说，多数金属符合米塞斯屈服准则。

第六节　应变硬化材料的屈服准则

以上我们所讨论的屈服准则只适用于各向同性的理想塑性材料。对于硬化材料，可以认为其初始屈服仍然服从前述的准则。材料硬化后，其屈服准则将发生变化，在变形过程中的每一时刻都将有一后继的瞬时屈服表面和屈服轨迹。

后继屈服轨迹的变化是很复杂的，目前还只能提出一些假设，其中最常见的是“各向同性硬化”假设，它的要点是：

（1）材料在硬化后仍然保持各向同性。

（2）硬化后屈服轨迹的中心位置和形状都保持不变，也就是说，在 π 平面上仍然是以原点为中心的对称封闭曲线，但其大小则随变形的进行而不断地扩大（如图 4-10 所示）。

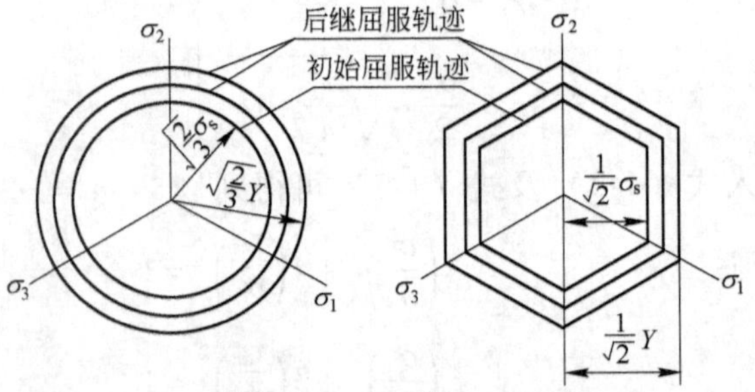

图 4-10 各向同性硬化材料的后继屈服轨迹

屈服轨迹的中心位置和形状就由应力状态的函数 $f(\sigma_{ij})$ 所决定，而材料的性质则决定轨迹的大小。因此，各向同性的硬化材料和理想塑性材料的屈服准则都可以表示为

$$f(\sigma_{ij}) = Y$$

对于理想塑性材料，Y 就是屈服应力 σ_s，而对于硬化材料，Y 是变化的。关于 Y 的变化规律，目前有两种假设：第一种叫做单一曲线假设，认为 Y 只是等效应变 $\bar{\varepsilon}$ 的函数，只取决于材料的性质而与应力状态无关，因此可用单向拉伸试验来确定，这时 Y 实际上就是流动应力 S。第二种假设是"能量条件"，它认为材料的硬化程度只取决于变形过程中的塑性变形功，而与应力状态及加载路线无关，因此 Y 是塑性功的函数。这一假设得到了更多的实验证明，具有更为一般的性质，但比较复杂，使用不够方便。而第一种假设由于使用方便，得到广泛的应用。

对于应变硬化材料，应力状态有三种不同情况：

（1）当 $\mathrm{d}f = \frac{\partial f}{\partial \sigma_{ij}}\mathrm{d}\sigma_{ij} > 0$ 时，为加载，表示应力状态由初始屈服表面向外移动，发生了塑性流动；

（2）当 $\mathrm{d}f = \frac{\partial f}{\partial \sigma_{ij}}\mathrm{d}\sigma_{ij} < 0$ 时，为卸载，表示应力状态由屈服表面向内移动，产生弹性卸载；

（3）当 $\mathrm{d}f = \frac{\partial f}{\partial \sigma_{ij}}\mathrm{d}\sigma_{ij} = 0$ 时，表示应力状态保持在屈服表面向内移动，对应变硬化材料来说，既不会产生塑性流动，也不会发生弹性卸载，这个条件通常称为中性变载。

对于理想塑性材料，当 $f(\sigma_{ij}) = \sigma_s$，$\mathrm{d}f = 0$ 时，塑性流动继续进行，仍为加载，而不存在 $\mathrm{d}f > 0$ 的情况。当 $f(\sigma_{ij}) < \sigma_s$ 时，表示弹性应力状态。

第七节 各向异性材料的屈服准则

针对各向同性材料来说，屈雷斯加和米塞斯屈服准则虽然理论上能在假设无包申格效应的情况下用于应变硬化材料。但是，初始为各向同性材料受到塑性变形时，由于滑移机理的特征，结晶轴有趋势转到最合适的方位。因此，在塑性变形时，材料有增加各向异性的趋向。所有工程材料在室温下塑性变形时都呈现某种程度的各向异性，以致金属的应力应变关系在不同方向上有所不同，各向异性的程度及其性质可以认为取决于先前的金属成形工序和热处理。各向异性对工程材料变形的影响在锻造、挤压、拉拔等金属成形工序中不很重要的。但是，在金属板料成形时，具有相当的重要性。

在 1948 年杰克逊（Jackson）等及 1949 年道恩（Dorn）提出了关于薄金属板的各向异性的理论。希尔（Hill）提出的理论，考虑到相对简单的正交异性，也就是在任何一点上三个相互垂直的平面的交线被认为是各向异性的主轴。这些轴线在变形材料的不同点上可以是不同的，甚至在线变形时，对给定的单元体上方向也可变化。假设轧制薄金属板，某点的各向异性主轴是轧制方向、板平面的横向及与板平面垂直的厚度方向。

由于米塞斯屈服准则是近似地描述了各向同性应变硬化材料的屈服，因而希尔提出一个各向异性材料最简单的屈服准则。当各向异性变得可以忽略不计时，它就简化为米塞斯屈服准则。进一步假设没有包申格效应，各向异性主轴和直角坐标轴重合，希尔建议用应力张量 $\boldsymbol{\sigma}_{ij}$ 的分量来表示各向异性材料的屈服准则：

$$
\begin{aligned}
2f(\boldsymbol{\sigma}_{ij}) = F(\sigma_y-\sigma_z)^2+G(\sigma_z-\sigma_x)^2+H(\sigma_x-\sigma_y)^2+ \\
2L\tau_{yz}^2+2M\tau_{zx}^2+2N\tau_{xy}^2=1
\end{aligned}
\tag{4-19}
$$

式中，F、G、H、L、M 和 N 表示各向异性状态的瞬时参数。应除去式（4-19）中线性项，因为假设没有包申格效应，且静水应力不影响屈服。

假设各向异性的主方向上的拉伸屈服应力分别是 X、Y 和 Z，则可以用下列方程表示关于屈服应力的参数 F、G 和 H：

$$
\left.
\begin{aligned}
\frac{1}{X^2}&=G+H \\
\frac{1}{Y^2}&=F+H \\
\frac{1}{Z^2}&=F+G \\
2F&=\frac{1}{Y^2}+\frac{1}{Z^2}-\frac{1}{X^2} \\
2G&=\frac{1}{Z^2}+\frac{1}{X^2}-\frac{1}{Y^2} \\
2H&=\frac{1}{X^2}+\frac{1}{Y^2}-\frac{1}{Z^2}
\end{aligned}
\right\}
\tag{4-20}
$$

对于 Z 轴回转对称各向异性的条件，等同于 XY 平面内的各向同性。于是，方程 (4-19) 中系数必须是不变量，则可表示为：

$$
\left.
\begin{aligned}
N=F+2H=G+2H \\
L=M
\end{aligned}
\right\}
\tag{4-21}
$$

对于完全球对称，即完全各向同性

$$
L=M=N=3F=3G=3H \tag{4-22}
$$

如果把上述参数的特殊值代入方程（4-19）中，则屈服准则化简为：

$$
(\sigma_x-\sigma_y)^2+(\sigma_y-\sigma_z)^2+(\sigma_z-\sigma_x)^2+6\ (\tau_{xy}^2+\tau_{yz}^2+\tau_{zx}^2)=6K^2=\frac{1}{F} \tag{4-23}
$$

第八节 屈服准则在塑性加工中的应用

在塑性加工中，屈服准则应用得较广泛。例如，进行变形力理论解析时遇到如何正确选用屈服准则问题，还有在处理工艺问题时往往可根据屈服准则的概念控制变形在所需要的部位发生，以下分别进行介绍。

一、屈服准则的正确选用

首先要分清楚是塑性区还是弹性区，它只能用在塑性区，如挤压时的 P 区。对于弹性区或刚性区，如死区 D 及冲头下的金属 A 区以及模口附近的 C 区都不能用屈服准则（图 4-11）。

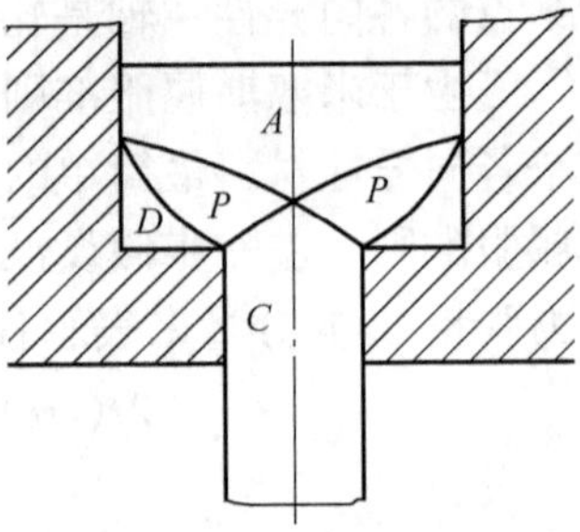

图 4-11 挤压分区图

其次是表达式的选择，对于较简单问题，对于米塞斯准则通常不选用式（4-7）而选用其简化表达式（4-13），即

$$\sigma_1 - \sigma_3 = \beta\sigma_s$$

需注意此时主应力顺序已经是 $\sigma_1 > \sigma_2 > \sigma_3$，这时与屈雷斯加准则 $\sigma_1 - \sigma_3 = \sigma_s$ 基本一致，仅差一个系数 β。此时关键是如何针对具体工序确定哪一个是 σ_1，哪一个是 σ_3。对于异号应力状态，这很容易判断。例如拉拔，轴向拉应力就是 σ_1，径向压应力就是 σ_3。对于平面应力的同号应力状态，关键是确定两个同号应力中的相对大小，这时运用受力分析中的观点会有所帮助，即径向应力的绝对值总是小于其切向应力的绝对值，于是可见对于双拉应力状态（例如胀形，侧壁受内压，轴向受拉）$\sigma_1 = \sigma_\theta$，$\sigma_3 = 0$。对于双压应力状态，例如缩口工序，$\sigma_1 = 0$，$\sigma_3 = \sigma_\theta$。另一个就是 β 的选择问题，简单地说，如果变形接近于平面变形，则取 $\beta = \frac{2}{\sqrt{3}}$；在变形为简单拉伸类（$\mu_\sigma = -1$）或简单压缩类（$\mu_\sigma = 1$）时取 $\beta = 1$；对于应力状态连续变化的变形区，如对板料冲压的多数工序可以近似地取 $\beta = 1.1$。

对于三向同号应力状态，在未知各应力分量具体数值之前很难判断谁大谁小，但根据下章的“应力应变顺序对应规律”由应变（或应变增量）可以反推应力顺序，即对应于主伸长方向的应力就是 σ_1，对应于主缩短方向的应变即为 σ_3。值得注意的是此时应按代数值代入屈服准则，例如，镦粗是 $\sigma_r - \sigma_z = \sigma_s$，式中 σ_r、σ_z 分别代表径向及轴向应力。

二、控制变形产生的部位

当变形体内某处的应力状态满足屈服准则时，该处首先产生塑性变形，为此要控制成形过程，其要点就是要在需要变形的部分让其先满足屈服准则，这方面有很多实例。

通过控制材料的硬度差别可以使硬度低的先变形，例如用模具钢冲头反挤模具型腔，就是将冲头淬硬，被挤模具经软化处理。

对同一工件的不同部位控制不同温度就可以使变形仅在高温部位产生，在生产上应用实例如电热镦及差温拉深。

控制不同的应力状态可以使变形产生的先后及发展的程度有很大的不同，例如采用凹砧镦粗与凸砧镦粗变形所得工件形状就有很大差异（图4-12）。其原因就在于各处所处的应力状态不同，中心部位 B 及 B' 可以看成是单向压缩，而靠近凹砧处 A 点由于工具的作用力使其受三向压应力较 B 处难于满足屈服准则。变形后呈中鼓状，对于靠近凸砧的 A' 点，由于工具的作用使其受两压一拉的异号应力状态，比起中心部位的 B' 更易满足屈服准则，因而先变形，造成两头大中间小。

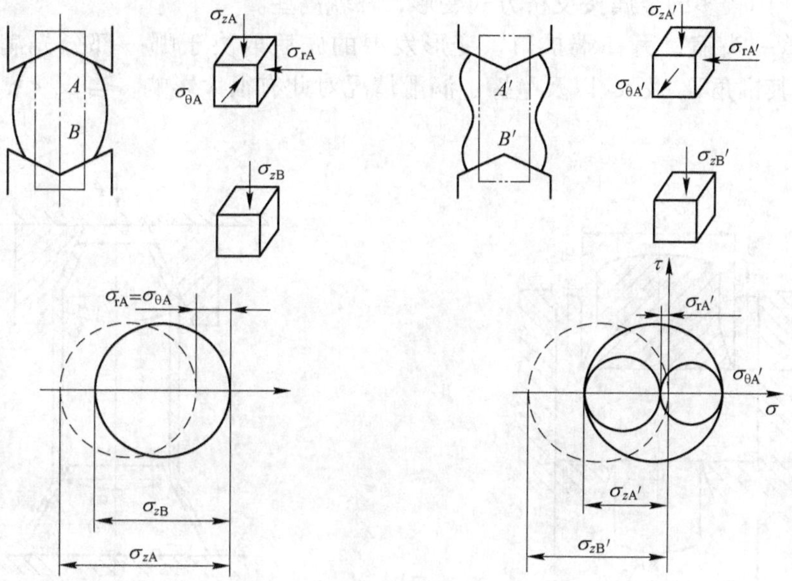

图4-12　凸砧与凹砧对变形的影响

利用摩擦力对主作用力传播的减弱作用也可以造成变形上的差别。图4-13a 表示将管材进行闭式镦粗时，由于力是由冲头传下来的，显然近 A 点处的金属先满足屈服准则，因为侧壁有摩擦力作用，A 点以下金属所承受的压应力显然要较 A 点小，即后满足屈服准则。结果所得工件如图4-13b 所示，口部厚度大于下部，在 B 点附近因所传下来的应力不满足屈服准则，即 $|\sigma| < \sigma_s$，壁厚无变化。在局部压下时，接触面小的部位（如图4-14中 A 点附近）单位压力高，先满足屈服准则，该处变形先产生。在接触面大的部位（如图4-14中 B 点），由于压力被分散，后产生变形，甚至未变形。

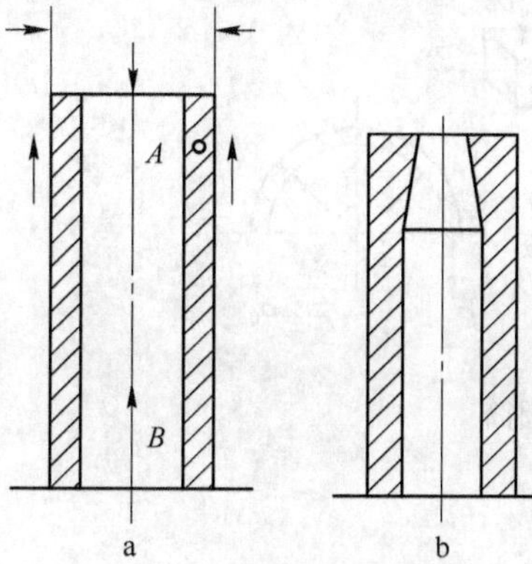

图4-13　管材闭式镦粗

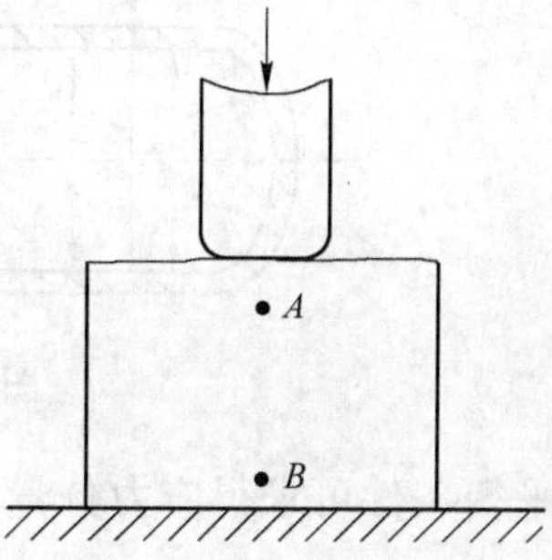

图4-14　平冲头压入

对于复合变形工序，这时变形的顺序及变形发展的程度取决于按哪一个工序先满足屈服条件。例如杯杆复合挤压时（图4-15），金属一部分反挤向上流动形成杯，另一部分正挤压向下流动形成杆，当冲头直径$2D_1$增大使靠近冲头部分金属产生反挤式变形所需的力比下部金属产生正挤式变形所需的变形力大时，将使较多的金属按正挤的方式变形，杆就长些。反之，若模具直径d_2很小，则冲头下部金属满足反挤变形所需的力小于按正挤变形所需的力，则较多的金属按反挤方式变形，杯就高些。

又如薄管一头缩口另一端扩口，变形发展的先后取决于哪一部分先满足屈服准则（图4-16）。其锥角α_1及α_2以及摩擦、润滑情况对此有很大影响，当$\alpha_1<\alpha_2$时，C区先变形。

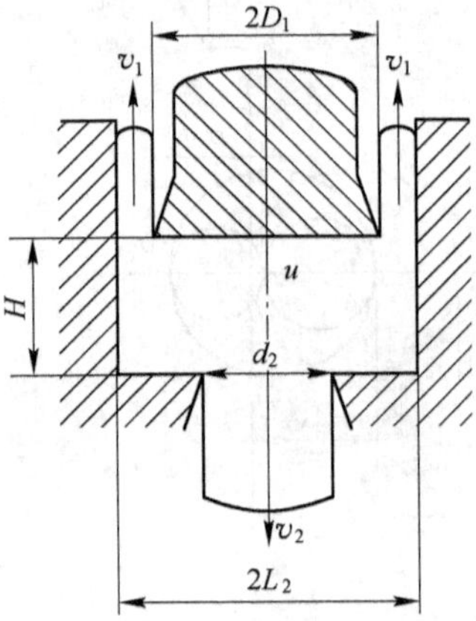

图4-15　复合挤压

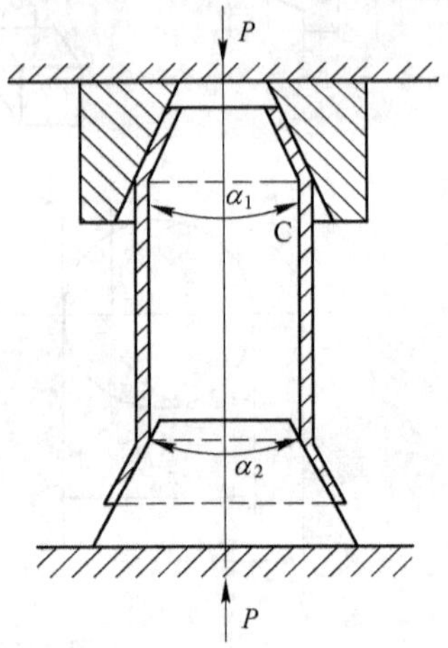

图4-16　缩口扩口复合工序

三、应用实例

例4-1　一个两端封闭的薄壁圆筒，半径为r，壁厚为t，受内压力p的作用（图4-17），试求此圆筒产生屈服时的内压力p（设材料单向拉伸时的屈服应力为σ_s）。

解：先求应力分量。在筒壁选取一单元体，采用圆柱坐标，单元体上的应力分量如图4-17所示。

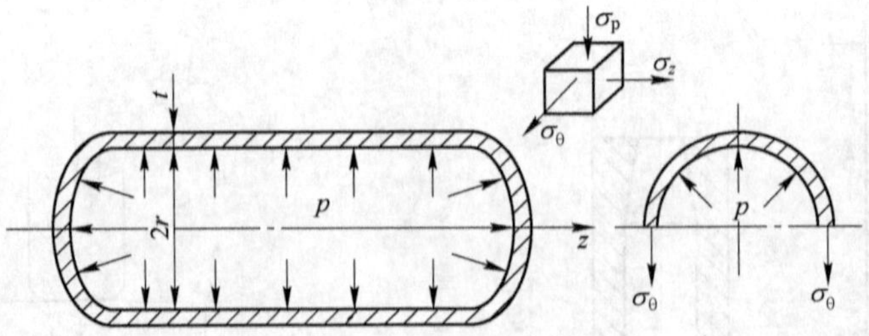

图4-17　受内压的薄壁圆筒

根据平衡条件可求得应力分量为

$$\sigma_z=\frac{p\pi r^2}{2\pi rt}=\frac{pr}{2t}>0$$

$$\sigma_\theta = \frac{p2r}{2t} = \frac{pr}{t} > 0$$

σ_ρ 沿壁厚为线性分布，在内表面 $\sigma_\rho = p$，在外表面 $\sigma_\rho = 0$。

圆筒的内表面首先产生屈服，然后向外层扩展，当外表面产生屈服时，整个圆筒就开始塑性变形，因此应研究圆筒外表面的屈服条件，显然

$$\sigma_1 = \sigma_\theta = \frac{pr}{t}, \sigma_2 = \sigma_z = \frac{pr}{2t}, \sigma_3 = \sigma_\rho = 0$$

（1）由米塞斯屈服准则

$$(\sigma_1 - \sigma_2)^2 + (\sigma_2 - \sigma_3)^2 + (\sigma_3 - \sigma_1)^2 = 2\sigma_s^2$$

即

$$\left(\frac{pr}{t} - \frac{pr}{2t}\right)^2 + \left(\frac{pr}{2t}\right)^2 + \left(\frac{pr}{t}\right)^2 = 2\sigma_s^2$$

所以可求得

$$p = \frac{2}{\sqrt{3}} \frac{t}{r} \sigma_s$$

（2）由屈雷斯加屈服准则

$$\sigma_1 - \sigma_3 = \sigma_s$$

即

$$\frac{pr}{t} - 0 = \sigma_s$$

所以可求得

$$p = \frac{t}{r} \sigma_s$$

用同样的方法也可以求出内表面开始屈服时的 p 值，此时 $\sigma_3 = \sigma_\rho = -p$。

（1）由米塞斯屈服准则

$$p = \frac{2t}{\sqrt{3r^2 + 6rt + 4t^2}} \sigma_s$$

（2）由屈雷斯加屈服准则

$$p = \frac{t}{r + t} \sigma_s$$

习题与思考题

1. 解释下列概念，并绘出其真实应力-应变曲线：理想弹塑性材料、弹塑性硬化材料、理想刚塑性材料、刚塑性硬化材料。
2. 何谓屈服准则，常用的屈服准则有哪两个，如何表达，写出其数学表达式。
3. 两个屈服准则有何差别，在什么状态下两个屈服准则相同，什么状态差别最大？
4. 什么是屈服表面，什么是屈服轨迹？
5. 两个屈服准则在主应力空间是什么形式？
6. 什么是 π 平面，为什么说在 π 平面上的屈服轨迹更能表示出屈服准则的性质？
7. 一直径为 ϕ50mm 的圆柱形试样在无摩擦的光滑平板间压缩，当总压力达到 314kN 时试样屈服。现设在圆柱体周围加上 10MPa 的静水压力，试求试样屈服时所需的总压力。

8. 某理想塑性材料在平面应力状态下的各应力分量为 $\sigma_x=75$，$\sigma_y=15$，$\sigma_z=0$，$\tau_{xy}=15$（应力单位为 MPa），若该应力状态使材料屈服，试问该材料的屈服应力是多少？

9. 某理想塑性材料的屈服应力 $\sigma_s=100\text{MPa}$，试分别用屈雷斯加及米塞斯准则判断下列应力状态处于什么状态（是否存在弹性或塑性）。

$$\begin{pmatrix}100&0&0\\0&0&0\\0&0&100\end{pmatrix}\quad\begin{pmatrix}150&0&0\\0&50&0\\0&0&50\end{pmatrix}\quad\begin{pmatrix}120&0&0\\0&10&0\\0&0&0\end{pmatrix}\quad\begin{pmatrix}50&0&0\\0&-50&0\\0&0&0\end{pmatrix}$$

10. 如图所示，一薄壁管承受拉扭的复合载荷作用而屈服，管壁受均匀的拉应力 σ 和剪应力 τ，试写出这种情况下的屈雷斯加和米塞斯屈服准则表达式。

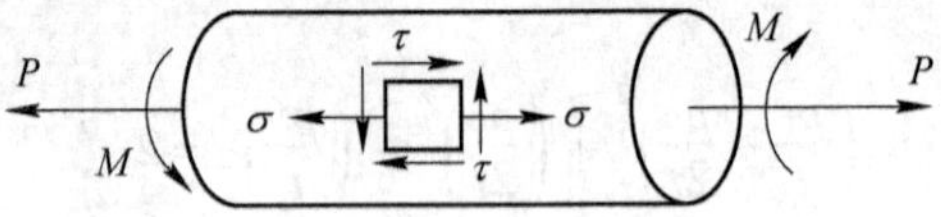

第五章　塑性应力应变关系

前面我们已经系统地分析了一点的应力状态和应变状态，本章则要讨论塑性变形时的应力与应变之间的关系——本构关系，这种关系的数学表达式称为本构方程，也叫物理方程，它和屈服准则一样，是求解塑性成形问题的补充方程。

对于理想塑性材料的某些简单问题，通过平衡微分方程及屈服准则即可求解。但是对于一般问题，可能有 6 个未知的应力分量，而平衡方程和屈服准则最多只能给出 4 个方程，所以是超静定问题，这时就要用到本构方程。

在弹性变形时，弹性全量应变与当时的应力状态有确定的单值关系，即广义虎克定律。在塑性变形时，塑性全量应变与加载历史有关，很难建立起应力应变之间的普遍关系，因此，本章将对此进行重点讨论。

第一节　塑性应力应变关系

为了深入研究塑性应力应变关系，我们首先简单介绍一下弹性应力应变关系。

一、弹性应力应变关系

单向应力状态时的弹性应力应变关系就是熟知的虎克定律，将它推广到一般应力状态的各向同性材料，就叫广义虎克定律：

$$\left.\begin{aligned}\varepsilon_x &= \frac{1}{E}[\sigma_x - \nu(\sigma_y + \sigma_z)];\gamma_{yz} = \frac{1}{2G}\tau_{yz}\\ \varepsilon_y &= \frac{1}{E}[\sigma_y - \nu(\sigma_z + \sigma_x)];\gamma_{zx} = \frac{1}{2G}\tau_{zx}\\ \varepsilon_z &= \frac{1}{E}[\sigma_z - \nu(\sigma_x + \sigma_y)];\gamma_{xy} = \frac{1}{2G}\tau_{xy}\end{aligned}\right\} \tag{5-1}$$

式中　E——弹性模数；

ν——泊松比；

G——剪切模数。

三个弹性常数 E、ν、G 之间有以下关系

$$G = \frac{E}{2(1+\nu)} \tag{5-2}$$

弹性变形中包含了体积变化和形状变化，我们可以分别写出它们和应力之间的关系。将式（5-1）的前三式相加，整理后得

$$\varepsilon_m = \frac{1-2\nu}{E}\sigma_m \tag{5-3}$$

式中，ε_m、σ_m 为平均应变和平均应力。由式（3-42）可知，平均应变 ε_m 等于体积变化率

Δ 的 1/3，故上式就可表示弹性体积变化和平均应力也即静水应力之间的关系。

将式（5-1）中的第一式减去式（5-3），可得

$$\varepsilon_x - \varepsilon_m = \frac{1+\nu}{E}(\sigma_x - \sigma_m) = \frac{1}{2G}(\sigma_x - \sigma_m)$$

也即
$$\varepsilon'_x = \frac{1}{2G}\sigma'_x$$

同理
$$\varepsilon'_y = \frac{1}{2G}\sigma'_y$$

$$\varepsilon'_z = \frac{1}{2G}\sigma'_z$$

上列三式可以和式（5-1）的后三式合并写成

$$\boldsymbol{\varepsilon}'_{ij} = \frac{1}{2G}\boldsymbol{\sigma}'_{ij} \tag{5-4}$$

上式表示了应变偏张量和应力偏张量之间的关系，也即表明物体形状的改变只是由应力偏张量引起的。

由式（3-47）可知，应变张量可以分解成偏张量和球张量

$$\boldsymbol{\varepsilon}_{ij} = \boldsymbol{\varepsilon}'_{ij} + \boldsymbol{\delta}_{ij}\boldsymbol{\varepsilon}_m$$

将式（5-3）及式（5-4）代入上式，就可得到广义虎克定律的张量表达式：

$$\boldsymbol{\varepsilon}_{ij} = \frac{1}{2G}\boldsymbol{\sigma}'_{ij} + \frac{1-2\nu}{E}\sigma_m\boldsymbol{\delta}_{ij} \tag{5-5}$$

由以上分析，可得弹性变形时的应力应变关系具有如下特点：

（1）应力与应变完全成线性关系，所以应力主轴和应变主轴重合；

（2）由于弹性变形是可逆的，所以应力与应变之间是单值关系，如六个应力分量已知，即可由广义虎克定律求出六个应变分量，反过来也一样，也就是说一种应力状态总是对应一种应变状态，而与加载路线无关；

（3）弹性变形时，应力球张量使物体产生弹性体积变化，所以泊松比 $\nu < 0.5$。

二、塑性应力应变关系的特点

塑性变形时全量应变与应力之间的关系有如下特点：

（1）由于应力与应变之间的关系是非线性的，因此，全量应变与应力的主轴不一定重合；

（2）塑性变形是不可逆的，与加载历史或应变路线有关，所以应力与应变之间没有一般的单值关系；

（3）塑性变形可以认为体积不变。应变球张量为零，泊松比 $\nu = 0.5$。

如图 5-1 所示，对于理想塑性材料，即使在单向应力状态下应变并不能由应力单值决定（图中的虚线）。对于应变硬化材料，由 σ_s 加载到 σ_e，对应的应变为 ε_e；如果由 σ_f 卸载到 σ_e，则应变为 ε'_f，显然 $\varepsilon_e \neq \varepsilon'_f$，说明同一应力状态可以有不同的应变状态与之对应，所以它们不是单值关系。

下面再举例作进一步说明。设材料的初始屈服轨迹如图 5-2b 中的 *AB* 曲线所示。现将材料先单向拉伸至屈服点 *A*（图 5-2a），再继续拉伸达到 *C* 点，*CFD* 为后继屈服轨迹，此

时材料中的应力为 σ_c，而得到的应变为 $\varepsilon_1=\varepsilon_c$、$\varepsilon_2=\varepsilon_3=-\frac{\varepsilon_c}{2}$。由于塑性变形不可逆，$\varepsilon_c$、$-\frac{\varepsilon_c}{2}$、$-\frac{\varepsilon_c}{2}$不能恢复，保留在物体中。因此，若卸载至 E 点，再施加剪应力到后继屈服轨迹 CD 上的 F 点，此时应力为 σ_f、τ_f，由于 F 点和 C 点在同一后继屈服轨迹上，等效应力没有增加，不能进一步变形，所以应变状态并无变化，应变状态仍为 ε_c、$-\frac{\varepsilon_c}{2}$、$-\frac{\varepsilon_c}{2}$。因此，应力与应变不对应。同理，只要通过后继屈服轨迹 CD 里面的任一加载路线（如 $OACJF$）到达 F 点，情况也是如此。

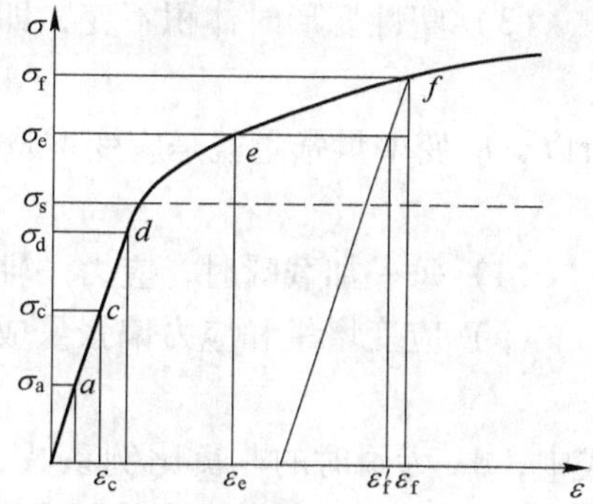

图 5-1　单向拉伸时的应力-应变关系

从上述的例子可以看出：同样的一种应力状态，由于加载路线不同，就有几种应变状态与之对应；同样，一种应变状态，也可有几种应力状态对应。从上述简单的例子中，我们可以看到，离开加载路线来建立应力与全量塑性应变之间的普遍关系是不可能的。

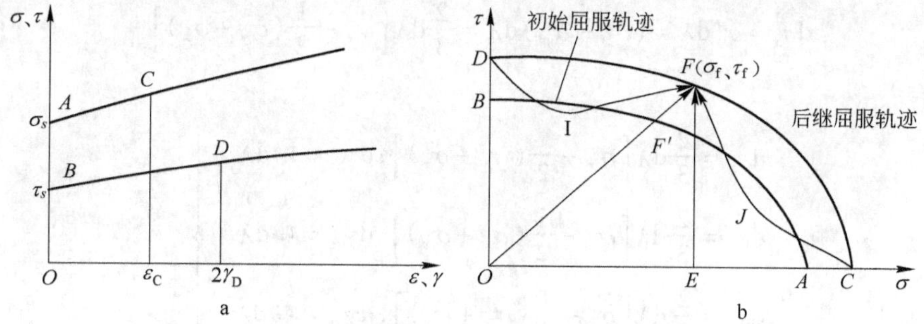

图 5-2　加载路线不同时的应力与应变

第二节　塑性变形的增量理论

增量理论又称流动理论，是描述材料处于塑性状态时，应力与应变增量或应变速率之间关系的理论。由于它是针对加载过程的每一瞬间，认为应力状态确定的不是全量应变，而是该瞬时的应变增量，这样就撇开了加载路线和加载历史的影响。

一、列维-米塞斯方程

列维和米塞斯分别在 1871 年和 1913 年建立了刚塑性材料的塑性流动理论，其理论中包含以下几个假定：

（1）材料是理想刚塑性材料，也即弹性应变增量为零，塑性应变增量就是总应变增量；

（2）材料符合米塞斯屈服准则，即 $\overline{\sigma}=\sigma_s$；

(3) 塑性变形时体积不变，即

$$d\varepsilon_x + d\varepsilon_y + d\varepsilon_z = d\varepsilon_1 + d\varepsilon_2 + d\varepsilon_3 = 0$$

所以，应变增量张量就是应变增量的偏张量，即

$$d\boldsymbol{\varepsilon}_{ij} = d\boldsymbol{\varepsilon}'_{ij}$$

(4) 每一加载瞬时，应力主轴和应变增量的主轴重合；

(5) 应变增量和应力偏张量成正比，即

$$d\boldsymbol{\varepsilon}_{ij} = \boldsymbol{\sigma}'_{ij} d\lambda \tag{5-6}$$

式中，$d\lambda$ 为瞬时的非负比例系数，它在变形过程中是变化的，但在卸载时，$d\lambda = 0$。上式称为列维-米塞斯方程，其形式和广义虎克定律的表达式（5-4）很相似。

列维-米塞斯方程还可以写成比例形式和差比形式：

$$\frac{d\varepsilon_x}{\sigma'_x} = \frac{d\varepsilon_y}{\sigma'_y} = \frac{d\varepsilon_z}{\sigma'_z} = \frac{d\gamma_{xy}}{\tau_{xy}} = \frac{d\gamma_{yz}}{\tau_{yz}} = \frac{d\gamma_{zx}}{\tau_{zx}} = d\lambda \tag{5-7}$$

及

$$\frac{d\varepsilon_x - d\varepsilon_y}{\sigma_x - \sigma_y} = \frac{d\varepsilon_y - d\varepsilon_z}{\sigma_y - \sigma_z} = \frac{d\varepsilon_z - d\varepsilon_x}{\sigma_z - \sigma_x} = d\lambda \tag{5-8}$$

或

$$\frac{d\varepsilon_1 - d\varepsilon_2}{\sigma_1 - \sigma_2} = \frac{d\varepsilon_2 - d\varepsilon_3}{\sigma_2 - \sigma_3} = \frac{d\varepsilon_3 - d\varepsilon_1}{\sigma_3 - \sigma_1} = d\lambda \tag{5-8a}$$

式（5-6）还可以写成广义表达式，因为

$$d\varepsilon_x = \sigma'_x d\lambda = (\sigma_x - \sigma_m) d\lambda = \frac{2}{3} d\lambda \left[\sigma_x - \frac{1}{2}(\sigma_y + \sigma_z) \right]$$

于是有

$$\left.\begin{aligned}
d\varepsilon_x &= \frac{2}{3} d\lambda \left[\sigma_x - \frac{1}{2}(\sigma_y + \sigma_z) \right]; d\gamma_{yz} = \tau_{yz} d\lambda \\
d\varepsilon_y &= \frac{2}{3} d\lambda \left[\sigma_y - \frac{1}{2}(\sigma_z + \sigma_x) \right]; d\gamma_{zx} = \tau_{zx} d\lambda \\
d\varepsilon_z &= \frac{2}{3} d\lambda \left[\sigma_z - \frac{1}{2}(\sigma_x + \sigma_y) \right]; d\gamma_{xy} = \tau_{xy} d\lambda
\end{aligned}\right\} \tag{5-9}$$

比例系数 $d\lambda$ 可按如下方法确定，将式（5-8a）分成三个式子，平方后相加得

$$\frac{9}{2} d\bar{\varepsilon}^2 = 2\bar{\sigma}^2 (d\lambda)^2$$

所以

$$d\lambda = \frac{3}{2} \frac{d\bar{\varepsilon}}{\bar{\sigma}} \tag{5-10}$$

二、圣维南塑性流动方程

在 dt 时间间隔内产生的应变增量 $d\varepsilon$ 称为应变速率 $\dot{\varepsilon}$，则由式（5-6）得

$$\dot{\varepsilon}_{ij} = \frac{d\boldsymbol{\varepsilon}_{ij}}{dt} = \frac{d\lambda}{dt} \sigma'_{ij}$$

设 $\frac{d\lambda}{dt} = \dot{\lambda}$，由式（5-10）得 $\dot{\lambda} = \frac{3}{2} \frac{\dot{\bar{\varepsilon}}}{\bar{\sigma}}$，$\dot{\bar{\varepsilon}}$ 称为等效应变速率，于是

$$\dot{\varepsilon}_{ij} = \dot{\lambda} \sigma'_{ij} \tag{5-11}$$

上式就是应力—应变速率方程，也即圣维南塑性流动方程。如果不考虑应变速率对材

料性质的影响，该式与列维-米塞斯方程是一致的。它同样可写成广义表达式

$$\left.\begin{aligned}\dot{\varepsilon}_x &= \frac{\dot{\bar{\varepsilon}}}{\bar{\sigma}}\left[\sigma_x - \frac{1}{2}(\sigma_y + \sigma_z)\right]; \dot{\gamma}_{yz} = \frac{3}{2}\frac{\dot{\bar{\varepsilon}}}{\bar{\sigma}}\tau_{yz} \\ \dot{\varepsilon}_y &= \frac{\dot{\bar{\varepsilon}}}{\bar{\sigma}}\left[\sigma_y - \frac{1}{2}(\sigma_z + \sigma_x)\right]; \dot{\gamma}_{zx} = \frac{3}{2}\frac{\dot{\bar{\varepsilon}}}{\bar{\sigma}}\tau_{zx} \\ \dot{\varepsilon}_z &= \frac{\dot{\bar{\varepsilon}}}{\bar{\sigma}}\left[\sigma_z - \frac{1}{2}(\sigma_x + \sigma_y)\right]; \dot{\gamma}_{xy} = \frac{3}{2}\frac{\dot{\bar{\varepsilon}}}{\bar{\sigma}}\tau_{xy}\end{aligned}\right\} \tag{5-12}$$

三、普朗特-劳斯方程

普朗特和劳斯在列维-米塞斯方程的基础上进一步考虑了弹性变形，他们认为，在塑性变形时，总应变增量 $\mathrm{d}\boldsymbol{\varepsilon}_{ij}$ 是塑性应变增量 $\mathrm{d}\varepsilon_{ij}^{p}$ 及弹性应变增量 $\mathrm{d}\varepsilon_{ij}^{e}$ 之和，即

$$\mathrm{d}\boldsymbol{\varepsilon}_{ij} = \mathrm{d}\varepsilon_{ij}^{p} + \mathrm{d}\varepsilon_{ij}^{e} \tag{5-13}$$

式中，$\mathrm{d}\varepsilon_{ij}^{p}$ 和应力之间的关系与列维-米塞斯方程相同：

$$\mathrm{d}\varepsilon_{ij}^{p} = \mathrm{d}\lambda\sigma'_{ij} = \frac{3}{2}\frac{\mathrm{d}\bar{\varepsilon}^{p}}{\bar{\sigma}}\sigma'_{ij}$$

弹性应变增量 $\mathrm{d}\varepsilon_{ij}^{e}$ 则可由式（5-5）微分得到

$$\mathrm{d}\varepsilon_{ij}^{e} = \frac{1}{2G}\mathrm{d}\sigma'_{ij} + \frac{1-2\nu}{E}\mathrm{d}\sigma_m\delta_{ij}$$

将以上两式代入式（5-13），即可得到普朗特-劳斯方程

$$\mathrm{d}\boldsymbol{\varepsilon}_{ij} = \mathrm{d}\lambda\sigma'_{ij} + \frac{1}{2G}\mathrm{d}\boldsymbol{\sigma}'_{ij} + \frac{1-2\nu}{E}\mathrm{d}\sigma_m\delta_{ij} \tag{5-14}$$

上式也可分写成

$$\left.\begin{aligned}\mathrm{d}\boldsymbol{\varepsilon}'_{ij} &= \boldsymbol{\sigma}'_{ij}\mathrm{d}\lambda + \frac{1}{2G}\mathrm{d}\sigma'_{ij} \\ \mathrm{d}\varepsilon_m &= \frac{1-2\nu}{E}\mathrm{d}\sigma_m\end{aligned}\right\} \tag{5-15}$$

通过上面的分析可知，普朗特-劳斯方程与列维-米塞斯方程的差别就在于前者考虑了弹性变形而后者不考虑弹性变形，也就是说，列维-米塞斯方程仅适用于大应变，无法求弹性恢复及残余应力场，而普朗特-劳斯方程主要用于小应变及求解弹性恢复和残余应力场。另外，上述两个方程所研究的整个变形过程由各瞬时段的变形积累而得，因此这些增量理论能表达加载过程的历史对变形的影响，能反映出复杂加载情况。

第三节 塑性变形的全量理论

全量理论又称形变理论，它建立了塑性变形的全量应变与应力之间的关系。对于小弹塑性变形，可以认为应力主轴与全量应变主轴重合。而在大塑性变形时，只有满足简单加载条件，其应力主轴才与全量应变主轴重合。所谓简单加载，是指在加载过程中任一点的各应力分量都按同一比例增加，因此也叫比例加载。由于应力分量按同一比例增加，应力主轴的方向将固定不变，而应变增量主轴和应力主轴是重合的，所以它的主轴也将保持不变，在这种情况下，对应变增量进行积分便可得到全量应变。全量理论最早是由汉基于

1924年提出，如果假定是刚塑性材料，则可用全量应变 ε_{ij} 代替列维-米塞斯方程中的应变增量 $d\boldsymbol{\varepsilon}_{ij}$，即

$$\boldsymbol{\varepsilon}_{ij} = \lambda \sigma'_{ij} \tag{5-16}$$

式中，比例系数 $\lambda = \frac{3}{2}\frac{\bar{\varepsilon}^p}{\bar{\sigma}}$，上式也可写成广义表达式：

$$\left.\begin{aligned}
\varepsilon_x &= \frac{2}{3}\lambda\left[\sigma_x - \frac{1}{2}(\sigma_y + \sigma_z)\right]; \gamma_{yz} = \lambda\tau_{yz} \\
\varepsilon_y &= \frac{2}{3}\lambda\left[\sigma_y - \frac{1}{2}(\sigma_z + \sigma_x)\right]; \gamma_{zx} = \lambda\tau_{zx} \\
\varepsilon_z &= \frac{2}{3}\lambda\left[\sigma_z - \frac{1}{2}(\sigma_x + \sigma_y)\right]; \gamma_{xy} = \lambda\tau_{xy}
\end{aligned}\right\} \tag{5-16a}$$

如果是弹塑性材料的小变形，则同时要考虑弹性变形。此时汉基方程为

$$\left.\begin{aligned}
\boldsymbol{\varepsilon}'_{ij} &= \left(\lambda + \frac{1}{2G}\right)\sigma'_{ij} \\
\varepsilon_m &= \frac{1-2\nu}{E}\sigma_m
\end{aligned}\right\} \tag{5-17}$$

将式（5-17）与广义虎克定律做一对比，将有助于对汉基方程的理解。如果我们引入一个符号 G'（它也可叫做塑性剪切模数），使得

$$\frac{1}{2G'} = \left(\lambda + \frac{1}{2G}\right)$$

则式（5-17）的第一式即可写成

$$\boldsymbol{\varepsilon}'_{ij} = \frac{1}{2G'}\sigma'_{ij} \tag{5-17a}$$

这样便和广义虎克定律的式(5-3)和式(5-4)在形式上是一样的,区别仅在于 G 是材料的常数,而 G' 是随变形过程而变。G' 可用推导 $d\lambda$ 的方法得到,G 则由式(5-4)推得,即

$$\left.\begin{aligned}
\frac{1}{2G'} &= \frac{3}{2}\frac{\bar{\varepsilon}}{\bar{\sigma}} \\
\frac{1}{2G} &= \frac{3}{2}\frac{\bar{\varepsilon}^e}{\bar{\sigma}}
\end{aligned}\right\} \tag{5-18}$$

所以我们可以把小变形全量理论看成是广义虎克定律在小塑性变形中的推广。而且小变形全量理论中也已经包含了广义虎克定律。

通过对增量理论和全量理论的分析可知，在塑性成形中，由于难以普遍保证简单加载，所以一般都采用增量理论，其中主要是列维-米塞斯方程或圣维南流动方程。但应指出，塑性成形理论中很重要的问题之一是求变形力，这时一般只需研究变形过程中某一特定瞬间的极其短暂的变形，如果我们以变形体在该瞬时的形状、尺寸及性能作为原始状态，那么小变形全量理论和增量理论可以认为是一致的。

第四节　应力应变顺序对应规律

前述增量理论及全量理论都直接给出应力偏张量与应变增量或全量应变之间的定量

关系，但变形体内的应变分布通常很难定量了解，即使知道了，还要求出偏量进而求全量应变，计算是非常烦琐的。如果按增量理论计算还需要对已求出的应变增量进行积分，其计算量就可想而知了。从工程的角度来看，对于一些复杂的问题，哪怕能给出定性结果也很可贵。根据增量理论及全量理论的共同点，可以确定应力应变顺序的对应规律。

塑性变形时，当主应力顺序 $\sigma_1 > \sigma_2 > \sigma_3$ 不变，且应变主轴方向不变时，则主应变的顺序与主应力顺序相对应，即 $\varepsilon_1 > \varepsilon_2 > \varepsilon_3$（$\varepsilon_1 > 0$，$\varepsilon_3 < 0$）；当 $\sigma_2 \gtreqless \frac{\sigma_1 + \sigma_3}{2}$ 的关系保持不变时，相应地有 $\varepsilon_2 \gtreqless 0$。

这种规律的前一部分称为应力应变“顺序对应关系”，后一部分称为应力应变的“中间关系”。它们统称为应力应变顺序对应规律。这种规律实质是将增量理论的定量描述变为一种定性判断。它虽然不能给出各方向全量应变的定量结果，但可以说明应力在一定范围内变化时各方向上全量应变的相对大小，进而可以推断出尺寸的相对变化。现证明如下：

在应力顺序始终保持不变的情况下，例如 $\sigma_1 > \sigma_2 > \sigma_3$，则应力偏量分量的顺序也是不变的，即

$$(\sigma_1 - \sigma_m) > (\sigma_2 - \sigma_m) > (\sigma_3 - \sigma_m) \tag{5-19}$$

根据列维-米塞斯方程式（5-6），在主应力条件下可以写成如下形式：

$$\frac{d\varepsilon_1}{\sigma_1 - \sigma_m} = \frac{d\varepsilon_2}{\sigma_2 - \sigma_m} = \frac{d\varepsilon_3}{\sigma_3 - \sigma_m} = d\lambda \tag{5-20}$$

将式（5-19）代入式（5-20），则

$$d\varepsilon_1 > d\varepsilon_2 > d\varepsilon_3 \tag{5-21}$$

对于初始应变为零的应变过程，可视为几个阶段所组成，在时间间隔 t_1 中，应变增量为：

$$d\varepsilon_1|_{t_1} = (\sigma_1 - \sigma_m)|_{t_1} d\lambda_1$$
$$d\varepsilon_2|_{t_1} = (\sigma_2 - \sigma_m)|_{t_1} d\lambda_1$$
$$d\varepsilon_3|_{t_1} = (\sigma_3 - \sigma_m)|_{t_1} d\lambda_1$$

在时间间隔 t_2 中同理有：

$$d\varepsilon_1|_{t_2} = (\sigma_1 - \sigma_m)|_{t_2} d\lambda_2$$
$$d\varepsilon_2|_{t_2} = (\sigma_2 - \sigma_m)|_{t_2} d\lambda_2$$
$$d\varepsilon_3|_{t_2} = (\sigma_3 - \sigma_m)|_{t_2} d\lambda_2$$

在时间间隔 t_n 中也将有：

$$d\varepsilon_1|_{t_n} = (\sigma_1 - \sigma_m)|_{t_n} d\lambda_n$$
$$d\varepsilon_2|_{t_n} = (\sigma_2 - \sigma_m)|_{t_n} d\lambda_n$$
$$d\varepsilon_3|_{t_n} = (\sigma_3 - \sigma_m)|_{t_n} d\lambda_n$$

由于主轴方向不变，各方向的全量应变（总应变）等于各阶段应变增量之和，即

$$\varepsilon_1 = \sum d\varepsilon_1$$
$$\varepsilon_2 = \sum d\varepsilon_2$$
$$\varepsilon_3 = \sum d\varepsilon_3$$

$$\varepsilon_1-\varepsilon_2=(\sigma_1-\sigma_2)\,|_{t1}\mathrm{d}\lambda_1+(\sigma_1-\sigma_2)\,|_{t2}\mathrm{d}\lambda_2+\cdots+(\sigma_1-\sigma_2)\,|_{tn}\mathrm{d}\lambda_n \tag{5-22}$$

由于始终保持 $\sigma_1>\sigma_2$，故有

$$(\sigma_1-\sigma_2)\,|_{t1}>0,(\sigma_1-\sigma_2)\,|_{t2}>0,\cdots,(\sigma_1-\sigma_2)\,|_{tn}>0,$$

且因 $\mathrm{d}\lambda_1$，$\mathrm{d}\lambda_2$，…，$\mathrm{d}\lambda_n$ 皆大于零，于是式（5-22）右端恒大于零，即

$$\varepsilon_1>\varepsilon_2 \tag{5-23}$$

同理有

$$\varepsilon_2>\varepsilon_3 \tag{5-24}$$

汇总式（5-23）和式（5-24），可得

$$\varepsilon_1>\varepsilon_2>\varepsilon_3$$

即应力应变的“顺序对应关系”得到证明。

又根据体积不变条件

$$\varepsilon_1+\varepsilon_2+\varepsilon_3=0$$

因此有 $\varepsilon_1>0$，$\varepsilon_3<0$。

至于沿中间主应力 σ_2 方向的应变 ε_2 的符号需根据 σ_2 的大小来定。在前述变形过程的几个阶段中，ε_2 可按下式计算：

$$\varepsilon_2=(\sigma_2-\sigma_m)\,|_{t1}\,\mathrm{d}\lambda_1+(\sigma_2-\sigma_m)\,|_{t2}\,\mathrm{d}\lambda_2+\cdots+(\sigma_2-\sigma_m)\,|_{tn}\,\mathrm{d}\lambda_n$$

若变形过程中保持 $\sigma_2>\dfrac{\sigma_1+\sigma_3}{2}$，即 $\sigma_2>\sigma_m$，由于 $\mathrm{d}\lambda_1>0$，$\mathrm{d}\lambda_2>0$，…，$\mathrm{d}\lambda_n>0$，则上式右端恒大于零，即

$$\varepsilon_2>0$$

同理可证，当 $\sigma_2<\dfrac{\sigma_1+\sigma_3}{2}$ 时，有

$$\varepsilon_2<0$$

当 $\sigma_2=\dfrac{\sigma_1+\sigma_3}{2}$ 时，有

$$\varepsilon_2=0$$

汇总起来，即当

$$\sigma_2 \begin{matrix}>\\=\\<\end{matrix} \frac{\sigma_1+\sigma_3}{2}$$

则有

$$\varepsilon_2 \begin{matrix}>\\=\\<\end{matrix} 0$$

即应力应变的“中间关系”得到证明。

应当强调，以上证明是根据增量理论导出的全量应变定性表达式，不应误认为是从全量理论导出的。

进一步分析可以看出，应力应变中间关系是决定变形类型的依据。现在来分析中间应力 $\sigma_2 \begin{matrix}>\\=\\<\end{matrix} \dfrac{\sigma_1+\sigma_3}{2}$ 对应变类型的影响。

当 $\sigma_2=\dfrac{\sigma_1+\sigma_3}{2}$ 时，$\varepsilon_2=0$，则应变状态为 $\varepsilon_1>0$，$\varepsilon_2=0$，$\varepsilon_3<0$，且由体积不变条件

可知 $\varepsilon_1 = -\varepsilon_3$，属于平面变形。

当 $\sigma_2 > \dfrac{\sigma_1 + \sigma_3}{2}$ 时，$\varepsilon_2 > 0$，则应变状态为 $\varepsilon_1 > 0$，$\varepsilon_2 > 0$，$\varepsilon_3 < 0$，属于压缩类变形。

当 $\sigma_2 < \dfrac{\sigma_1 + \sigma_3}{2}$ 时，$\varepsilon_2 < 0$，则应变状态为 $\varepsilon_1 > 0$，$\varepsilon_2 < 0$，$\varepsilon_3 < 0$，属于伸长类变形。

第五节　屈服图形上的应力分区及其与塑性成形时工件尺寸变化的关系

前面已分别论述了屈服准则及应力应变关系理论，下面将讨论这两者之间的关系能否结合具体塑性成形工序从屈服图形（屈服表面或屈服轨迹）上表示出来。这里需解决两个问题，首先，根据特定塑性成形工序的受力分析找出它在屈服图形上所处的部位，进而找出变形区中不同点在屈服图形上所对应的加载轨迹；其次，根据应力应变顺序对应规律将屈服图形上的应力状态按产生的应变（增量）类型进行区分，找出工件各部分尺寸变化的趋势。

现以薄板成形为例分析轴对称平面应力状态下屈服轨迹上的应力分区及典型平面应力工序的加载轨迹。

设板厚方向应力为零，即 $\sigma_t = 0$。对于由 σ_ρ、σ_θ 为坐标轴所描述的应力椭圆方程（米塞斯屈服准则）为：

$$\sigma_\rho^2 - \sigma_\rho \sigma_\theta + \sigma_\theta^2 = \sigma_s^2$$

其图形（屈服轨迹）如图 5-3 所示。

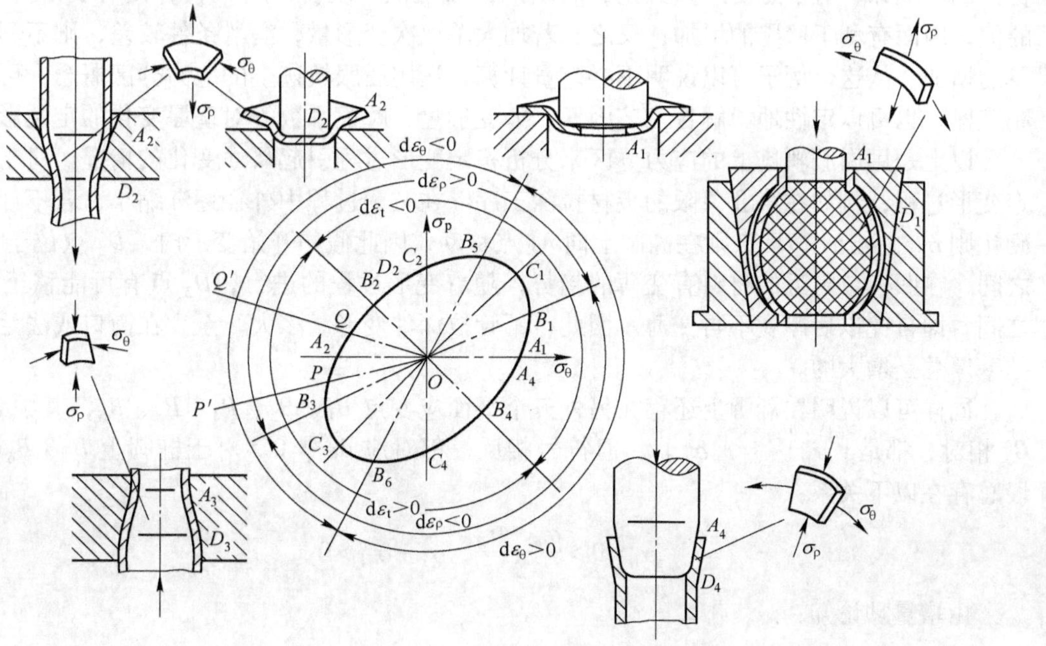

图 5-3　轴对称平面应力状态下屈服轨迹应力分区

从图可以看到，该椭圆第Ⅰ象限，$\sigma_\rho > 0$，$\sigma_\theta > 0$，这与胀形及翻孔工序相对应。在第Ⅱ象限，$\sigma_\rho > 0$，$\sigma_\theta < 0$，这与拉深及拉拔工序相对应。在第Ⅲ象限，$\sigma_\rho < 0$，$\sigma_\theta < 0$，这与缩口工序相对应。在第Ⅳ象限，$\sigma_\rho < 0$，$\sigma_\theta > 0$，这与扩口工序相对应。进一步分析，变形金属由开始变形至变形结束相当于沿屈服轨迹走一段距离。例如，对于拉拔工序，凹模入口处 A_2 为 $\sigma_\rho = 0$，$\sigma_\theta = -\sigma_s$，随着变形的发展由椭圆上 A_2 出发沿椭圆向 C_2 前进，凹模出口处 D_2 在椭圆上所对应点的位置取决于 σ_ρ 值的大小。若变形量小，润滑好，则 σ_ρ 较小，D_2 点可能落在 A_2B_2 区间；若变形量大，润滑效果差，则 D_2 点落在 B_2C_2 之间。图中 B_2 点的应力状态按顺序为：$\sigma_1 = \sigma_\rho$，$\sigma_2 = \sigma_t = 0$，$\sigma_3 = \sigma_\theta = -\sigma_\rho$，即此时中间主应力 $\sigma_2 = \sigma_t = \dfrac{\sigma_1 + \sigma_3}{2}$，由此可见沿该方向的应变增量为零，即 $d\varepsilon_t = 0$，即厚度不变。对于 A_2B_2 区间，恒满足 $\sigma_2 = \sigma_t > \dfrac{\sigma_\rho + \sigma_\theta}{2}$，由应力应变顺序对应规律可以判断在 A_2B_2 区：$d\varepsilon_\rho > 0$，即长度增加，$d\varepsilon_t > 0$，即厚度增加，$d\varepsilon_\theta < 0$，即圆周缩小。如果轴向拉应力 σ_ρ 不大，例如薄管拉拔，变形后壁总厚增加。对于 B_2C_2 区，σ_ρ 仍为最大主应力 σ_1，σ_θ 仍为最小主应力 σ_3，沿厚度方向的主应力 $\sigma_t = \sigma_2$ 仍等于零，但此时

$$\sigma_t = \sigma_2 < \frac{\sigma_\rho + \sigma_\theta}{2}$$

由应力应变顺序对应规律可以判断在 B_2C_2 区，$d\varepsilon_\rho > 0$，$d\varepsilon_\theta < 0$，厚度方向从 B_2 点开始减薄，$d\varepsilon_t < 0$。但是对于管材拉拔，实际变形过程总是从 A_2 点开始，在一个比值变化的应力场中加载，如果变形终点 D_2 接近 B_2，则由于总的加载历史中是 $d\varepsilon_2 > 0$，因此最终的 $\varepsilon_2 > 0$，即厚度增加。若 D_2 点接近 C_2 点，则壁厚方向经历了在 A_2B_2 区间增加而后从 B_2 点向 C_2 点减小的变化过程，最终厚度变化难于估算，但是根据以上了解仍可对管子壁厚进行控制。例如，对于总变形量一定，若增加拉拔道次，改善润滑条件，则有利于降低 σ_ρ 的值，因而有利于壁厚的增加；反之，若加大单道次变形量，润滑条件较差，则不利于壁厚的增加。从这个例子可以说明不必定量计算，运用屈服轨迹上的应力分区概念，可以控制壁厚，也可以定性地了解各工艺因素，如变形量、摩擦系数等对壁厚变化的定性影响。

以上是用屈服轨迹上的应力分区来分析稳定变形过程引起尺寸变化的情况。对于非稳定变形过程，例如在第Ⅱ象限的板材拉深工序，在拉深过程中外径逐渐缩小，若不计加工硬化则 σ_ρ 也减小，D_2 点则在椭圆上向 A_2 点移动，因此假如开始变形时，D_2 点位于 B_2C_2 之间，在凹模口附近的材料有变薄的趋势，随着变形过程的进行，D_2 点有可能移至 A_2B_2 之间，即自此以后厚度不再变薄。因此，不管拉深件变形量多大，至少在筒口或法兰外缘处壁厚总是增大的。

同样可以说明在椭圆上还存在另外五个平面应变点 B_1、B_3、B_4、B_5、B_6，其中 B_4 与 B_2 相对，都是 $|\sigma_\rho| = |\sigma_\theta|$，但符号相反，都对应 $d\varepsilon_t = 0$。对于椭圆上 $B_2B_3B_6B_4$ 区段总存在以下关系：

$$\sigma_t = 0 > \frac{\sigma_\rho + \sigma_\theta}{2}, \quad \sigma_t - \sigma_m > 0$$

由增量理论知：

$$\frac{d\varepsilon_t}{\sigma_t - \sigma_m} > 0$$

所以有

$$d\varepsilon_t > 0$$

可见在 $B_2B_3B_6B_4$ 区段变形，则 $\varepsilon_t > 0$。对于 $B_2B_5B_1B_4$ 区段与上述相反：

$$\sigma_t = 0 < \frac{\sigma_\rho + \sigma_\theta}{2}$$

于是有

$$d\varepsilon_t < 0$$

如果在该区段变形，则 $\varepsilon_t < 0$。

对于缩口工序，属于双向压应力状态，B_3 点的

$$\sigma_\rho = -\frac{1}{\sqrt{3}}\sigma_s,\ \sigma_\theta = -\frac{2}{\sqrt{3}}\sigma_s$$

而 $\sigma_t = 0$。可见此时存在下列关系：

$$\sigma_\rho = \frac{\sigma_t + \sigma_\theta}{2} = -\frac{1}{\sqrt{3}}\sigma_s$$

与前类似，由列维-米塞斯方程可以断定

$$d\varepsilon_\rho = 0$$

对于 B_1 点，$\sigma_\rho = \frac{1}{\sqrt{3}}\sigma_s$，$\sigma_\theta = \frac{2}{\sqrt{3}}\sigma_s$，$\sigma_t = 0$，同样存在以下关系：

$$\sigma_\rho = \frac{\sigma_t + \sigma_\theta}{2} = \frac{1}{\sqrt{3}}\sigma_s$$

同理将有

$$d\varepsilon_\rho = 0$$

在 $B_3B_2B_5B_1$ 区段，存在

$$\sigma_\rho > \frac{\sigma_\theta + \sigma_t}{2}$$

于是相应地有

$$d\varepsilon_\rho > 0$$

在该区段变形，有

$$\varepsilon_\rho > 0$$

在 $B_3B_6B_4B_1$ 区段则与上述相反，在该区段变形将有

$$\varepsilon_\rho < 0$$

用以上相同的方法可求得 $d\varepsilon_\theta > 0$，$d\varepsilon_\theta = 0$，$d\varepsilon_\theta < 0$ 的分区，于是就得到图 5-3 所示的屈服轨迹外的应变增量变化图，利用该图可以确定塑性变形时工件尺寸变化的趋势。其具体步骤如下：

（1）通过实测算出变形终了瞬时的 σ_ρ 值。

（2）针对具体材料及变形量选定 σ_s 值。

（3）在椭圆对应于所分析的区间根据 σ_ρ/σ_s 值求出一点 P。

（4）作射线 OPP' 与椭圆外表示应变增量的三个圆相交。

（5）根据变形区所处的范围判断各方向尺寸变化的趋势。

例如，对于缩口工序，根据 σ_ρ 及 σ_s 若已定出 P 点，作射线 OPP' 交内圆于 $d\varepsilon_t>0$ 区段，交中圆于 $d\varepsilon_\rho>0$ 区段，交外圆于 $d\varepsilon_\theta<0$ 区段（见图5-3）。若 P 点处于 A_2B_3 段，表明整个变形过程中各应变增量 $d\varepsilon_t$、$d\varepsilon_\rho$ 及 $d\varepsilon_\theta$ 符号不变，因而全量应变 $\varepsilon_\theta<0$，$\varepsilon_t>0$，$\varepsilon_\rho>0$，于是可预计其尺寸变化趋势为切向尺寸缩小，壁厚增加，长度增加。

而对于拉拔工序，若根据 σ_ρ 及 σ_s 所得的 Q 点位于 A_2B_2 之间（见图5-3），则由 A_2 至 Q 应变类型与前述相同，始终有 $d\varepsilon_t>0$，$d\varepsilon_\rho>0$，$d\varepsilon_\theta<0$，即厚度增加，长度增加，切向尺寸减小。如果应力为 D_2 点，此时仍保持有 $d\varepsilon_\rho>0$，$d\varepsilon_\theta<0$，其相应的尺寸变化趋势与前相同，而厚度方向由 A_2B_2 区间的 $d\varepsilon_t>0$ 变为此时的 $d\varepsilon_t<0$，这时最终应变难以估计，但如果 D_2 点接近于 B_2 点，可以判定最终累计应变仍大于零，即厚度增加。当 Q 点接近于 C_2 点，则最终厚度可能是减小的。

对于三向应力状态，以上分析的方法大体上仍然是适用的，但是在三向应力状态下典型工序在屈服图形上的部位是难于表达的，加载途径也远比平面应力状态难于描述，在这里不作讨论。

第六节　应力张量及应力偏张量不变量的物理意义

在第三章中曾经介绍了应力张量及其不变量和应力偏张量及其不变量，当时限于有关问题如屈服准则、应力应变关系理论尚未学习，各不变量的物理意义尚不能说清，所以在本节集中进行说明。为说明方便起见，先写出这些不变量的表达式：

对应于应力张量第一不变量为：

$$J_1=\sigma_x+\sigma_y+\sigma_z=\sigma_1+\sigma_2+\sigma_3$$

第二不变量为：

$$\begin{aligned}J_2&=-(\sigma_x\sigma_y+\sigma_y\sigma_z+\sigma_z\sigma_x)+\tau_{xy}^2+\tau_{yz}^2+\tau_{zx}^2\\&=-(\sigma_1\sigma_2+\sigma_2\sigma_3+\sigma_3\sigma_1)\end{aligned}$$

第三不变量为：

$$\begin{aligned}J_3&=\sigma_x\sigma_y\sigma_z+2\tau_{xy}\tau_{yz}\tau_{zx}-(\sigma_x\tau_{yz}^2+\sigma_y\tau_{zx}^2+\sigma_z\tau_{xy}^2)\\&=\sigma_1\sigma_2\sigma_3\end{aligned}$$

在主坐标系中对于应力偏张量有以下表达式

第一不变量为：

$$J_1'=0$$

第二不变量为：

$$J_2'=-(\sigma_1'\sigma_2'+\sigma_2'\sigma_3'+\sigma_3'\sigma_1')$$

第三不变量为：

$$J_3'=\sigma_1'\sigma_2'\sigma_3'$$

式中，σ_1'、σ_2'、σ_3' 为应力偏张量的主分量，$\sigma_1'=\sigma_1-\sigma_m$，$\sigma_2'=\sigma_2-\sigma_m$，$\sigma_3'=\sigma_3-\sigma_m$。

从根本上说，变形体的状况（处于弹性或塑性状态、塑性高低、变形抗力的高低、变形的类型与各个方向应变增量的比例）除了与其材质有关外，主要取决于应力张量的不变量。对应力张量及偏张量的不变量的物理意义的深入研究，不仅有助于加深对力学理论的理解，而且也把对很多实际问题的认识提到了更高的高度。

一、应力张量第一不变量的物理意义

前已叙述，应力张量第一不变量等于各正应力之和，反映了各正应力的综合效果。平均应力与应力张量第一不变量两者仅差一系数，前者为后者的三分之一，即：

$$\sigma_m = (\sigma_1 + \sigma_2 + \sigma_3)/3 = (\sigma_x + \sigma_y + \sigma_z)/3 = J_1/3$$

在主应力空间中，$\sigma_1 + \sigma_2 + \sigma_3 = J_1$，代表与坐标轴等倾斜轴线垂直距原点为 $J_1/\sqrt{3}$ 的平面（如图 5-4 所示），当 $J_1 = 0$ 时，即为 π 平面。对于 $J_1 = 0$ 的所有应力状态皆应位于 π 平面中，这时应力张量等于应力偏量，由于体积应变

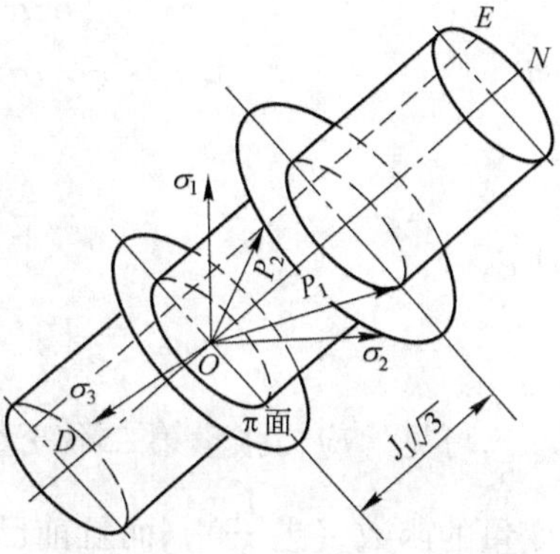

图 5-4　主应力空间中的米塞斯屈服圆柱面

$$\frac{\Delta V}{V} = \frac{1-2v}{E}(\sigma_x + \sigma_y + \sigma_z) = \frac{1-2v}{E}J_1$$

可见即使在弹性变形阶段，若 $J_1 = 0$，则体积应变为零，仅使形状变化。由于在 π 平面中的米塞斯圆上任一点的主应力不可能同号（即同为压或拉），所以在任一主应力的数值都小于流动应力，此时塑性变形所需的应力值较低。众所周知，平均应力对塑性有影响，因此，在 $J_1 = 0$ 的条件下（例如扭转试验）所得塑性指标可能更好地反映材料本身的塑性，排除了应力状态的影响。

当 $J_1 > 0$，则 $\sigma_m > 0$，由体积应变公式

$$\frac{\Delta V}{V} = \frac{1-2v}{E}J_1$$

可见，由于 $J_1 > 0$，所以体积是增大的，由于拉应力能引起裂纹的扩展，变形体所能承受的拉应力是有限的。随着 J_1 的增加，塑性区变小产生断裂。

当 $J_1 < 0$，情况相反，体积越小，塑性增加，而且从被变形材料看，不存在一个极限 J_1 值能导致材料破裂。目前，静液挤压已用到几万个大气压，进一步提高压力主要受到模具强度的限制。应当指出，对于多孔材料，流体静压力对压实起重要作用。还应指出，沿圆柱轴线不管 J_1 有多大都不能引起塑性变形，也就是说 J_1 对塑性变形的发生不起直接的作用。

如上所述，应力张量第一不变量的影响可归纳为如表 5-1 所示。

表 5-1　应力张量第一不变量对变形的影响

J_1 的数值	$J_1 = 0$	$J_1 > 0$	$J_1 < 0$
体积变化	$\Delta V = 0$	$\Delta V > 0$	$\Delta V < 0$
对多孔材料的压实	无效果	反效果	效果好
塑性	反映材料自身塑性	偏低	偏高
作用在工具上单位力的绝对值	小	较大	大或很大

二、应力张量及应力偏张量第二不变量的物理意义

我们先分析一下应力偏张量第二不变量与应力张量第二不变量两者间的关系。

$$J_2' = -[(\sigma_x-\sigma_m)(\sigma_y-\sigma_m)+(\sigma_y-\sigma_m)(\sigma_z-\sigma_m)+(\sigma_z-\sigma_m)(\sigma_x-\sigma_m)]+\tau_{xy}^2+\tau_{yz}^2+\tau_{zx}^2$$
$$= -(\sigma_x\sigma_y+\sigma_y\sigma_z+\sigma_z\sigma_x)+(\tau_{xy}^2+\tau_{yz}^2+\tau_{zx}^2)+3\sigma_m^2$$

而
$$J_2 = -(\sigma_x\sigma_y+\sigma_y\sigma_z+\sigma_z\sigma_x)+(\tau_{xy}^2+\tau_{yz}^2+\tau_{zx}^2)$$

且
$$\sigma_m = \frac{J_1}{3}$$

所以

$$J_2' = J_2 + \frac{J_1^2}{3} \tag{5-25}$$

可见，应力张量第二不变量与应力偏张量第二不变量之间的差别仅是应力张量第一不变量的函数（差$\frac{J_1^2}{3}$），而且前已说明了 J_1 对塑性变形的产生是不起作用的，仅由于其影响塑性而影响变形体在特定应力状态下所能承受的变形程度。

对于主坐标系统，应力偏量第二不变量可写成如下形式：

$$J_2' = \frac{1}{6}[(\sigma_1-\sigma_2)^2+(\sigma_2-\sigma_3)^2+(\sigma_3-\sigma_1)^2]$$

等式右端方括号内各项可以理解为主应力差的平方和、主剪应力的平方和的四倍或八面体剪应力的平方和的九倍，所以，从本质上来说应力偏张量第二不变量标志着综合剪应力的大小。根据米塞斯屈服准则，由于

$$(\sigma_1-\sigma_2)^2+(\sigma_2-\sigma_3)^2+(\sigma_3-\sigma_1)^2 = 2\sigma_s^2$$

也可以写作：

$$J_2' = \frac{\sigma_s^2}{3} \tag{5-26}$$

如果将屈服分为初始屈服（此时流动应力为 σ_s）及后继屈服（考虑加工硬化的流动应力为 S），则可以由表 5-2 看出在加载时 J_2' 的数值决定了受力点的状态。

表 5-2　由 J_2'（或 $J_2+J_1^2/3$）判定受力点处的状态

J_2' 值	$J_2'<\sigma_s^2/3$	$J_2'=\sigma_s^2/3$	$J_2'>\sigma_s^2/3$
受应力点所处状态	弹性	初始屈服	加工硬化

三、应力张量及应力偏张量第三不变量的物理意义

1973 年，约翰逊曾给出主应力的表达式

$$\sigma = r\cos\theta + J_1/3 \tag{5-27}$$

并给出

$$\cos 3\theta = \frac{3J_1^3+9J_1J_2+27J_3}{2(J_1^2+3J_2)^{3/2}} \tag{5-28}$$

和
$$J_3' = (2J_1^3 + 9J_1J_2 + 27J_3)/27 \tag{5-29}$$

由式（5-28）可得出三个 θ 值，相位上各相差 120°。为了说明 θ 与 J_3' 的关系，我们作进一步的运算。

将式（5-25）和式（5-29）代入式（5-28）得：

$$\cos 3\theta = 3\sqrt{3}J_3'/2J_2'^{3/2} \tag{5-30}$$

对于塑性变形，由米塞斯屈服准则将式（5-26）代入式（5-30）得：

$$\cos 3\theta = 27J_3'/2\sigma_s^3 \tag{5-31}$$

由式（5-31）可以简明地看出，对于一定 σ_s 值，由 J_3' 即可算出 θ 值，问题在于通过 θ 值找出其物理意义。

根据米塞斯圆柱与平面交线展开后的方程得：

$$\left.\begin{aligned} \sigma_1 &= \sigma_m + r_0\cos\theta \\ \sigma_2 &= \sigma_m + r_0\cos(\theta + 120°) \\ \sigma_3 &= \sigma_m + r_0\cos(\theta + 240°) \end{aligned}\right\} \tag{5-32}$$

式中，θ 为 π 平面中从 σ_1 轴的投影算起的角度，即该处 $\theta = 0$，且规定逆时针方向为正，θ 角为应变特征角。r_0 为平行于坐标面的任一平面与米塞斯圆柱交线随圆柱展开所得余弦曲线的波幅，$r_0 = -\dfrac{2}{3}\sigma_{s0}$。

由 $\sigma_m = J_1/3$，比较式（5-32）和式（5-27），有 $r_0 = r$，由此可见式（5-32）中 θ 与式（5-27）中的 θ 角是同一相位，而 $\theta = 0°$ 产生简单拉伸类应变，$d\varepsilon_2 = d\varepsilon_3 = -d\varepsilon_1/2$，相当于图 5-5 中 S 点；$\theta = 60°$ 产生简单压缩类应变 $d\varepsilon_1 = d\varepsilon_2 = -d\varepsilon_3/2$，相当于图 5-5 中 T 点，由式（5-30）可算出相应的 J_3 值，如表 5-3 所示。

表 5-3　由 J_3' 判断应变类型

θ/（°）	0	60	30	$0 < \theta < 30$	$30 < \theta < 60$
J_3'	$2\sigma_s^3/27$	$-2\sigma_s^3/27$	0	$2\sigma_s^3/27 > J_3' > 0$	$0 > J_3' > -2\sigma_s^3/27$
J_3	$\frac{1}{27}(2\sigma_s^3 + J_1^3 - 3J_1\sigma_s^2)$	$\frac{1}{27}(-2\sigma_s^3 + J_1^3 - 3J_1\sigma_s^2)$	$\frac{1}{27}(J_1^3 - 3J_1\sigma_s^2)$	$J_3' > \frac{1}{27}(J_1^3 - 3J_1\sigma_s^2)$ $J_3' < \frac{1}{27}(2\sigma_s^3 + J_1^3 - 3J_1\sigma_s^2)$	$J_3' > \frac{1}{27}(-2\sigma_s^3 + J_1^3 - 3J_1\sigma_s^2)$ $J_3' < \frac{1}{27}(J_1^3 - 3J_1\sigma_s^2)$
应变类型	简单拉伸类 $d\varepsilon_2 = d\varepsilon_3 = -d\varepsilon_1/2$	简单压缩类 $d\varepsilon_2 = d\varepsilon_1 = -d\varepsilon_3/2$	平面应变类 $d\varepsilon_2 = 0$	拉伸类 $d\varepsilon_1 > 0$，$d\varepsilon_2 < 0$，$d\varepsilon_3 < 0$	压缩类 $d\varepsilon_1 > 0$，$d\varepsilon_2 > 0$，$d\varepsilon_3 < 0$
图 5-5 中位置	S	T	R	RS 之间	RT 之间

通过以上阐述我们可以作出如下小结：

（1）应力张量第一不变量反映变形体所受平均应力的大小，决定了变形体的体积变化对塑性、变形抗力都有影响。

（2）应力偏张量第二不变量反映了变形体内剪应力的综合影响，是区别物体处于弹性状态、初始屈服或加工硬化阶段的主要标志。

（3）应力偏张量第三不变量决定了应变的类型，当 $J_3' > 0$ 时，应变为伸长类（$d\varepsilon_1 >$

0，$d\varepsilon_2<0$，$d\varepsilon_3<0$）；当 $J_3'=0$ 时，为平面应变（$d\varepsilon_1=-d\varepsilon_3$，$d\varepsilon_2=0$）；当 $J_3'<0$ 时，应变为压缩类（$d\varepsilon_1>0$，$d\varepsilon_2>0$，$d\varepsilon_3<0$）。

（4）由于应力张量第二不变量 J_2 及第三不变量 J_3 与应力偏张量第二不变量 J_2' 及第三不变量 J_3' 相对应，两者相差一个与第一不变量 J_1 有关的数，而 J_1 对屈服及变形类型并无影响，实质是由 J_2' 及 J_3' 起作用。所以总体来说，J_1、J_2（J_2'）、J_3（J_3'）决定了应力状态所产生的后果。

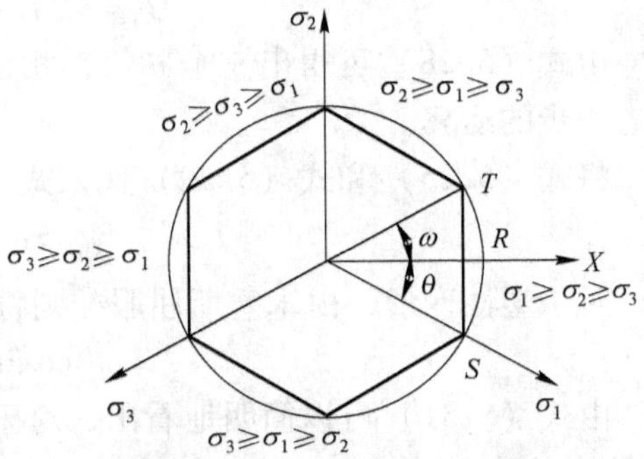

图 5-5　π 平面上的屈服轨迹

习题与思考题

1. 塑性变形时应力应变有何特点，为什么说塑性变形时应力和应变之间关系与加载历史、加载路线有关？
2. 什么是增量理论和全量理论，各作了什么假设？
3. 已知塑性状态下某质点的应力张量 $\boldsymbol{\sigma}_{ij}=\begin{pmatrix}-50 & 0 & 5\\ 0 & -150 & 0\\ 5 & 0 & -350\end{pmatrix}$，应变分量 $d\varepsilon_x=0.1\delta$（δ 为一无限小量）。试求应变增量的其余分量。
4. 有一薄壁管，材料的屈服应力为 σ_s，承受拉力和扭矩的联合作用而屈服。现已知轴向正应力分量 $\sigma_z=\sigma_s/2$，试求剪应力分量 $\tau_{z\theta}$ 以及应变增量各分量之间的比值。
5. 已知一点的主应力分量 $\sigma_1=5$，$\sigma_2=4$，$\sigma_3=3$。试判断该瞬时该点在三个主方向上的伸长与缩短。

第六章　真实应力-应变曲线

金属开始塑性变形时的应力即为屈服应力。一般金属在继续变形过程中会产生强化，屈服应力不断变化。为了区别于初始的屈服应力，采用流动应力来代替泛指的屈服应力，并用符号 S 表示。流动应力的数值就等于试样断面上的实际应力，故又称为真实应力，它是金属塑性加工变形抗力的指标。

各种变形温度、速度等条件下的流动应力变化规律对研究金属塑性成形问题是必不可少的。这些规律通常表达为真实应力与应变的关系，即真实应力-应变曲线。真实应力-应变曲线一般由实验确定。本章主要研究这种曲线的性质、曲线的近似表达方程、用拉伸试验和压缩试验制作曲线的方法以及变形温度、变形速度对曲线的影响。

第一节　拉伸试验曲线

单向拉伸是反映材料力学行为的基本实验之一。室温下的静力拉伸试验是在万能材料试验机上，以小于 10^{-3}/s 的速度进行的，这样可认为是准静力的拉伸试验。单向拉伸的应力状态为 σ_1，$\sigma_2=\sigma_3=0$；应变状态为 $\varepsilon_2=\varepsilon_3=-\dfrac{\varepsilon_1}{2}$。在单向拉伸时 $\overline{\sigma}=\sigma_1$，$\overline{\varepsilon}=\varepsilon_1$。因此，单向拉伸试验得到的 $\sigma-\varepsilon$ 的曲线可以推广到复杂应力状态，也就是在这种变形条件下的 $\overline{\sigma}-\overline{\varepsilon}$ 曲线，因而具有普遍意义。

一、拉伸图和条件应力-应变曲线

图 6-1 是退火状态低碳钢的拉伸图。图的纵坐标表示载荷 P，横坐标表示标距的伸长 Δl。如将拉伸图的纵坐标 P 除以试样原始断面积 F_0，即得条件应力

$$\sigma_0=\frac{P}{F_0} \tag{6-1}$$

将拉伸图的横坐标 Δl 除以试样标距长度 l_0，即得相对伸长

$$\varepsilon=\frac{\Delta l}{l_0} \tag{6-2}$$

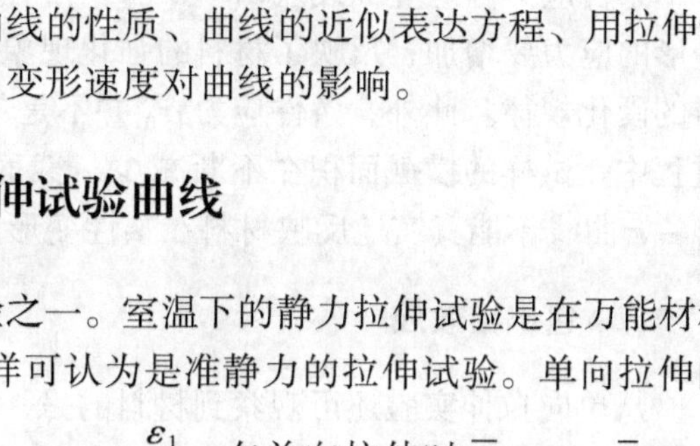

图 6-1　低碳钢的拉伸图及条件应力-应变曲线

根据式（6-1）和式（6-2）即可由拉伸图作出条件应力-应变曲线。如果取的比例适当，则显然作出的条件应力-应变曲线和原来的拉伸图完全一致。所以图 6-1 既是拉伸图，又是条件应力-应变曲线，只是坐标不同而已。

试样从加载到断裂全过程的力学特性在工程力学中有详细叙述，本书只讨论与塑性变形密

切相关的特征点。条件应力-应变曲线上有三个特征点，将整个拉伸变形过程分为三个阶段。

第一个特征点是屈服点 c，是弹性变形与塑性变形的分界点。对于具有明显屈服点的金属，在曲线上呈现屈服平台，此时的应力称为屈服应力，以 σ_s 表示；对于没有明显屈服点的材料，拉伸曲线上无屈服平台（见图 6-2）。这时规定试件产生残余应变 $\varepsilon=0.2\%$ 的应力作为材料的屈服应力，称为条件屈服应力，以 $\sigma_{0.2}$ 表示。

第二个特征点是曲线的最高点 b，这时载荷达到最大值 P_{max}，与此对应的条件应力称为抗拉强度，以 σ_b 表示，$\sigma_b=P_{max}/F_0$。在 b 点之前试样均匀伸长，到达 b 点时，试样开始出现缩颈，变形集中发生在试样的某一局部，这种现象叫做单向拉伸时的塑性失稳。此后，试件承载能力急剧下降，曲线也迅速下降。因此抗拉强度是均匀塑性变形和局部塑性变形两个阶段的分界点。

第三个特征点是破坏点 k，试样发生断裂，是单向拉伸塑性变形的终止点。

条件应力－应变曲线（$\sigma_0-\varepsilon$ 曲线）在失稳点 b 之前随着拉伸变形过程的进行，继续变形的应力要增加，反映了材料的强化现象。但在 b 点之后．曲线反而下降，则不符合材料的硬化规律。此外，条件应力 σ_0 并不是单向拉伸时试样横截面上的实际应力。在拉伸过程中，试样的横截面积在不断减少，截面上的实际应力值要大于条件应力 σ_0。因此，$\sigma_0-\varepsilon$ 曲线不能真实地反映材料在塑性变形阶段的力学特性。

二、包申格效应

从单向拉伸实验还可观察到材料的另一个特性—— 包申格效应（Bauschinger effect）。试验研究表明，单向拉伸试验的初始屈服应力和单向压缩试验的初始屈服应力绝对值相等，如在图 6-3 中均为 σ_s。但当试样在一个方向加载（例如拉伸）超过屈服点到达 A 点后，卸载到零（B 点），然后再次反方向加载（即压缩），则发现反向加载时的屈服点 c 的应力 σ''_s 不但比 A 点的 σ'_s 小，而且小于初始的屈服应力。这一随加载路线和方向不同而屈服应力降低的现象，称包申格效应。但一般塑性理论中都不加考虑，因为考虑此效应会给处理塑性问题带来很大困难。不过包申格效应会使材料产生各向异性，因此在交变加载的过程中应注意。包申格效应可用缓慢退火除去。

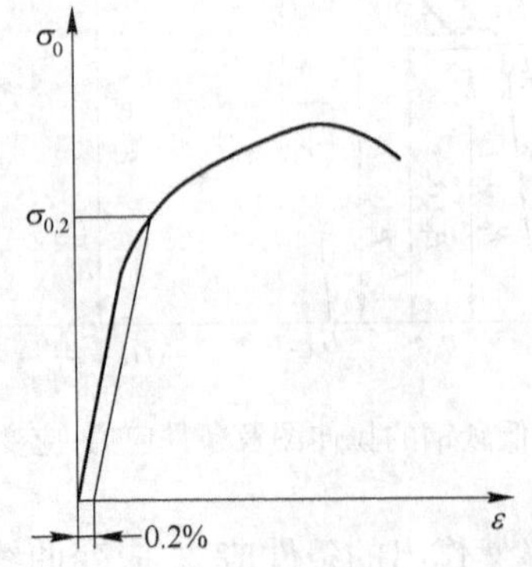

图 6-2 没有明显屈服点材料的条件应力-应变曲线

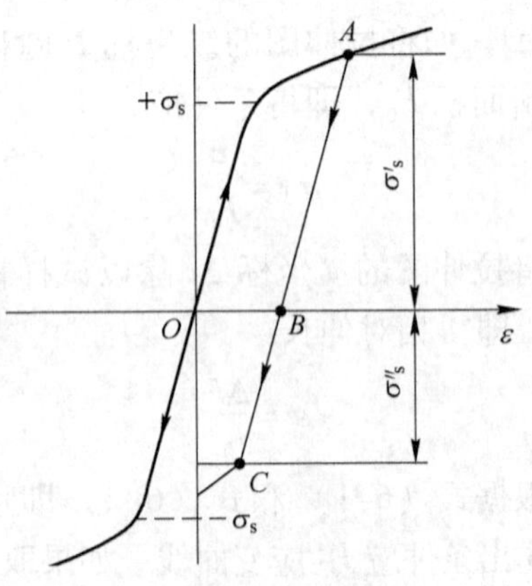

图 6-3 包申格效应

三、拉伸时的真实应力-应变曲线

（一）三种应变表达式

用真实应力表示的应力-应变曲线，按不同的应变表示方式，可以有三种形式：即真实应力和相对伸长组成的曲线、真实应力和相对断面收缩组成的曲线以及真实应力和对数应变组成的曲线。

真实应力 S 是作用于试样瞬时断面面积上的应力，也即瞬时的流动应力，可表示为

$$S = \frac{P}{F} \tag{6-3}$$

式中　P——载荷；

F——试样瞬时断面面积。

相对伸长 ε 由式（6-2）表示为

$$\varepsilon = \frac{\Delta l}{l_0} = \frac{l_1 - l_0}{l_0} \tag{6-4}$$

式中　l_0，l_1——分别为试样标距的原始长度和拉伸后长度。

相对断面收缩 ψ_r 定义为

$$\psi_r = \frac{F_0 - F_1}{F_0} \tag{6-5}$$

式中　F_0，F_1——分别为试样的原始断面面积和拉伸后断面面积。

对数应变（真实应变）ϵ 定义为

$$d\epsilon = \frac{dl}{l} \tag{6-6}$$

式中　l——试样的瞬时长度；

dl——瞬时长度改变量。

当试样从 l_0 拉伸至 l_1 时，总的真实应变为

$$\epsilon = \int_{l_0}^{l_1} d\epsilon = \int_{l_0}^{l_1} \frac{dl}{l} = \ln \frac{l_1}{l_0} \tag{6-7}$$

在出现缩颈以前，试样处于均匀拉伸状态，因此上述三种应变间存在以下关系：

首先因为
$$\epsilon = \ln \frac{l_1}{l_0} = \ln\left(\frac{l_0 + \Delta l}{l_0}\right) = \ln(1 + \varepsilon) \tag{6-8}$$

将式（6-8）展开，得

$$\epsilon = \varepsilon - \frac{\varepsilon^2}{2} + \frac{\varepsilon^3}{3} - \cdots$$

由上式可知，ϵ 总小于 ε。但当 ε 较小时，例如 $\varepsilon = 0.1$，则 ϵ 仅比 ε 小5%。故一般可认为在小变形时 $\epsilon \approx \varepsilon$。

因
$$\varepsilon = \frac{l_1}{l_0} - 1$$

故
$$\frac{l_1}{l_0} = 1 + \varepsilon \tag{6-9}$$

由式（6-5）并考虑式（6-9）得

$$\psi_r = \frac{F_0 - F}{F_0} = 1 - \frac{F}{F_0} = 1 - \frac{l_0}{l_1} = \frac{\varepsilon}{1+\varepsilon} \quad (6\text{-}10)$$

或
$$\varepsilon = \frac{\psi_r}{1-\psi_r} \quad (6\text{-}11)$$

由式（6-8）可得
$$\varepsilon = e^{\epsilon} - 1 \quad (6\text{-}12)$$

（二）真实应力-应变曲线的绘制

作真实应力与相对伸长曲线（S—ε）比较方便，只需将图 6-1 中的条件应力-应变曲线上的条件应力换算成真实应力即成。真实应力与条件应力的关系如下：

$$S = \frac{P}{F} = \frac{P}{F_0}(1+\varepsilon) = \sigma(1+\varepsilon) \quad (6\text{-}13)$$

如果以 $\sigma-\varepsilon$ 曲线为基础，则利用式（6-8）和式（6-10），其他两种应变表示的真实应力-应变曲线也不难求得。

对数应变反映了瞬态的变形，能比另外两种应变更真实地表示试样的变形程度。对数应变具有其他两种应变不具备的几个优点：

首先，对数应变有可加性。当连续分阶段变形时，总的应变就是各阶段应变之和，例如试样长度由 l_0 拉至 l_1 再拉至 l_2，则对数应变为

$$\epsilon_{02} = \ln\frac{l_2}{l_0} = \ln\frac{l_1}{l_0} + \ln\frac{l_2}{l_1} = \epsilon_{01} + \epsilon_{12}$$

其次，对数应变有可比较性。若将试样拉伸一倍再压缩至原长，则两种情况下的对数应变值相同（只差一个符号），如

$$\epsilon_{l\to 2l} = \ln\frac{2l}{l} = \ln 2$$

$$\epsilon_{2l\to l} = \ln\frac{l}{2l} = \ln\frac{1}{2} = -\epsilon_{l\to 2l}$$

最后，对数应变反映了真实的变形。若将试样由 l_0 拉伸至 l_1、l_2、…、l_{n-1}、l_n，则总变形为

$$\frac{l_1-l_0}{l_0} + \frac{l_2-l_1}{l_1} + \cdots + \frac{l_n-l_{n-1}}{l_{n-1}} = \int_{l_0}^{l_n}\frac{\mathrm{d}l}{l} = \ln\frac{l_n}{l_0} = \epsilon$$

由此可见，用对数应变表示的真实应力-应变曲线更有普遍意义。

下面简要介绍用对数应变表示的真实应力-应变曲线的绘制方法。

图 6-4 是根据条件应力-应变曲线作出的真实应力-应变曲线。在屈服点 c 以前，两种曲线几乎没有区别。在缩颈点 b 以前的 cb 段是均匀变形阶段，各点的对数应变可用式（6-8）求得。但在 b 点以后，由于出现缩颈，不再是均匀变形，所以上述公式不再成立。为求得 b 点以后的真实应变，必须记录下每一瞬间细颈处的断面积 F，以求出其真实应力，然后根据关系式 $\epsilon = \ln\frac{F_0}{F}$ 求出该瞬间的真实应变。这样就可画出曲线的 $b'k'$ 段。但是，测量断面的瞬时值很困难，一般往往只有 b'、k' 两点处的数据，两点间的曲线只能近似做出。

但要指出，作出的 $b'k'$ 段还必须加以修正，因为由于出现缩颈，细颈处断面上已不再受均布的单向拉伸应力，而是处于不均布的三向拉伸应力作用。研究资料表明，细颈断面

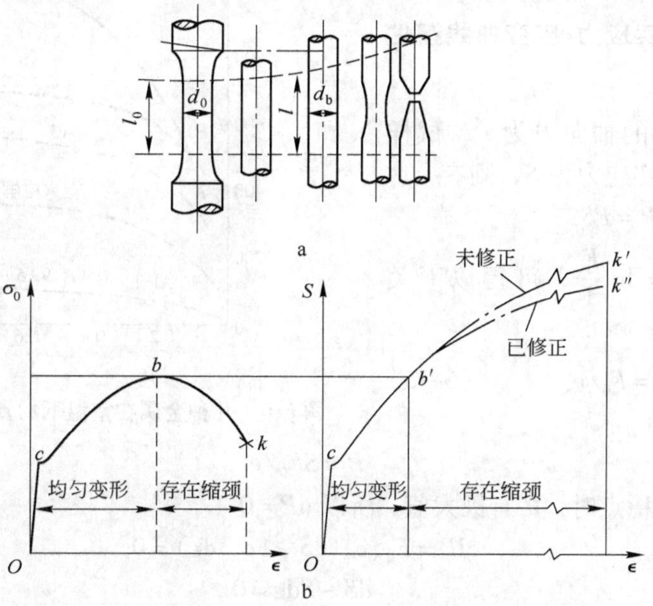

图 6-4　条件应力-应变曲线与真实应力-应变曲线

上的径向应力和轴向应力的分布如图 6-5 所示。细颈边缘处受单向拉伸应力，离开边缘的部分，则逐渐受较大的三向拉伸应力，越近中心，拉伸应力越大。边缘上的拉伸应力为 S，中心则达 $S\left(1+\dfrac{d}{4\rho}\right)$。可见前面求得的 $b'k'$ 段的应力是断面上应力的平均值 S'，它必然大于 S。这一由于出现缩颈而产生的应力升高现象，称为“形状硬化”，在绘制 $b'k'$ 段时，这一硬化效应必须去除。齐别尔等人提出的修正公式为

$$S=\frac{S'}{1+\dfrac{d}{8\rho}} \tag{6-14}$$

式中　S——去除形状硬化后的真实应力；
S'——包含形状硬化在内的真实应力；
d——缩颈处直径；
ρ——缩颈处试件外形的曲率半径。

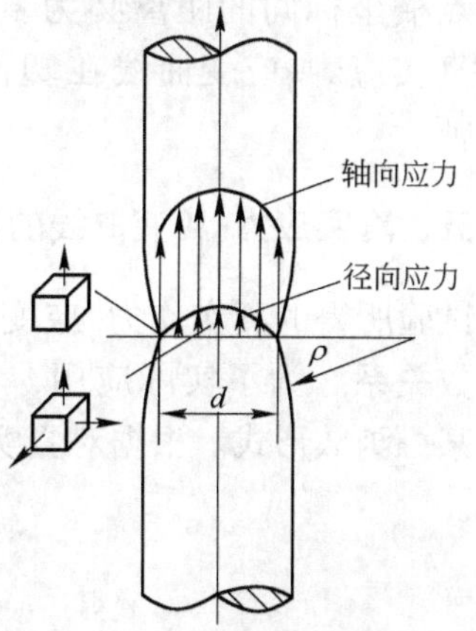

图 6-5　缩颈处的应力分布

利用公式（6-14），$b'k'$ 段经修正后成 $b'k''$。于是 $Ocb'k''$ 即所求的真实应力-应变曲线。一般情况下，试样到断裂点的最大应变可达 $\epsilon\approx1.0$ 以上。但是由于式（6-14）的近似性，真实应力－应变曲线的精确部分是在出现缩颈以前的阶段，即在 $\epsilon\leqslant0.2\sim0.3$ 的范围内。

从图 6-4 可以看出和条件应力-应变曲线相比，真实应力-应变曲线在塑性失稳点 b' 处没有极大值，b' 点以后的曲线仍是上升的。这说明材料抵抗塑性变形的能力随应变的增加而增加，就是不断地产生硬化，所以真实应力-应变曲线有时也称硬化曲线。

图 6-6 是几种金属在室温下的真实应力-应变曲线，从中可以了解这些金属的硬化

趋势。

四、拉伸真实应力-应变曲线塑性失稳点的特性

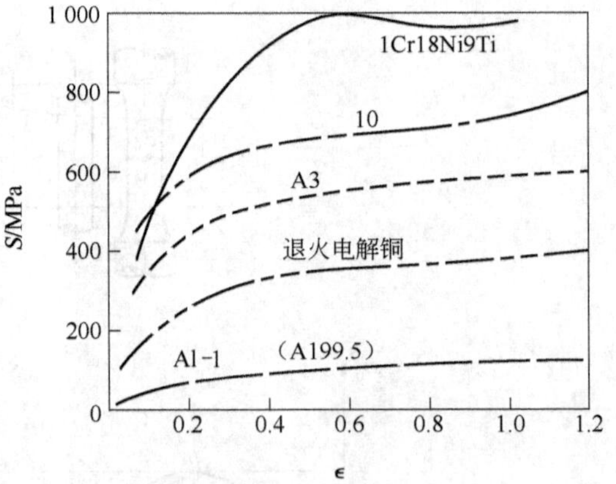

图 6-6 几种金属在室温下的真实应力-应变曲线

如某一瞬间的轴向力为 P，试样断面积为 F，真实应力为 S，则有

$$P = FS$$

因为 $\epsilon = \ln\dfrac{l}{l_0} = \ln\dfrac{F_0}{F}$，可得以下关系式

$$F = F_0/e^{\epsilon} \qquad (6\text{-}15)$$

故

$$P = SF_0/e^{\epsilon} \qquad (6\text{-}16)$$

当在塑性失稳点时，P 有极大值，所以 $dP = 0$

即 $$dP = F_0(e^{-\epsilon}dS - Se^{-\epsilon}d\epsilon) = 0$$

化简后得 $$dS - Sd\epsilon = 0$$

因在塑性失稳点，所以 $S = S_b$、$\epsilon = \epsilon_b$，代入上式，得

$$dS/d\epsilon = S_b \qquad (6\text{-}17)$$

式（6-17）表示在 S-ϵ 曲线失稳点所作切线的斜率为 S_b。这样，此切线和横坐标轴的交点到失稳点横坐标间的距离必为 $\epsilon = 1$（见图 6-7），这就是真实应力-应变曲线在塑性失稳点上所作切线的特征。

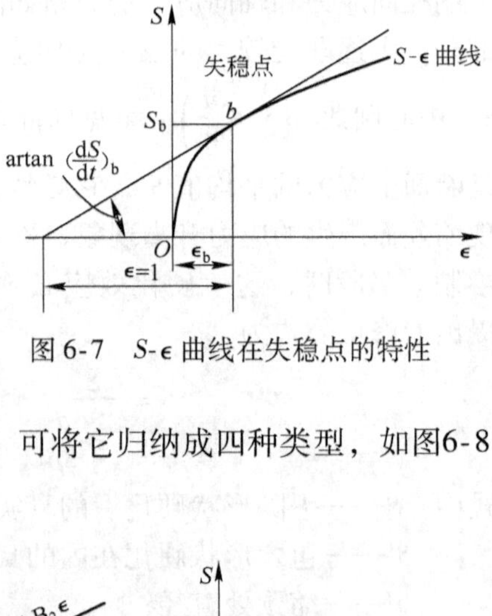

图 6-7 S-ϵ 曲线在失稳点的特性

五、真实应力-应变曲线的简化形式

试验所得的真实应力-应变曲线一般都不是简单的函数关系。为了实际应用，常希望能将此曲线表达成某一函数形式。根据对真实应力-应变曲线的研究，可将它归纳成四种类型，如图6-8所示。

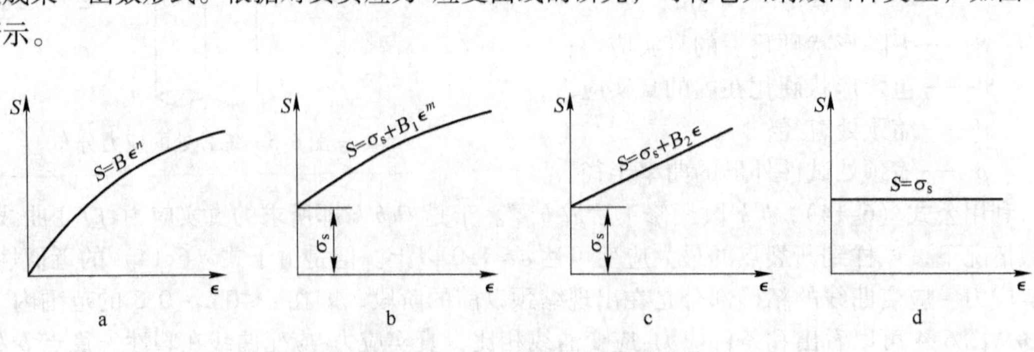

图 6-8 真实应力-应变曲线的基本类型

（一）抛物线形硬化曲线

很多金属的真实应力-应变曲线近似于抛物线形状，对于立方晶格的退火金属（如铁、

铜、铝等），其真实应力-应变曲线可相当精确地用以下指数方程式表示（参看图6-8a）

$$S = B\epsilon^n \tag{6-18}$$

式中 B——与材料有关的常数，MPa；

n——硬化指数。

B 与 n 的数值参考表6-1。

表6-1 几种金属材料20℃时的 B、n 值

金属名称、牌号	B/MPa	n
08	656.6	0.24
15	748.0	0.10
20	744.8	0.20
35	901.2	0.17
45	950.0	0.14
60	1087.2	0.12
15Cr	793.7	0.18
40Cr	861.9	0.15
5CrNiMo	1172.7	0.128
1Cr18Ni9Ti	1450.0	0.6

（二）抛物线形刚塑性硬化曲线

对于有初始屈服应力 σ_s 的冷变形金属材料，可较好地表达为

$$S = \sigma_s + B_1\epsilon^m \tag{6-19}$$

参看图6-8b，这时曲线直接由 S 轴上的 σ_s 作出。这里略去了弹性变形阶段，因为对大塑性变形来说，略去弹性变形，不影响其精确性。式中的 B_1、m 两参数需根据实验曲线求出。

（三）直线形刚塑性硬化曲线

有时为了简单起见，可将真实应力-应变曲线视作直线（如图6-6中的A199.5曲线很接近于直线，即可作成如图6-8c的形式），其表达式为

$$S = \sigma_s + B_2\epsilon \tag{6-20}$$

这一直线是硬化曲线的简化，故也称硬化直线。式中 $B_2 = (S_b - \sigma_s)/\epsilon_b$（参考图6-7）。

（四）理想刚塑性水平直线

对于几乎不产生硬化的材料，可认为真实应力-应变曲线是一水平线，如图6-8d所示。这时的表达式为

$$S = \sigma_s \tag{6-21}$$

在室温下，只有纯度极高的铅可认为不产生加工硬化。高温下的钢，也可采用这一无硬化的假设。

六、抛物线形真实应力-应变曲线的经验方程

下面从确定式（6-18）中的常数 B 和 n 入手：

将式（6-18）求导数，得

$$dS/d\epsilon = nBdS/d\epsilon = nB\epsilon^{n-1}$$

因在失稳点 b 处，则根据式（6-17），有

$$dS/d\epsilon = nB\epsilon^{n-1} = S_b$$

因

$$S_b = B\epsilon_b^n \tag{6-22}$$

所以从上二式可求得

$$n = \epsilon_b \tag{6-23}$$

代入式（6-23），即得

$$B = S_b / \epsilon_b^{\epsilon_b} \tag{6-24}$$

于是 B、n 值可由 σ_s、ϵ_b 求得。式（6-18）也可写成

$$S = S_b(\epsilon/\epsilon_b)^{\epsilon_b} \tag{6-25}$$

式（6-25）表明，只要知道失稳点的真实应力 S_b 和对数应变 ϵ_b，抛物线形真实应力-应变曲线方程即可求得。

目前，关于各种金属材料的 B、n 值已有不少试验资料，需要时可参考相关手册。

第二节 压缩试验曲线

拉伸试验曲线的最大应变量受到塑性失稳的限制，一般在1.0左右，而曲线的精确段则在 $\epsilon<0.3$ 范围内，实际塑性成形时的应变往往比1.0大得多，因此拉伸试验曲线便不够用。而压缩试验得到的真实-应力曲线的应变量可达2，有人在压缩铜试样时甚至获得3.9的变形程度。因此，要获得大变形程度下的真实应力-应变曲线就需要通过压缩试验得到。

压缩试验的主要问题是试件与工具的接触面上不可避免地存在摩擦，这就改变了试件的单向压缩状态，试件出现了鼓形，因而求得的应力也就不是真实应力。因此，消除接触表面间的摩擦是得到压缩真实应力-应变曲线的关键。

一、直接消除摩擦的圆柱体压缩法

图6-9a是圆柱体试样的压缩试验简图。上、下垫板须经淬火、回火、磨光和抛光。试件尺寸一般取 $D_0=20\sim30$mm，$D_0/H_0=1$。为减小试件与垫板之间的接触摩擦，可在试件的端面上车出沟槽，以便保存润滑剂，或将试件端面车出浅坑，坑中充以石蜡，以起润滑作用。

实验时，每压缩10%的高度，记录压力和实际高度，然后将试件和冲头擦净，重新加润滑剂，再重复上述过程。如果试件上出现鼓形，则需将鼓形车去，并使尺寸仍保持 $D/H=1$，再重复以上压缩过程，直到试样侧面出现微裂纹或压到所需的应变量为止（一般达到真实应变1.2即可）。根据各次的压缩量和压力，利用以下公式计算出压缩时的真实应力和对数应变，便可作出真实应力-应变曲线。

压缩式的对数应变为（参看图6-9a）

$$\epsilon = \ln\frac{H_0}{H} \tag{6-26}$$

式中 H_0，H——试样压缩前后的高度。

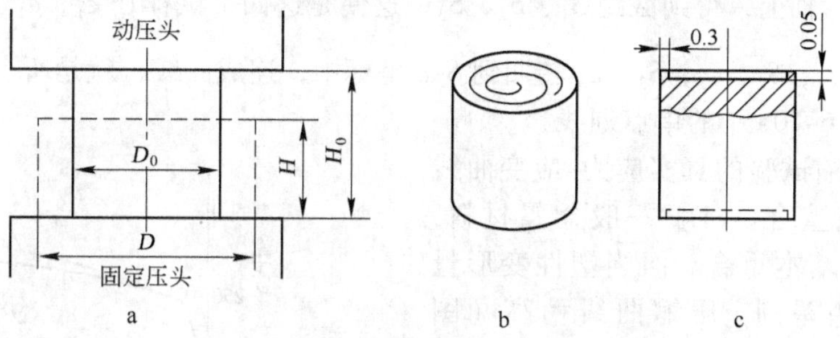

图 6-9　圆柱体压缩试验及其试样

压缩时的真实应力为

$$S = P/F = P/(F_0 \cdot e^{\epsilon}) \tag{6-27}$$

式中　F_0，F——试样压缩前、后的横截面面积；

　　　P——轴向载荷。

二、用外推法求压缩真实应力－应变曲线

外推法是间接消除压缩试验接触摩擦影响的一种方法。圆柱体压缩时的接触摩擦受试样尺寸$\frac{D_0}{H_0}$的影响，$\frac{D_0}{H_0}$越大，摩擦的影响越大，曲线越高。如果使$\frac{D_0}{H_0}=0$，即 $D_0=0$，则摩擦的影响也将为零，这便是理想的单向压缩状态。$\frac{D_0}{H_0}=0$ 的试样实际上是不存在的，但可以采用外推的方法，间接推出$\frac{D_0}{H_0}=0$ 时的真实应力，进而求出真实应力-应变曲线。

准备四种圆柱形试样，直径和高度的比值分别做成$\frac{D_0}{H_0}=0.5$，1.0，2.0，3.0。试样两端涂上润滑剂，在垫板上分别进行压缩（允许出现鼓形）。记录每次压缩后的高度 H 和压力 P。利用式（6-26）和式（6-27）可求得每种试样的 S-ϵ 曲线，如图 6-10a 所示。然后将得到的曲线转换成不同 ϵ 下的曲线（见图 6-10b），再将每条相同的曲线延长外推到

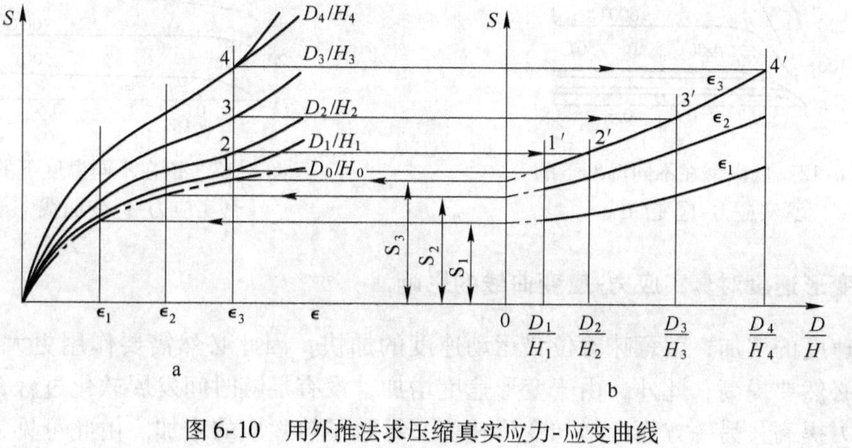

图 6-10　用外推法求压缩真实应力-应变曲线

$\frac{D_0}{H_0}=0$ 的纵坐标轴上，得到截距 S_1、S_2、S_3，这便是这四个试样在 ϵ_1、ϵ_2、ϵ_3 处的真实应力。再把 S_1、ϵ_1、S_2、ϵ_2、S_3、ϵ_3 转回到 S-ϵ 坐标中，连成曲线，就是所求出的真实应力-应变曲线（图 6-10a 中的单点划线）。

拉伸和压缩试验的真实应力-应变曲线在理论上应该重合。对于一般金属材料，在小变形阶段基本重合。但当塑性变形量较大时有一些差别，压缩曲线稍高（图 6-11）。当应变量不太大时，可以认为两者一致，因此，工程计算时一般采用拉伸试验曲线。

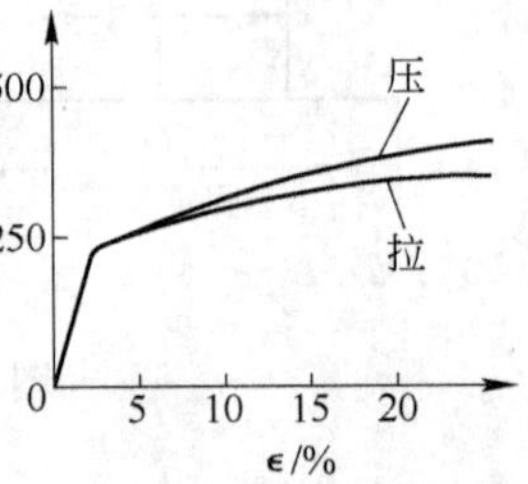

图 6-11　低碳钢拉伸和压缩实验曲线的比较

第三节　变形温度、速度对真实应力-应变曲线的影响

一、变形温度对真实应力-应变曲线的影响

金属在加热条件下，原子激活能增加，会促成回复和再结晶，使变形中的硬化效应得到消除或部分消除，这些软化现象的出现，就使流动应力降低，但在某些温度区域，由于金属的脆性，出现了一些例外情况。如钢在 400℃ 左右的蓝脆区和 800℃ 左右的相变区，则流动应力反而有所升高。但总的趋势仍是流动应力随温度升高而下降。从真实应力-应变曲线来看，随着温度升高，金属的硬化强度减小（即曲线的斜率减小），并从一定温度开始，应力-应变曲线成为水平线，这表明金属变形中的硬化效应完全被软化所抵消。图 6-12 和图 6-13 是两种金属材料在不同温度下的真实应力-应变曲线，从中可以看出温度对软化的影响。

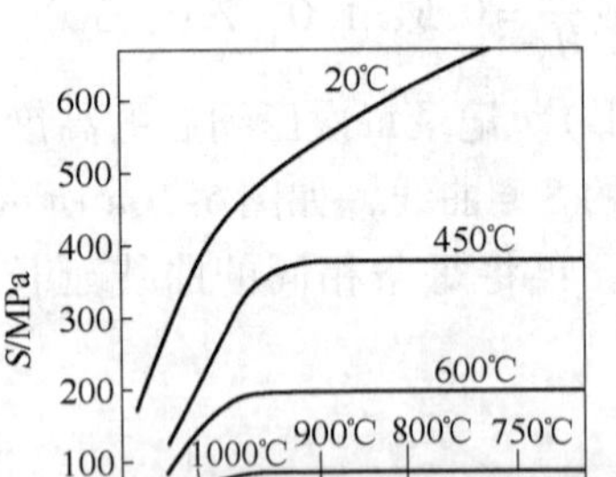

图 6-12　低碳钢在不同温度下的真实应力-应变曲线

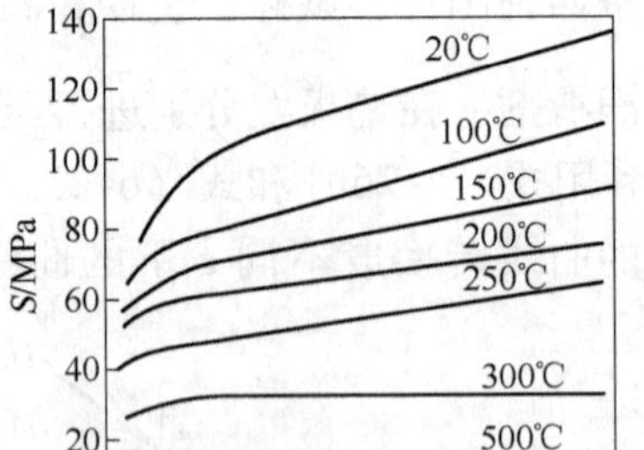

图 6-13　铝在不同温度下的真实应力-应变曲线

二、变形速度对真实应力-应变曲线的影响

变形速度的增加，就意味着位错运动速度的加快，因此必然需要作用更大的剪应力，流动应力必然要提高；此外，由于变形速度增加，没有足够时间发展软化过程，这也会促使流动应力提高；另一方面，增加变形速度又导致了热效应的增加。由此可见，变形速度

最终对流动应力的影响，关系就比较复杂，它主要根据金属在具体条件下变形时硬化与软化的相对强度而定。

冷变形时，由于热效应显著，硬化被软化所抵消 ，所以变形速度的增加，使流动应力有所增加或基本不变。而在热变形时，由于热效应小 ，变形速度的硬化作用显著，所以变形速度的增加会使流动应力明显增大，因此，热变形时必须考虑变形速度对流动应力的影响。

实际应用中，为了方便地求得高温下的动载流动应力，可将材料在静载下的流动应力乘一个速度系数 ω。ωS 即为所求的动载流动应力。表 6-2 为古布金所推荐的 ω 值。

表 6-2　速度系数值

变形速度增加倍数 （以准静速度 0.1/s 为基础）	ω			
	<0.3	0.3～0.5	0.5～0.7	>0.7
10 倍	1.05～1.10	1.10～1.15	1.15～1.30	1.30～1.50
100 倍	1.10～1.22	1.22～1.32	1.32～1.70	1.70～2.25
1000 倍	1.16～1.34	1.34～1.52	1.52～2.20	2.20～3.40
从准静速度提高到动载	1.10～1.25	1.25～1.75	1.75～2.50	2.50～3.50

注：速度系数下限值用于该温度范围内较低的温度。

习题与思考题

1. 什么是包申格效应，什么是形状硬化？
2. 真实应力-应变曲线的简化类型有哪些，分别写出其数学表达式。
3. 指数方程 $S = B\epsilon^n$ 中 n 表示什么，有何意义？
4. 用压缩法求真实应力-应变曲线主要存在什么困难，如何解决？
5. 一直径为 ϕ10mm 的黄铜试棒进行拉伸试验，记录下的最大载荷为 27.5kN，出现颈缩时的断面收缩率 $\psi = 20\%$，试求其真实应力-应变曲线方程。
6. 已知材料的应力-应变曲线方程为 $S = B\epsilon^{0.4}$，直杆已有相对伸长 $\varepsilon = 0.25$，试问：相对伸长再增加多少材料才能发生颈缩？

第七章　金属塑性成形问题的传统解法

塑性成形力学的基本任务之一是确定各种成形工序所需的变形力，这对于选用加工设备、设计模具和制订成形工艺规程都是必不可少的。在塑性状态下，求解物体内应力的大小与分布要比在弹性状态下困难得多，这主要是因为塑性应力应变关系方程是非线性的。从理论上讲，联立求解平衡方程和屈服准则，需要补充必要的物理方程和几何方程，在一定的边界条件下可以求得变形体内的应力大小及分布。但是这种数学解析只在某些特殊情况下才是可行的。对于一般空间问题，在数学上是极其困难的，甚至不可能求解。因此，许多学者在塑性理论的基础上，引进了各种简化假设，提出了许多求解塑性问题的传统近似解析方法。本章将介绍其中的主应力法、滑移线法、上限法、变形功法。

第一节　主应力法及应用

主应力法的实质是平衡方程与屈服准则的联立求解，为了工程应用方便，采用了一些基本假设使计算简化。由于所推导的公式能明显地（至少是定性地）说明各种因素（如摩擦状况、变形体的几何尺寸和变形程度等）对变形力的影响，所以作为一种初等解析方法，至今仍然在工程上广泛应用。

一、主应力法的基本原理

主应力法又称切块法，它是金属塑性成形中求解变形力的一种近似解法。它通过对应力状态做一些近似假设，建立以主应力表示的简化平衡微分方程和塑性条件，使求解过程大大简化。其主要步骤如下：

（1）根据变形时金属流动的方向，沿着与金属流动相垂直的方向，在整个高度上切取基元板块，作受力分析。

（2）根据基元板块的静力学平衡条件，得到一个近似的应力平衡微分方程，这实际上是一个常微分方程。

（3）在列出该基元板块的塑性条件时，假定接触面上的正应力为主应力，即忽略摩擦力对塑性条件的影响，从而使塑性条件简化。

（4）将经过近似的平衡微分方程和塑性条件联立求解。

（5）利用边界条件确定积分常数，求得接触面上的应力分布，进而求得变形力。

主应力法的数学演算比较简单，也很直观。在实际应用中，主应力法除了用于计算变形力外，还可以用于求解某些变形问题。主应力法得到的是解析解，从解的数学表达式中，我们可以看出有关参数（如摩擦系数、变形体的几何尺寸等）对求解结果的影响，因而在金属塑性成形分析中应用非常广泛。但是，这种方法只能确定接触面上的应力大小和分布，且计算结果的准确性与所做假设和实际情况的接近程度有关。

二、主应力法求解变形力举例

（一）平行模板压缩长矩形件

矩形板的长度 l 远大于高度 h 和宽度 b，可近似地认为坯料沿长度方向的变形为零，即当做平面应变问题处理。

图 7-1 表示平行模板间的平面应变镦粗，设 $\tau = mK$。对图中基元板块（设长为 l）列平衡方程式：

$$\sum P_x = \sigma_x lh - (\sigma_x + \mathrm{d}\sigma_x)lh - 2\tau l\mathrm{d}x = 0$$

$$\mathrm{d}\sigma_x = -\frac{2mK}{h}\mathrm{d}x \qquad (7\text{-}1)$$

因为式中的应力代表其绝对值，若简化的塑性条件仍按代数值列出，则不能进行联解。既然为镦粗变形，可判断出 σ_y 的绝对值必大于 σ_x 的绝对值，故按绝对值列出的近似塑性条件为：

$$\sigma_y - \sigma_x = 2K;\ \mathrm{d}\sigma_y = \mathrm{d}\sigma_x \qquad (7\text{-}2)$$

将式（7-1）和式（7-2）联立求解，得

$$\sigma_y = -\frac{2mK}{h}x_e + C$$

利用应力边界条件求积分常数 C：当 $x = x_e$，$\sigma_y = \sigma_{ye}$，故有 $C = \sigma_{ye} + \frac{2mK}{h}x_e$，最后得

$$\sigma_y = \frac{2mK}{h}(x_e - x) + \sigma_{ye} \qquad (7\text{-}3)$$

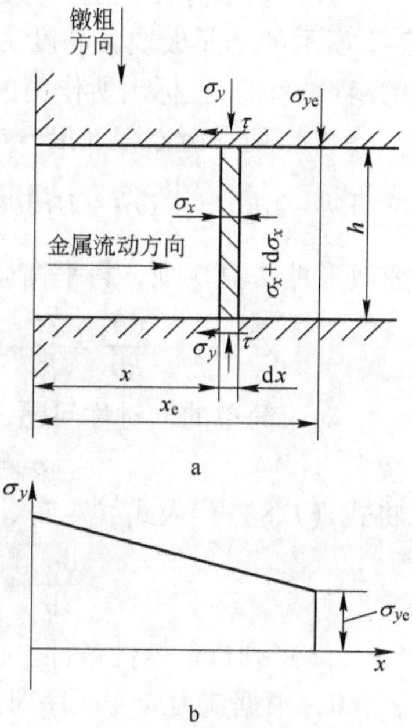

图 7-1　平行模板间平面应变镦粗

σ_y 的分布图形如图 7-1b 所示。

单位面积的平均变形力（简称单位变形力亦称单位流动压力或变形抗力）为

$$p = \frac{P}{F} = \frac{1}{x_e}\int_0^{x_e}\sigma_y \mathrm{d}x = \frac{mKx_e}{h} + \sigma_{ye} \qquad (7\text{-}4)$$

式中，σ_{ye}表示工件外端（$x = x_e$）处的垂直压应力（绝对值），若该处为自由表面，$\sigma_{xe} = 0$，由式（7-2）得 $\sigma_{ye} = 2K$；否则由相邻变形区所提供的边界条件确定。由式（7-3）和式（7-4），可方便求出宽度 b、高度 h 的工件平面应变自由镦粗时接触面上的压应力 σ_y 和单位变形力 p（均为绝对值）：

$$\sigma_y = 2K\left[1 + \frac{m}{h}\left(\frac{b}{2} - x\right)\right] \qquad (7\text{-}5)$$

$$p = 2K\left(1 + \frac{m}{4}\frac{b}{h}\right) \qquad (7\text{-}6)$$

（二）平行模板间圆柱体镦粗

圆柱体镦粗通常是在两个平行的平砧间对坯料进行压缩，使坯料的高度减小，横截面增大。如果坯料与工具（平砧）的接触面上没有摩擦，镦粗后坯料仍保持为圆柱体，为均匀变形。但是实际上接触面间的摩擦是不可避免的，因此，镦粗后的坯料外形不再是圆柱体，而是呈鼓形，是不均匀变形。鼓形程度与摩擦系数、坯料的高径比和变形程度有

关。当高径比 $h/d<2$ 时，一般呈单鼓形；当高径比 $h/d>2$ 时，在上下端面附近首先产生双鼓形，当继续镦粗到高径比接近 1 时，双鼓形合成一个单鼓形。因此，镦粗是一个非稳定的塑性流动过程。

平行模板间镦粗圆柱体时，由于毛坯在几何上是轴对称的，所受载荷也是轴对称的，属于轴对称问题，主要步骤如下：

（1）切取基元板块。考虑到金属沿径向流动，切取图 7-2 所示的基元板块，高度为坯料瞬时高度 h，厚度为 $\mathrm{d}r$ 的扇形，在其上标出所作用的应力 σ_z、σ_r、σ_θ 及 τ。

（2）列平衡方程（沿 r 向）。$(\sigma_r+\mathrm{d}\sigma_r)(r+\mathrm{d}r)\mathrm{d}\theta h-\sigma_r r\mathrm{d}\theta h-2\sigma_\theta\sin\frac{\mathrm{d}\theta}{2}\mathrm{d}rh+2\tau r\mathrm{d}\theta\mathrm{d}r=0$。

整理并略去高次项，得平衡微分方程

$$\frac{\mathrm{d}\sigma_r}{\mathrm{d}r}+\frac{2\tau}{h}+\frac{\sigma_r-\sigma_\theta}{r}=0 \tag{7-7}$$

对于简单的轴对称问题，有

$$\sigma_r=\sigma_\theta \tag{7-8}$$

将式（7-8）代入式（7-7），可得

$$\frac{\mathrm{d}\sigma_r}{\mathrm{d}r}+\frac{2\tau}{h}=0 \tag{7-9}$$

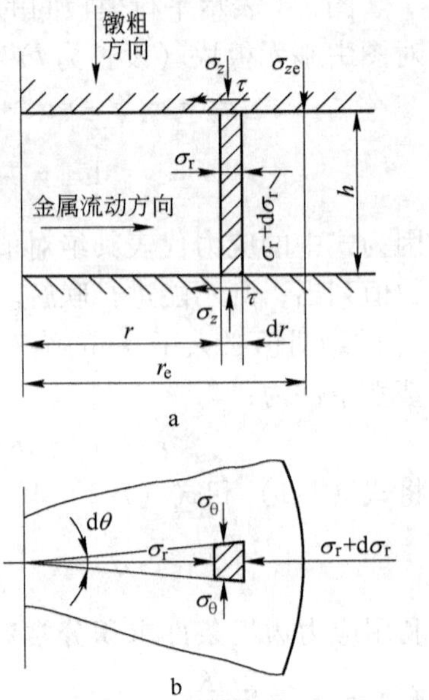

图 7-2　平行模板间圆柱体镦粗

（3）列近似塑性条件。由应变状态可见，$\varepsilon_r=\varepsilon_\theta>0$，$\varepsilon_z<0$，根据应力应变顺序对应规律（考虑到应力的符号）可知$(-\sigma_r)=(-\sigma_\theta)>(-\sigma_z)$，此时的屈服准则 $\sigma_{\max}-\sigma_{\min}=\sigma_s$，略去摩擦力，即视 σ_r、σ_z 为主应力，将有

$(-\sigma_r)-(-\sigma_z)=\sigma_s$，即

$$\sigma_z-\sigma_r=\sigma_s \tag{7-10}$$

将式（7-10）微分可得

$$\frac{\mathrm{d}\sigma_z}{\mathrm{d}r}=\frac{\mathrm{d}\sigma_r}{\mathrm{d}r} \tag{7-11}$$

（4）联立求解。将屈服准则式（7-11）与微分方程式（7-9）联解，得

$$\mathrm{d}\sigma_z=-\frac{2\tau}{h}\mathrm{d}r \tag{7-12}$$

积分上式，得

$$\sigma_z=-\frac{2\tau}{h}r+C \tag{7-13}$$

（5）利用边界条件，确定积分常数。当 $r=r_e$ 时，$\sigma_{re}=0$，代入式（7-10），得

$$\sigma_{ze}=\sigma_s$$

$$C=\sigma_s+\frac{2\tau}{h}\cdot r_e \tag{7-14}$$

则

$$\sigma_z=\frac{2\tau}{h}(r_e-r)+\sigma_s \tag{7-15}$$

（6）求总变形力。

$$P = \int_0^{r_e} \sigma_z 2\pi r \mathrm{d}r = \int_0^{r_e} \left[\frac{2\tau}{h}(r_e - r) + \sigma_s\right] \cdot 2\pi r \cdot \mathrm{d}r = \pi r_e^2 \cdot \left(\sigma_s + \frac{2\tau r_e}{3h}\right) \qquad (7\text{-}16)$$

（三）接触面上的摩擦剪应力及正应力分布规律

平行模板间圆柱体镦粗时，剪应力τ是由接触表面上的摩擦引起的。事实上，接触表面上摩擦剪应力的分布相当复杂，不是一个恒定值。例如，在接触面上正压力较小的区域，τ的分布更符合库仑摩擦定律，即$\tau = \mu\sigma_z$（或$\tau = \mu\sigma_y$）；当正压力较大以致τ达到极值时，则τ将不再随正压力的增大而增大，相应的区域应遵循最大摩擦力不变条件，即$\tau = K$；而在分流点（轴线）附近的区域，根据金属沿接触表面流动的特点，该区域内的τ将由某一数值递减至零，过分流点后沿反向再由零递增至某一数值。

摩擦剪应力τ的不同，必然会影响到正压力的分布规律。因此，如果根据求解问题的实际情况，将接触表面划分不同区域，各个区域分别采用不同的摩擦条件，则求得的接触面上正压力分布必然与全部按常摩擦条件导出的结果不同，而更符合实际和能更好地说明接触表面的物理现象。在这方面，翁克索夫作了系统的理论与实验研究，提出一种工程计算法。为了使读者对这种计算法有所了解，以圆柱体镦粗为例，做简要说明。

设圆柱体的 d/h 和（或）接触表面摩擦系数 μ 较大，根据上述分析，将接触表面按τ的不同分布规律分成三个区域，如图 7-3 所示。图中，与 ab 段相对应的区域称为滑动区，$\tau = \mu\sigma_z$；与 bc 段相对应的称为制动区，$\tau = K$；而与 OC 段相对应的称为停滞区，$\tau = \frac{K}{r_c}r$。

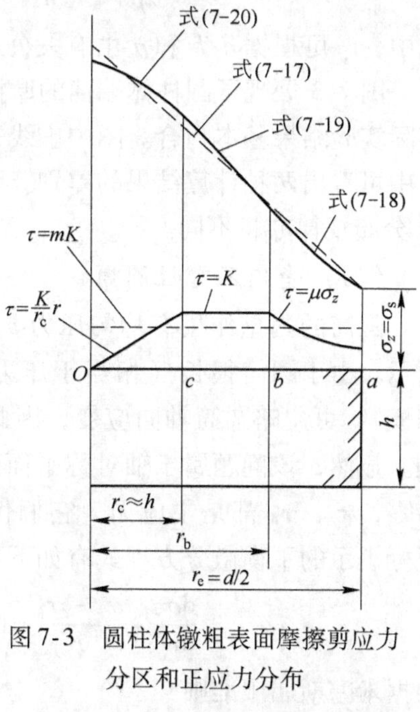

图 7-3　圆柱体镦粗表面摩擦剪应力分区和正应力分布

由前面推导可知，圆柱体镦粗时，正应力的表达式如式（7-12）所示，为

$$\mathrm{d}\sigma_z = -\frac{2\tau}{h}\mathrm{d}r$$

当$\tau = mK$（$K = \sigma_s/2$），可求出圆柱体自由镦粗时接触面上的正应力 σ_z 为

$$\sigma_z = \sigma_s\left[1 + \frac{m}{h}(r_e - r)\right] \qquad (7\text{-}17)$$

对于滑动区，$\tau = \mu\sigma_z$，联解得

$$\frac{\mathrm{d}\sigma_z}{\sigma_z} = -\frac{2\mu}{h}\mathrm{d}r$$

$$\ln\sigma_z = \frac{2\mu}{h}r + C$$

当 $r = r_e$ 时，$\sigma_z = \sigma_s$，故 $C = \ln\sigma_s + \frac{2\mu}{h} r_e$

最后得

$$\ln\frac{\sigma_z}{\sigma_s}=\frac{2\mu}{h}(r_e-r)$$

$$\sigma_z=\sigma_s e^{\frac{2\mu}{h}(r_e-r)},(r_b\leqslant r\leqslant r_e) \tag{7-18}$$

对于制动区，$\tau=K=\frac{\sigma_s}{2}$，与式（7-12）联解得 $\sigma_z=-\frac{\sigma_s}{h}r+C$

当 $r=r_b$ 时，$\mu\sigma_z=K=\frac{\sigma_s}{2}$，故 $C=\frac{\sigma_s}{2\mu}+\frac{\sigma_s}{h}r_b$

最后得
$$\sigma_z=\frac{\sigma_s}{2\mu}\left[1+\frac{2\mu}{h}(r_b-r)\right],(r_c<r\leqslant r_b) \tag{7-19}$$

对于停滞区，$\tau=\frac{\sigma_s}{2}\frac{r}{r_c}$，与式(7-12)联解得 $\sigma_z=-\frac{\sigma_s}{hr_c}\frac{r^2}{2}+C$

当 $r=r_c$ 时，由式(7-19)得
$$\sigma_z=\frac{\sigma_s}{2\mu}\left[1+\frac{2\mu}{h}(r_b-r_c)\right]$$

又根据翁克索夫实验研究，$r_c\approx h$，故
$$C=\frac{\sigma_s}{2\mu}\left[1+\frac{2\mu}{h}(r_b-h)\right]+\frac{\sigma_s}{2}$$

最后得

$$\sigma_z=\frac{\sigma_s}{2\mu}\left[1+\frac{2\mu}{h}(r_b-h)\right]+\frac{\sigma_s}{2h^2}(h^2-r^2),(0\leqslant r\leqslant r_c\approx h) \tag{7-20}$$

式中，r_b 可根据 d/h 和 μ 由有关公式确定。

图 7-3 展现了圆柱体端面的摩擦剪应力τ和端面正应力（压力）σ_z 的分布规律，它和实际实验结果基本吻合。图中虚线是用式（7-17）计算的，按照$\tau=mK$ 推导出的 σ_z 分布，从中可看出两种计算结果的差别。随着 d/h 和 μ 的不同，接触表面的分区情况以及相应的 σ_z 分布规律亦将不同。

（四）受内压塑性圆筒

圆筒的内壁作用有均匀压力 p，筒的尺寸如图 7-4 所示。由于圆筒很长（相当于压力容器、管道和挤压凹模），可忽略圆筒轴向应变，因此可以按平面应变处理。显然，该问题属于轴对称平面问题，因此τ_{rz}、$\tau_{\theta r}$ 均为零，σ_r、σ_θ 都是主应力，它们仅随 r 变化，用圆柱坐标表示的平衡微分方程式有如下形式：

$$\frac{d\sigma_r}{dr}+\frac{\sigma_r-\sigma_\theta}{r}=0 \tag{7-21}$$

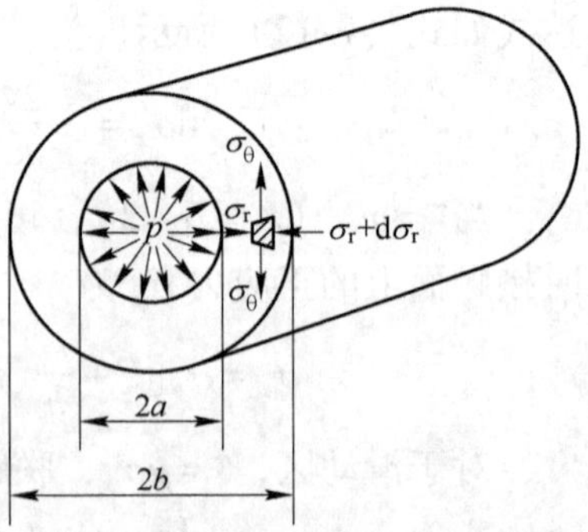

图 7-4 受内压塑性圆筒

根据米塞斯屈服准则

$$\sigma_\theta-\sigma_r=\beta\sigma_s \tag{7-22}$$

式中，β 为中间主应力影响系数，对于平面应变问题$\beta=\frac{2}{\sqrt{3}}$，代入式（7-21），得

$$d\sigma_r=\frac{2}{\sqrt{3}}\sigma_s\frac{dr}{r}$$

积分得 $\sigma_r = \frac{2}{\sqrt{3}}\sigma_s \ln Cr$。

利用边界条件确定积分常数 C：当 $r = b$，$\sigma_r = 0$　则 $C = \frac{1}{b}$。

联立式（7-22）得到塑性圆筒的应力解

$$\sigma_r = \frac{2}{\sqrt{3}}\sigma_s \ln \frac{r}{b}$$

$$\sigma_\theta = \frac{2}{\sqrt{3}}\sigma_s (1 + \ln \frac{r}{b})$$

分析上式知，截面的 σ_θ 总为拉应力，σ_r 总为压应力。当 $r = a$ 时，有最大的压力 p，且 $p = \frac{2}{\sqrt{3}}\sigma_s \ln \frac{b}{a}$。

第二节　滑移线法及应用

塑性变形体内各点最大剪应力的轨迹称为滑移线。由于最大剪应力成对正交，因此滑移线在变形体内成两族互相正交的线网，组成所谓滑移线场。

滑移线法就是针对具体问题，建立滑移线场，然后利用其某些特性来求解。与其他方法相比，滑移线法在数学上比较严谨，理论上比较完整。它不仅可以计算变形力，而且还可以确定塑性变形区内的应力场和速度场，接触面上的应力分布及等静压迹线等。构成滑移线的网格为在计算机上采用数值方法求解提供了自然单元，为该方法在工程计算上应用提供了方便。

严格地说，这种方法仅适用于处理平面应变问题，这是因为平面应变问题的平衡微分方程能转化为双曲线方程，其解为特征线，可以证明，这个特征线是物理上的滑移线。但在对于主应力互为异号的平面应力状态问题、简单的轴对称问题以及有硬化的材料，也可推广应用。

另外，在滑移线场理论中采用假定为：（1）忽略弹性变形，认为材料是刚塑性的；（2）不考虑加工硬化，即认为材料是理想塑性的。所以，滑移线场理论研究的是刚塑性理想材料。

一、滑移线的基本概念

变形体处于平面塑性应变状态时，沿某一个坐标轴（设为 z 轴）的应变为零，所有应力、应变分量均与该轴无关。塑性流动仅发生在与该轴相垂直的坐标平面（设为 XOY 平面）内，此面称为塑性流动平面，塑性变形体（或变形区）内任一点的应力状态如图 7-5a 所示，其应力莫尔圆如图 7-5b（按工程力学剪应力符号规则）所示。由图中可见，两个彼此正交的最大剪应力面（即 α 点和 β 点所代表的物理平面）与塑性流动平面相垂直，最大剪应力 τ_{max} 的数值为

$$\tau_{max} = \tau_{13} = \pm \frac{1}{2}(\sigma_1 - \sigma_3) = \pm K$$

其方向与主应力 σ_1 成 $\pm\frac{\pi}{4}$ 夹角。而作用于最大剪应力面上的正应力 σ_{13} 恰等于平均应力 σ_m 或中间主应力 σ_2，即

$$\sigma_{13}=\sigma_m=\sigma_2=\frac{1}{2}(\sigma_1+\sigma_3)=\frac{1}{2}(\sigma_x+\sigma_y)$$

因而任一点的应力状态都可用平均应力 σ_m 与最大剪切力 K 相叠加来表示（图7-5c），即有

$$\left.\begin{aligned}\sigma_1&=\sigma_m+K\\ \sigma_2&=\sigma_m\\ \sigma_3&=\sigma_m-K\end{aligned}\right\}\tag{7-23}$$

由应力莫尔圆可知，应力分量 σ_x、σ_y、τ_{xy} 与平均应力 σ_m 和最大剪应力 K 的关系

$$\left.\begin{aligned}\sigma_x&=\sigma_m-K\sin2\omega\\ \sigma_y&=\sigma_m+K\sin2\omega\\ \tau_{xy}&=K\cos2\omega\end{aligned}\right\}\tag{7-24}$$

将一点的代数值最大的主应力的指向称为第一主方向（即图 7-5 中 σ_1 的作用线）。由第一主方向顺时针转 π/4 所确定的最大剪应力，符号为正，其指向称为第一剪切方向。另一最大剪应力方向的指向称为第二剪切方向。第一、第二两剪切方向相互正交。由坐标轴 Ox 正向转向第一剪切方向的角度 ω（图 7-5a）称为第一剪切方向的方向角（也就是以后提到的滑移线的方向角）。

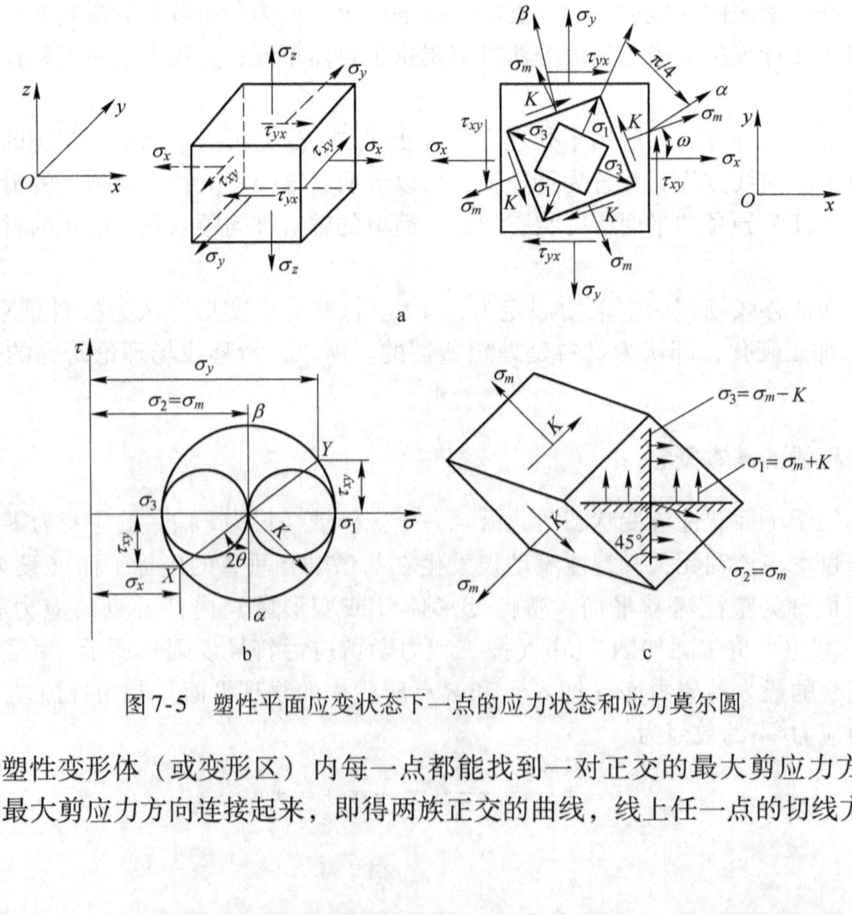

图 7-5　塑性平面应变状态下一点的应力状态和应力莫尔圆

由于塑性变形体（或变形区）内每一点都能找到一对正交的最大剪应力方向，将无限接近的最大剪应力方向连接起来，即得两族正交的曲线，线上任一点的切线方向即为该

点最大剪应力方向。此两族正交的曲线称为滑移线，沿第一剪切方向所得的滑移线称为α线，沿第二剪切方向所得的滑移线称为β线。由于过塑性区内任一点均可引出两条相互正交的滑移线，从而可构成滑移线网，它们布满于塑性区，形成滑移线场。

同一方向的滑移线组成滑移线族。由α线组成的滑移线族称为α族，由β线组成的滑移线族称为β族。两族滑移线的交点称为滑移线的节点。

为区别两族滑移线，通常采用下述规则：

若α和β线形成一右手坐标系的轴，则代数值最大的主应力σ_1的作用线位于第Ⅰ与第Ⅲ象限（见图7-6）。显然，此时α线两旁的最大剪应力组成顺时针方向，而β线两旁的最大剪应力组成逆时针方向。

α线的切线方向与x轴的夹角以ω表示，并规定以x轴正向为ω角的度量起始线，逆时针旋转形成的ω角为正值，顺时针旋转形成的ω角为负值。

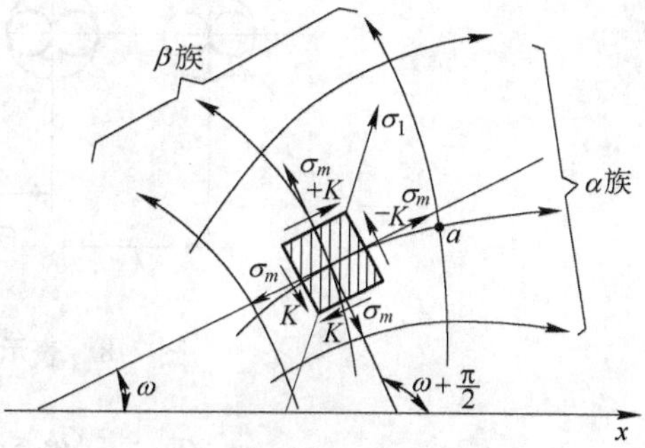

图7-6　滑移线和滑移线场

在解决具体问题时，如果我们按应力边界条件判断出边界上某点的σ_1与σ_3方向（σ_2必垂直于物理平面），就能判断单元体的变形趋势，同时可确定最大剪应力K的方向，从而根据某滑移线两侧的最大剪应力K所组成的时针转向来确定该线的族别，如图7-7所示。

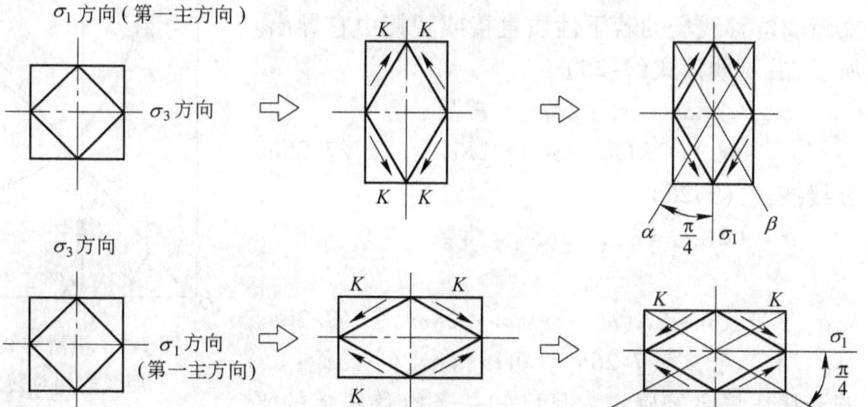

图7-7　按最大剪应力K的时针转向或按第一主方向确定滑移线族别

二、汉基（Hencky）应力方程

对于理想刚塑性材料中处于塑性平面应变状态下的各点，其应力状态不同实质只是各点的平均正应力σ_m不同，而各点处的最大剪应力K为材料常数都是一样的（无强化的塑性变形）。各点不同的应力状态反映在应力平面$\sigma-\tau$上的几何图形是一系列直径均为$2K$的应力莫尔圆。只是由于各点所对应的单元体上的平均正应力σ_m不同（即圆心不同），而使诸应力莫尔圆沿 σ 轴分布，如图 7-8 所示。沿滑移线上各点的平均正应力的变化规律由著名的汉基应力方程来描述，即

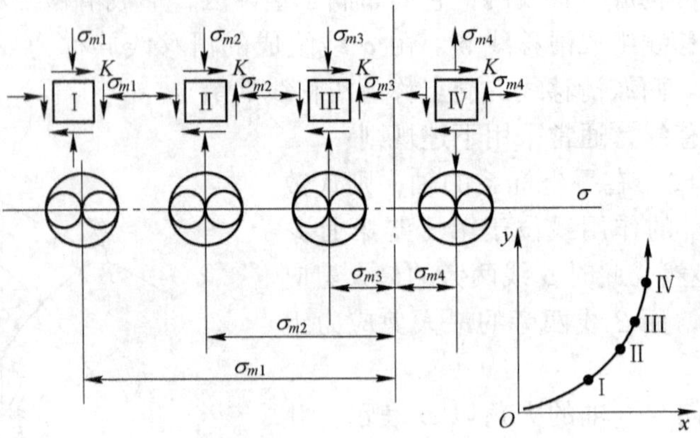

图 7-8 表示各点应力状态的应力圆的分布

$$\sigma_m - 2K\omega = \xi(\beta) \qquad \text{（沿 } \alpha \text{ 线）} \qquad (7\text{-}25)$$

$$\sigma_m + 2K\omega = \eta(\alpha) \qquad \text{（沿 } \beta \text{ 线）} \qquad (7\text{-}26)$$

汉基方程描述了平均正应力 σ_m 沿滑移线的变化规律，沿某 α 线（或 β 线）上任一点的平均正应力 σ_m 减去（或加上）该点的倾角 ω 同 $2K$ 的乘积为一常数。只是从一条滑移线转到同族的另一条滑移线上时，这一常数才改变。

汉基方程是滑移线场理论中的重要公式，其推导过程可参阅有关文献。滑移线场的若干性质直接或间接由它导出。如图 7-9 所示，沿 α 线按式（7-25）

$$\sigma_{ma} - 2K\omega_a = \sigma_b - 2K\omega_b = \text{常数}$$

所以

$$\sigma_{ma} - \sigma_{mb} = 2K(\omega_a - \omega_b) = 2K\omega_{ab} \qquad (7\text{-}25a)$$

同理，沿 β 线按式（7-26）

$$\sigma_{mc} + 2K\omega_c = \sigma_{md} + 2K\omega_d = \text{常数}$$

所以

$$\sigma_{mc} - \sigma_{md} = -2K(\omega_c - \omega_d) = -2K\omega_{cd} \qquad (7\text{-}26a)$$

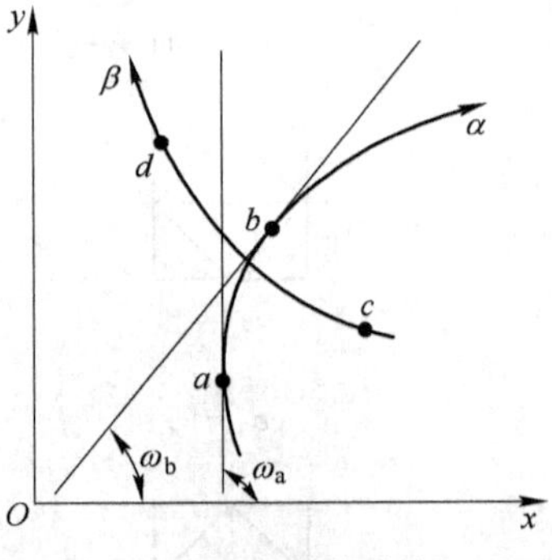

图 7-9 沿滑移线节点切线的相对转角

由式（7-25a）和式（7-26a），可以得出以下结论：

（1）若滑移线场已经确定，且已知一条滑移线上的平均应力，则可以确定该滑移线场中各点的应力状态。

（2）若滑移线为直线，则此直线上各点的应力状态相同。

（3）如果在滑移线场的某一区域内，两族滑移线皆为直线，则此区域内各点的应力状态相同，称为均匀应力场。

三、滑移线的几何性质

1. 汉基第一定理

汉基第一定理：在任意的两条同族滑移线之间所截取的另一族滑移线的所有曲线段上都有相等的滑移线转角。

如图 7-10 所示，根据汉基第一定理，图中的 β 滑移线族被两条 α 线所截，由之所形成的一系列 β 族滑移线曲线段上都应当有同样的转角 $\Delta\omega$。

2. 汉基第二定理

汉基第二定理：沿着某族的一条滑移线移动所走过的距离等于过该运动起点、终点上另一族的滑移线在相应点上曲率半径的变化。

图 7-11 所示的有心扇形场就是一种十分典型的情况，沿着某族滑移线移动距离为 AB，这一距离也正是另一族的两条过 A、B 点的圆弧形滑移线在相应点上曲率半径的减小值。

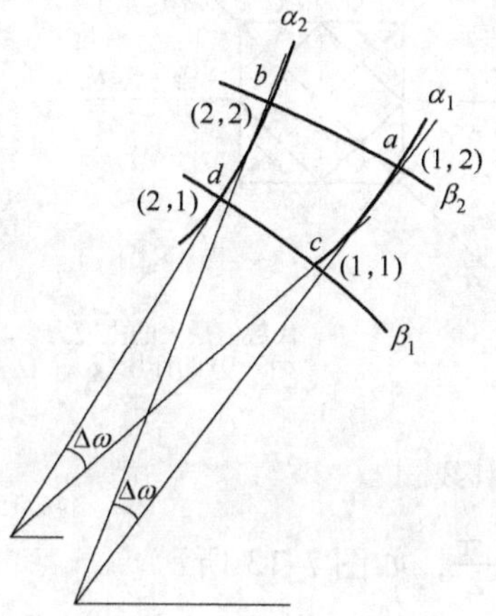

图 7-10 被异族两条滑移线所截取曲线段上的转角 $\Delta\omega$

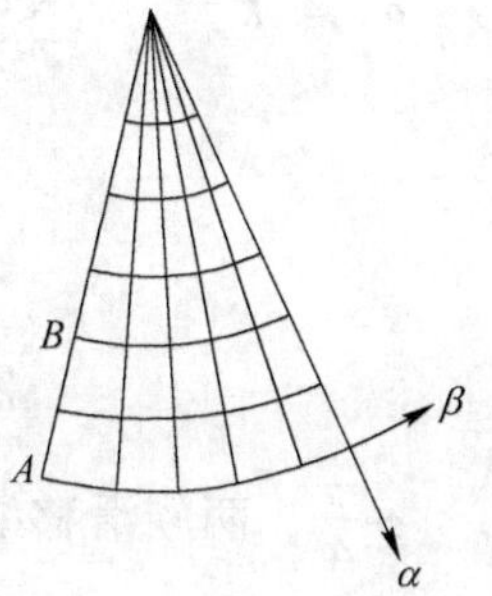

图 7-11 有心扇形滑移线场曲率半径的变化情况

四、滑移线场的建立

建立滑移线场的方法有两种：图解法和数值解析法。在应用时，整个塑性变形区内的滑移线场往往是由各种类型的滑移线组合而成的。图解法是根据塑性区内金属流动情况、边界条件、应力状态及滑移线的特性逐一分区确定滑移线场，然后将各区的滑移线场拼连起来，构成整个塑性区内的滑移线场。

（一）塑性区的应力边界条件

应力边界条件就是当滑移线延伸至塑性区边界时应满足的受力条件。常见的应力边界条件有以下四种类型。

（1）不受力的自由表面。分析自由表面上一点的应力状态时，可存在两种情况：1）$\sigma_1 = 2K$，$\sigma_3 = 0$；2）$\sigma_1 = 0$，$\sigma_3 = -2K$。

由于自由表面上 $\tau_{xy} = 0$，所以

$$\cos 2\omega = 0,\ \omega = \pm\frac{\pi}{4}$$

这说明两族滑移线与自由表面相交成 $\pm\frac{\pi}{4}$，如图 7-12 所示。

（2）无摩擦的接触表面。由于接触表面上无摩擦，即 $\tau_{xy} = 0$，则与不受力的自由表面

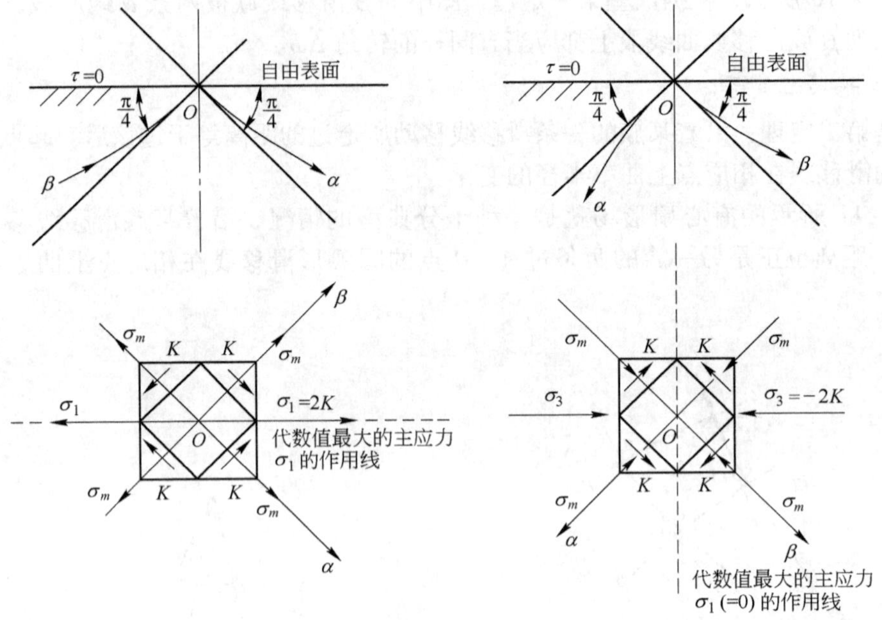

图 7-12 自由表面处的滑移线

情况一样，$\omega=\pm\frac{\pi}{4}$，两族滑移线与接触表面相交成 $\pm\frac{\pi}{4}$，如图 7-13 所示。

（3）摩擦剪应力达到最大值 K 的接触表面。由于接触表面上 $\tau_{xy}=\pm K$，则 $\cos 2\omega=\pm 1$，$\omega=0$ 或 $\omega=\frac{\pi}{2}$，这说明一族滑移线与接触表面相切，另一族滑移线则与之正交，如图 7-14 所示。

（4）摩擦剪应力为某一中间值的接触表面。这种情况下，接触面上的摩擦剪应力为 $0<\tau_{xy}<K$。根据式（7-24）有：

$$\omega=\pm\frac{1}{2}\arccos\frac{\tau_{xy}}{K} \qquad (7\text{-}27)$$

将 τ_{xy} 的数值代入式（7-27）可以求得 ω 的两个解。但是其正确解应根据 σ_x、σ_y 的代数值并利用应力莫尔圆确定。确定 ω 后即可确定 α 线和 β 线，如图 7-15 所示。

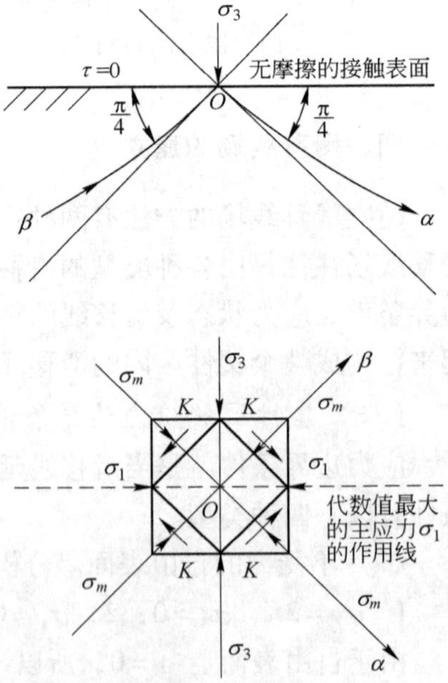

图 7-13 无摩擦接触表面处的滑移线

（二）常见的滑移线场类型

常见的滑移线场类型有以下几种类型。

（1）直线滑移线场。这是由两族正交的直线构成的滑移线场，如图 7-16 所示。它所对应的应力场为均匀应力场。

（2）简单滑移线场。这是由一族为直线，另一族为曲线所构成的滑移线场，如图 7-17 所示。它所对应的应力场称为简单应力场。这类滑移线场又可分为以下两种情况：

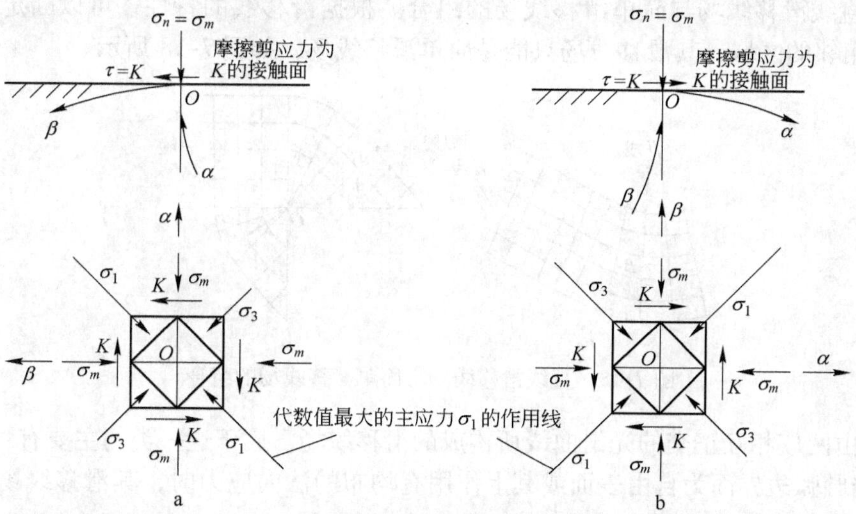

图 7-14 摩擦剪应力为 K 的接触表面处的滑移线

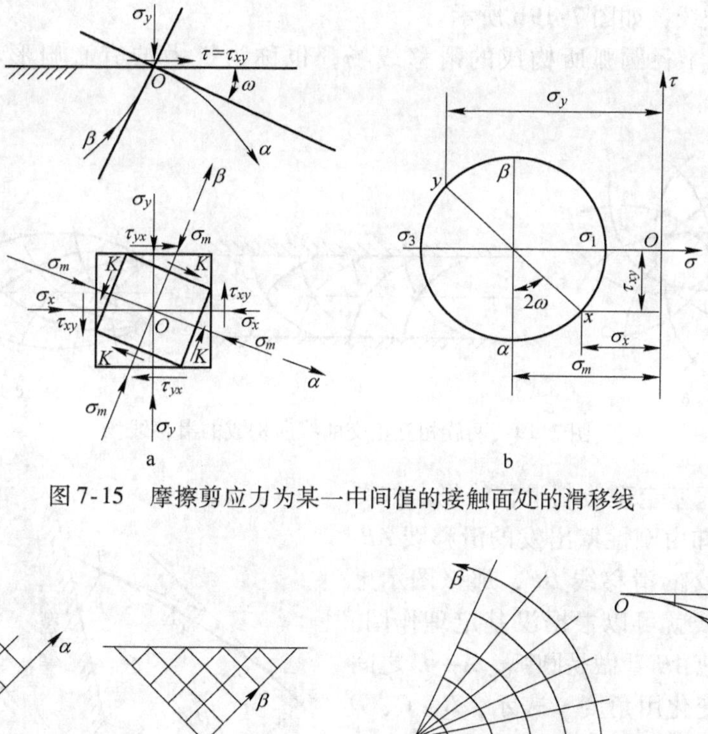

图 7-15 摩擦剪应力为某一中间值的接触面处的滑移线

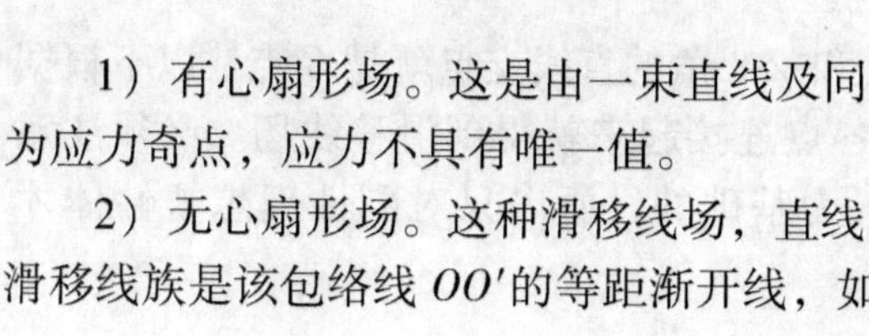

图 7-16 直线滑移线场

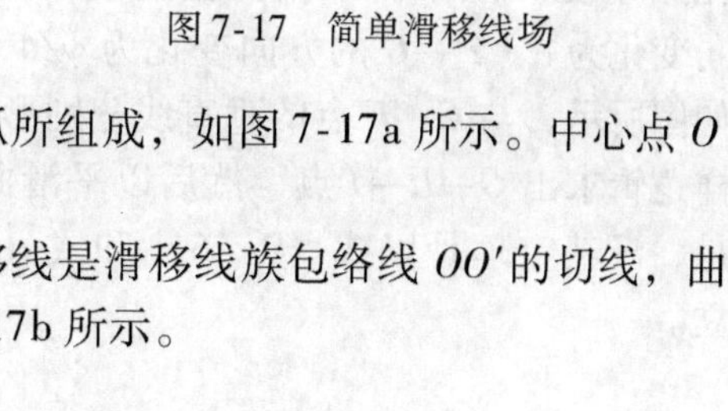

图 7-17 简单滑移线场

1）有心扇形场。这是由一束直线及同心圆弧所组成，如图 7-17a 所示。中心点 O 称为应力奇点，应力不具有唯一值。

2）无心扇形场。这种滑移线场，直线形滑移线是滑移线族包络线 OO' 的切线，曲线滑移线族是该包络线 OO' 的等距渐开线，如图 7-17b 所示。

（3）直线滑移线场与简单滑移线场的组合。根据滑移线的特性，可以断定，与直线滑移线场相邻的区域，其滑移线场只能是简单滑移线场，如图 7-18 所示。

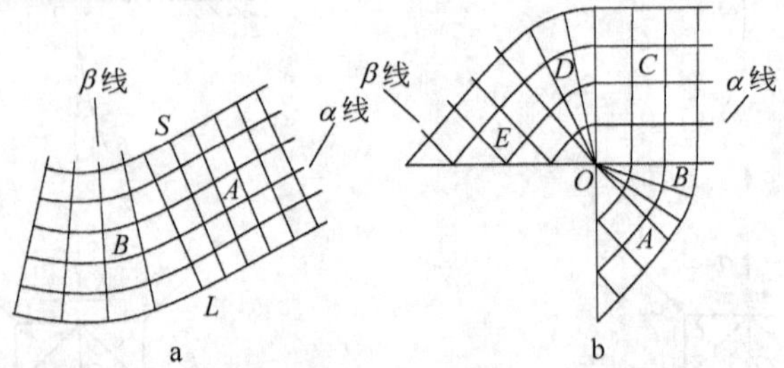

图 7-18 直线滑移线场与简单滑移线场的组合

（4）由两族相互正交的光滑曲线所构成的滑移线场。属于这一类的主要有：

1）当圆弧边界面为自由表面或其上作用有均布的法向应力时，其滑移线场由正交的对数螺旋线所构成，如图 7-19a 所示。

2）粗糙平行刚性板间压缩时，相应于接触面上摩擦力达到最大值的那一段，滑移线场为正交的圆摆线，如图 7-19b 所示。

3）两个等半径圆弧所构成的滑移线场，也称为扩大的有心扇形场，如图 7-19c 所示。

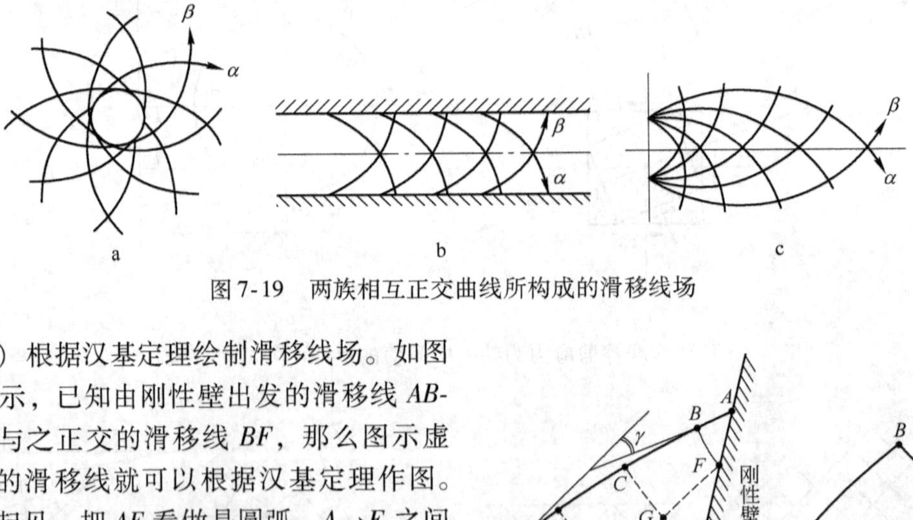

图 7-19 两族相互正交曲线所构成的滑移线场

（5）根据汉基定理绘制滑移线场。如图 7-20 所示，已知由刚性壁出发的滑移线 *ABCDE* 和与之正交的滑移线 *BF*，那么图示虚线区域的滑移线就可以根据汉基定理作图。为简便起见，把 *AE* 看做是圆弧，*A*→*E* 之间的滑移线方向变化用角度 γ 表示，*B*、*C*、*D* 点四等分弧 *AE*。另外，把 *B*→*F* 之间的方向变化用角度 α 表示。根据汉基定理，*C*→*G* 方向变化为 α，*F*→*G* 的方向变化为 $\gamma/4$，因此如图所示，与 *C*、*F* 点的垂直线分别形成 $\alpha/2$ 和 $\gamma/8$ 角的直线交点就是 *G* 点。以下根据同样逻辑求出 *G*→*H*→*I* 点，然后以平滑曲线把各点连接起来就得到滑移线场。必须注意的是，汉基定理是以式（7-25）和式（7-26）为基础的，所以只对刚性理想塑性体才成立。

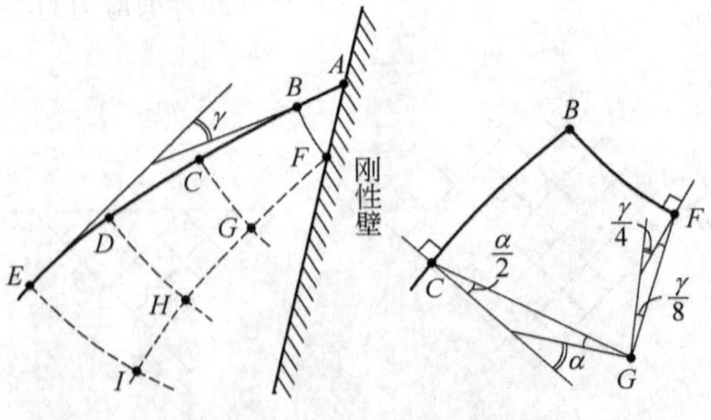

图 7-20 根据汉基定理扩张的滑移线场图

五、滑移线场的速度场

滑移线场理论，不仅可以根据应力边界条件，利用滑移线的特性，可求得变形区内的应力场，同时，还可以确定塑性区内的速度场，从而可以确定各点的位移和应变。

（一）格林盖尔（H. Geiringer）速度方程

根据应力应变速率方程式，可以得到平面应变条件下的应力应变方程为

$$\left.\begin{aligned}\dot{\varepsilon}_x &= \dot{\lambda}\sigma'_x = \dot{\lambda}(\sigma_x - \sigma_m)\\ \dot{\varepsilon}_y &= \dot{\lambda}\sigma'_y = \dot{\lambda}(\sigma_y - \sigma_m)\\ \dot{\gamma}_{xy} &= \dot{\lambda}\tau_{xy}\end{aligned}\right\} \tag{7-28}$$

在塑性区内任取一点 P，设 P 点为 α、β 的交点，若过 P 点取滑移线为坐标系（图 7-21），则应力应变速率方程式（7-28）中，$\sigma_x=\sigma_\alpha$、$\sigma_y=\sigma_\beta$、$\dot{\varepsilon}_x=\dot{\varepsilon}_\alpha$、$\dot{\varepsilon}_y=\dot{\varepsilon}_\beta$。由于 σ_α、σ_β 是最大剪应力（$\tau_{\max}=K$）所在平面上的正应力，因此，根据塑性平面应变的特点可知

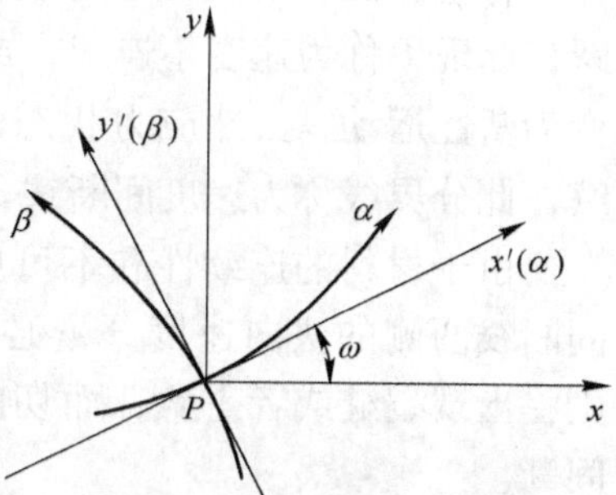

图 7-21　取滑移线为坐标系

$$\sigma_\alpha = \sigma_\beta = \sigma_m$$

将上式代入式（7-28），得

$$\left.\begin{aligned}\dot{\varepsilon}_\alpha &= 0\\ \dot{\varepsilon}_\beta &= 0\end{aligned}\right\} \tag{7-29a}$$

即

$$\left.\begin{aligned}\frac{d\varepsilon_\alpha}{dt} &= 0 \qquad d\varepsilon_\alpha = 0\\ \frac{d\varepsilon_\beta}{dt} &= 0 \qquad d\varepsilon_\beta = 0\end{aligned}\right\} \tag{7-29b}$$

式（7-29b）表明，沿滑移线无线应变增量，即在滑移线方向上不产生线应变，只有剪切变形，亦即滑移线具有不可伸缩的特性。

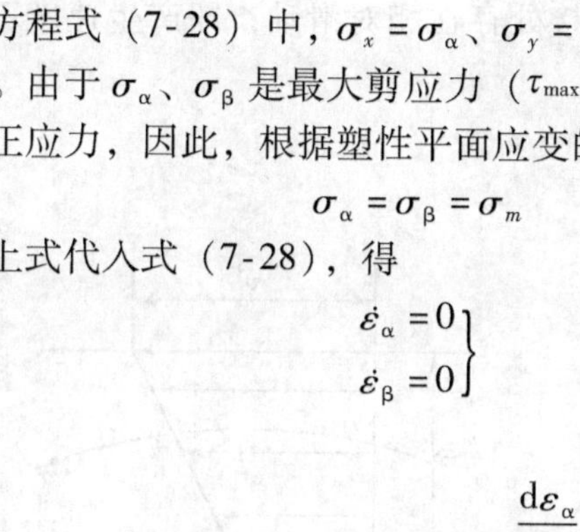

图 7-22　滑移线上邻近两点的速度分量

若 α 线上点 P_1 处的速度为 v_1，其沿滑移线方向的速度分量为 v_α 和 v_β（图 7-22）。在此 α 线上与 P_1 点无限接近的 P_2 处的速度为 v_2，其滑移线方向的速度分量为 $v_\alpha+dv_\alpha$ 和 $v_\beta+dv_\beta$。同时，由 P_1 点到 P_2 点的转角为 $d\omega$（图 7-22）。由于点 P_1 与 P_2 是无限接近，则可认为弧 P_1P_2 与其弦 P_1P_2 相重合。根据滑移线不可伸缩的性质，则点 P_1 与 P_2 在 P_1P_2 方向上的速度分量必相等，即有

$$v_\alpha = (v_\alpha + dv_\alpha)\cos(d\omega) - (v_\beta + dv_\beta)\sin(d\omega) \tag{7-30}$$

由于 $d\omega$ 很小，则式（7-30）中 $\cos(d\omega)\approx 1, \sin(d\omega)\approx d\omega$，高阶项 $dv_\beta\sin(d\omega)$ 可忽略，因此，式（7-30）可写成

$$v_\alpha = v_\alpha + dv_\alpha - v_\beta d\omega$$

即

$$dv_\alpha - v_\beta d\omega = 0 \quad （沿\alpha线） \tag{7-31a}$$

同理

$$dv_\beta + v_\alpha d\omega = 0 \quad （沿\beta线） \tag{7-31b}$$

上式是由格林盖尔于1930年首先导出，故称为格林盖尔速度方程式。此方程式给出了沿滑移线上速度分量的变化特性，它可确定塑性变形区内的速度分布。

由式可知，若 α 滑移线为直线，则 $d\omega = 0$，v_α = 常数。因此，对于直线滑移线场，v_α = 常数，v_β = 常数，故称为均匀速度场，此区域作刚性运动。

（二）速度间断

若塑性区和刚性区之间或塑性区内相邻两区域之间可能有相对滑动，即速度发生跳跃，此现象称为速度不连续，或称速度间断。例如刚性区与塑性区的交界，由刚性运动转变为塑性运动，虽然应力状态是连续的，但是在交接处存在相对滑动，即产生速度不连续，此分界线称为速度间断线。

由于材料的连续性和不可压缩性的要求，速度间断线两侧的法向速度分量必须相等（连续），否则将出现裂缝或者重叠，而切向速度分量可以产生间断。

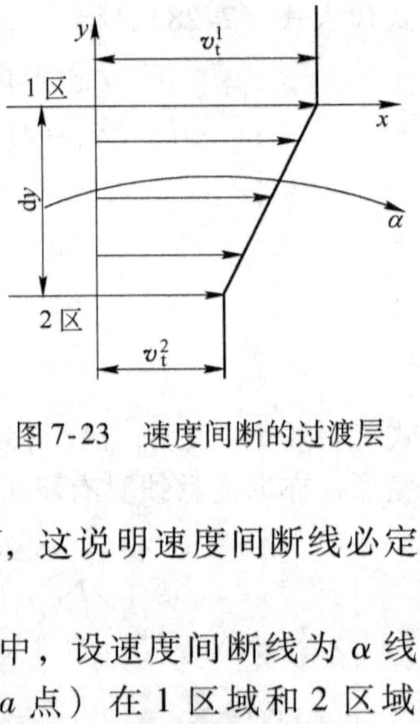

图7-23 速度间断的过渡层

速度间断线可以看成从一个速度场连续过渡到另一个速度场的速度间断面（很薄的过渡层）的极限线。如图7-23所示，从1区域到2区域，切向速度沿过渡层厚度 dy 发生急剧的变化，即由 v_t^1 跃变到 v_t^2。由切应变速率方程 $\dot{\gamma}_{xy} = \frac{1}{2}\left(\frac{\partial \dot{u}_y}{\partial x} + \frac{\partial \dot{u}_x}{\partial y}\right)$ 可知，当 $dy \to 0$ 时，$\frac{\partial \dot{u}_x}{\partial y} \to \infty$（$\dot{u}_x$ 即为切向速度），则 $\dot{\gamma}_{xy} \to \infty$。又 $\dot{\gamma}_{xy} = \dot{\lambda}\tau_{xy}$，故有 $\tau_{xy} \to \infty$，即 $|\tau_{xy}| = |\tau_{max}| = K$，这说明速度间断线必定是滑移线。

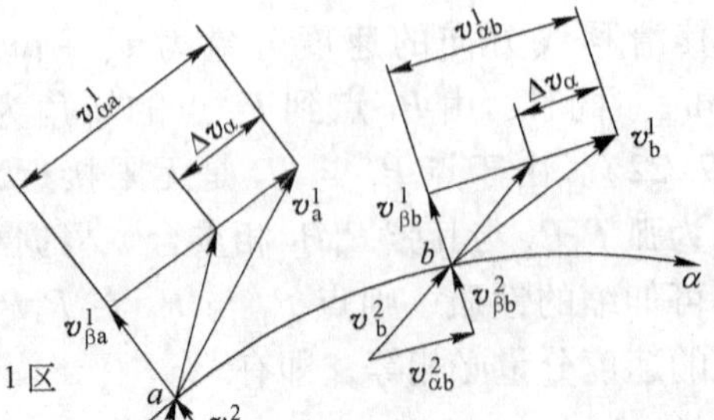

图7-24 速度间断

图7-24中，设速度间断线为 α 线，线上某点（如 a 点）在1区域和2区域的速度矢量分别为 v^1 和 v^2，并可分解成切向速度和法向速度分量，其分别为 v_α^1 和 v_α^2、v_β^1 和 v_β^2。由于变形体的连续性和不可压缩性，必须满足法向速度分量连续，即 $v_\beta^1 = v_\beta^2$。根据格林盖尔速度方程式（7-31a），沿 α 线有

$$dv_\alpha^1 - v_\beta^1 d\omega = 0$$

$$dv_\alpha^2 - v_\beta^2 d\omega = 0$$

将以上两式相减，可得

$$dv_{\alpha}^{1}=dv_{\alpha}^{2}$$

则由图 7-24 可得

$$v_{\alpha a}^{1}-v_{\alpha a}^{2}=v_{\alpha b}^{1}-v_{\alpha b}^{2}=\Delta v_{\alpha}=常数$$

亦即

$$v_{\alpha}^{1}-v_{\alpha}^{2}=\Delta v_{\alpha}=常数 \tag{7-32}$$

式（7-32）中 Δv_{α} 称为沿 α 线的速度间断值。此式表明，沿同一条滑移线的速度间断值为常数。

（三）速度矢端图（速端图）

当给出滑移线场，并由边界条件定出速度间断线及速度间断值后，可由格林盖尔方程确定其速度场。但是，对于复杂的滑移线场解格林盖尔速度方程往往是困难的。因此，工程上常用图解法确定塑性变形区内各点的位移速度的分布（即速度场）。为此，将沿滑移线上各点的速度分布表示在速度平面 v_x-v_y 上。在速度平面上以坐标原点 O 为极点（零向量），将塑性流动平面内位于同一条滑移线上各点的速度矢量按同一比例均由极点绘出，然后依次连接各速度矢量的端点，只要各点取得足够近，则会形成一条曲线。该曲线称为所研究的滑移线上的速度矢端曲线，如图 7-25 所示。对于塑性流平面内的每一条滑移线 α、β，一般都可以在速度平面内作出与之对应的速度矢端曲线 α'、β'（图 7-25）。于是对于由 α 与 β 两族连续正交的曲线所构成的滑移线场，则在速度平面上相应有一由两族连续正交的速度矢端曲线网络所构成的速度矢端图（速端图），即为速度场。

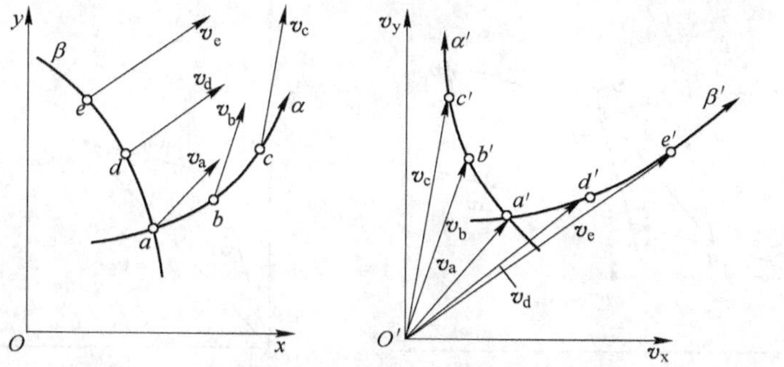

图 7-25　滑移线与速度矢端图

（四）滑移线和速度矢端曲线之间的关系

如图 7-26 所示，设 P_1、P_2、P_3 为某条滑移线（例如 α 线）上相邻的三个节点，v_1、v_2、v_3 分别为这三个节点的速度矢量。由于这三个节点无限接近，则可用弦 $\overline{P_1P_2}$、$\overline{P_2P_3}$ 分别代替微弧 P_1P_2、P_2P_3。在速度平面上，从极点 O 按同一比例画出各点的速度矢量，分别以 OP'_1、OP'_2、OP'_3 表示。由于滑移线不可伸缩，因此，v_1 和 v_2 在弦 $\overline{P_1P_2}$ 上的投影必然相等，亦即 OP_1 和 OP_2 在与弦 $\overline{P_1P_2}$ 相平行的 $\overline{OQ}$ 线上的投影必然相等，因而速度平面上速度矢量 OP'_1、OP'_2 的端点的连线 $\overline{P'_1P'_2}$ 必然垂直于弦 $\overline{P_1P_2}$。同理，速度矢量 $\boldsymbol{OP'_2}$ 和 $\boldsymbol{OP'_3}$ 的端点的连线 $\overline{P'_2P'_3}$ 垂直于弦 $\overline{P_2P_3}$。则折线 $P'_1P'_2P'_3$ 就是近似的速度矢端曲线。显然，若所取

的 P_1、P_2、P_3…各点是无限接近的话，则所绘出的速度矢端曲线就是一条光滑连续的曲线，且与过 P_1、P_2、P_3…诸点的滑移线正交。由此，对于由 α 与 β 两族连续正交的曲线所构成的滑移线场一定在速度平面上相应由两族正交的速度矢端曲线所构成的速度场。

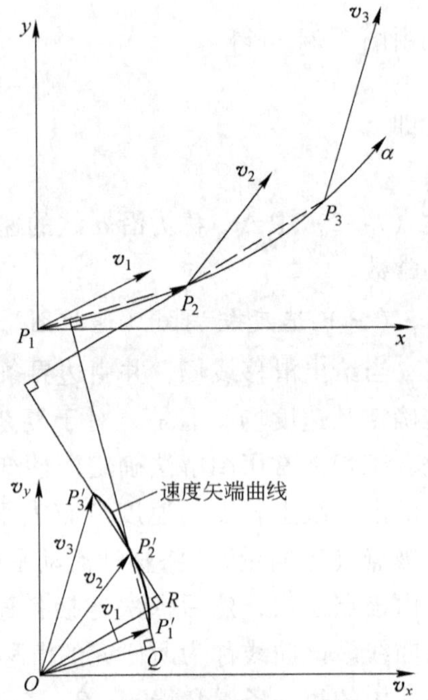

图 7-26　滑移线与速度矢端曲线间的关系

（五）几种速度间断线的速端图

（1）滑移线 ab 为一速度间断直线（图 7-27a）。其一侧为刚性区（“－”），以速度 v^- 作刚性平移，另一侧为塑性区（“＋”）。由于 ab 两侧分别具有同一速度，故在速度平面上的速度矢量曲线分别归缩为一个点，其速端图如图 7-27b 所示。

（2）滑移线 ab 为一速度间断曲线。这又可分为两种情况：

1）其一侧为刚性区（“－”），另一侧为塑性区（“＋”）（图 7-28a）。刚性区一侧在速度平面上的速度矢量曲线归缩为一点，塑性区一侧的速度矢端曲线为一半径等于速度间断值 Δv 的圆弧 a^+b^+，此圆弧的中心角等于滑移线 ab 在 a、b 两点之间的转角 ω_{ab}。其速端图如图 7-28b 所示。

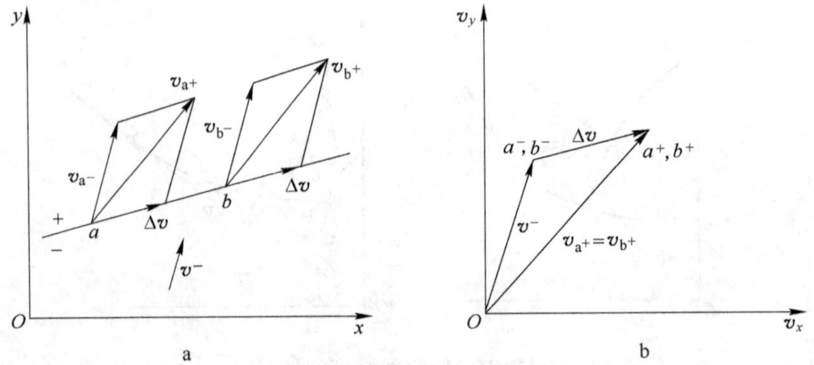

图 7-27　速度间断直线及其速端图

a—速度间断直线；b—速端图

2）其两侧均为塑性区（一侧为“＋”区，另一侧为“－”区）（图 7-29a）。在这种情况下，滑移线 ab 两侧在速度平面上分别有速度矢量曲线 a^-b^- 和 a^+b^+ 与其相对应，其速端图如图 7-29b 所示。

六、滑移线场理论在塑性成形中的应用

（一）平冲头压入半无限高坯料时的单位流动压力

设刚性平冲头的宽为 $2b$，长度远大于宽度，因而可以认为变形是平面变形。冲头和

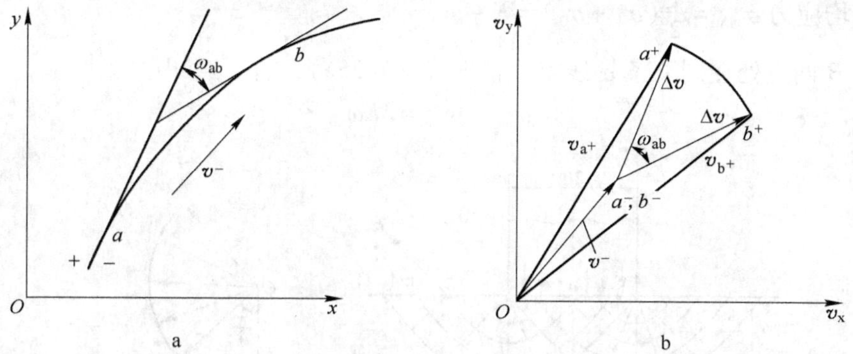

图 7-28　一侧为刚性区的速度间断曲线及其速端图

a—速度间断曲线；b—速端图

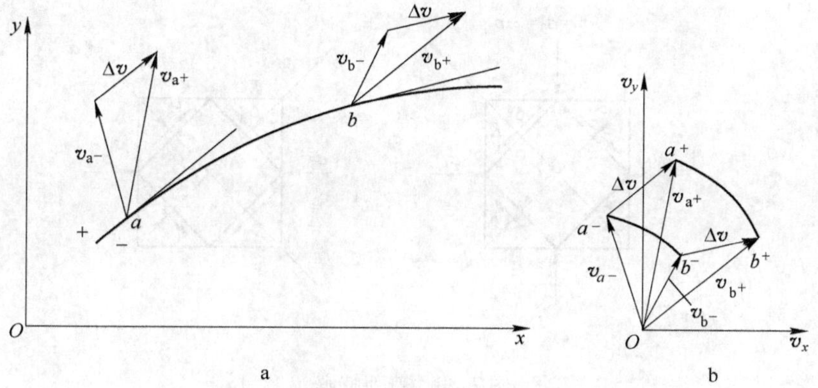

图 7-29　二侧均为塑性区的速度间断曲线及其速端图

a—速度间断曲线；b—速端图

坯料之间没有摩擦，接触面上仅作用均匀分布的法向应力 $\sigma_3 = \sigma_y = -p$，p 即为单位流动压力。冲头两侧为自由表面。

根据应力边界条件，可建立滑移线场。关于这一问题有两种滑移线场解，即普朗特（L. Prandtl）场与希尔（R. Hill）场。前者由三个等腰直角三角形的均匀场与两个 90°的中心扇形场（简单场）拼联而成（图 7-30a），后者由四个小等腰直角三角形与两个 90°的中心扇形场拼联而成（图 7-31a）。两种场求得的 p 值相同。

要求出接触面上的单位流动压力，需求出接触面上任一点的平均应力。按照前述滑移线区分规则，无论是从 A 点分析，还是从 B 点分析，都可以判断 AHB 线是 α 族滑移线。A、B 两点的应力状态如图 7-30b 所示。

在 B 点 $\omega_B = \dfrac{\pi}{4}$，$\sigma_1 = 0$。根据屈服准则：$\sigma_1 - \sigma_3 = 2K$，所以 $\sigma_3 = -2K$，平均应力 $\sigma_{mB} = \dfrac{1}{2}(\sigma_1 + \sigma_3) = -K$。

在 A 点，$\omega_A = -\dfrac{\pi}{4}$，$\sigma_3 = -p$。根据屈服准则：$\sigma_1 - \sigma_3 = 2K$，所以 $\sigma_1 = 2K + \sigma_3 =$

$2K-p$，平均应力 $\sigma_{mA}=\frac{1}{2}(\sigma_1+\sigma_3)=K-p$。

因 A、B 两点处在同一条 α 线上，根据式（7-25a），有

$$\sigma_{ma}-\sigma_{mb}=2K\omega_{ab}$$

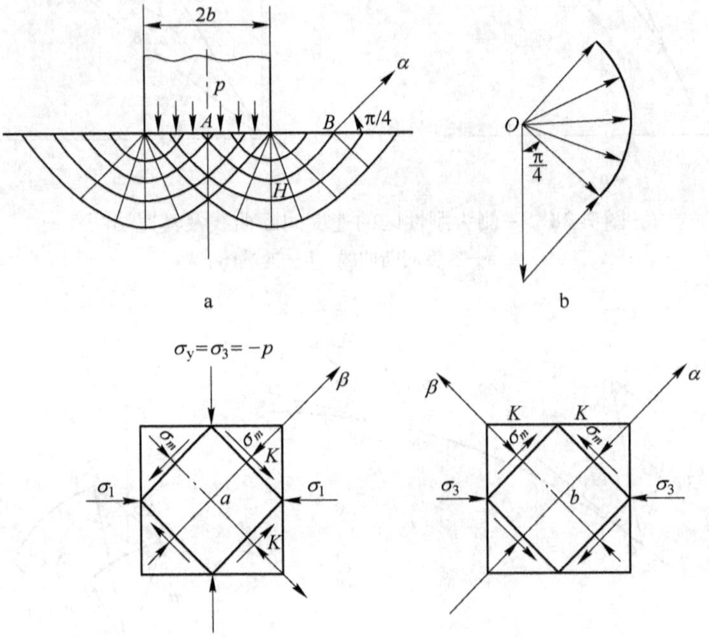

图 7-30　普朗特解

a—滑移线场；b—速端图；c—A、B 点的应力状态

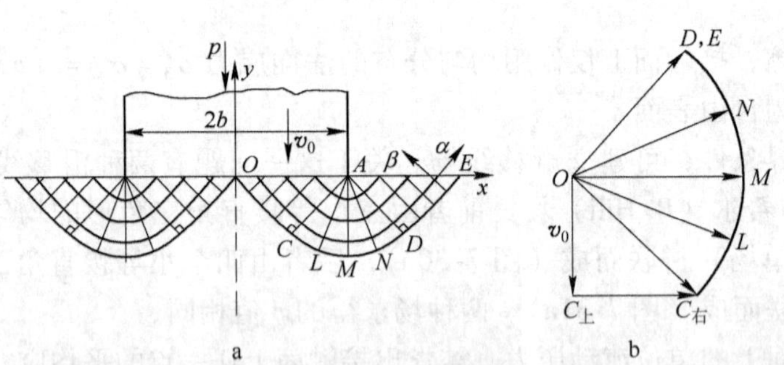

图 7-31　希尔解

a—滑移线场；b—速端图

即

$$K-p-(-K)=2K\left(-\frac{\pi}{4}-\frac{\pi}{4}\right)$$

从上式可得单位流动压力

$$p=2K\left(1+\frac{\pi}{2}\right)$$

或
$$\frac{p}{2K}=1+\frac{\pi}{2}=2.57$$

平冲头单位长度上的总压力：

$$p=2b\cdot 1p=4bK\left(1+\frac{\pi}{2}\right)$$

（二）平底模正挤压时的单位变形力

图7-32所示用平底模正挤压板料，挤压前坯料厚度为H，挤出后板料厚度为h，挤压比$H/h=2$。板料宽度为B，且$B>>H$，即可视为平面应变。

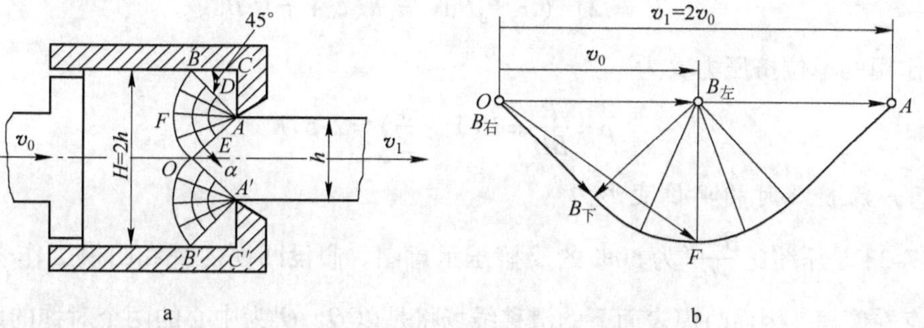

图7-32　平底模正挤压时的滑移线场（a）和速端图（b）

假设挤压筒内壁光滑，润滑良好，凹模口无摩擦，也无其他阻力。在此条件下，滑移线场是对称于中心线的两个扇形场AOB和$A'OB'$。AB和$A'B'$与光滑筒壁成45°角，AO和$A'O$与对称中心线成45°角。$\triangle ABC$和$\triangle A'B'C'$是无塑性变形的刚性区，工程上称为死区或死角区。由于滑移线场对称，只分析上半部扇形场即可。

由于凹模出口处无阻力，因而可认为挤压力P全作用于两死角区的边界AB和$A'B'$上。根据滑移线的基本性质，可知在扇形场中沿半径上各点的应力为同一数值（奇点A、A'除外）。所以，求AB上各点的应力，只需求B点的应力即可。

由上述分析可知O点处的应力为

$$(\sigma_x)_O=0$$

根据屈服准则：
$$(\sigma_y)_O=-2K$$

因此
$$(\sigma_m)_O=-K$$

由于$(\sigma_x)_O=0$，按照确定α族和β族的规则，可知沿圆弧方向（例如$\overset{\frown}{BOA'}$）为α族，半径AO、AB等为β族。

因沿$\overset{\frown}{OB}$（α线）有：

$$\omega_O=-\frac{\pi}{4};\ \omega_B=-\frac{3\pi}{4}$$

根据公式（7-25a）有：

$$(\sigma_m)_O-2K\omega_O=(\sigma_m)_B-2K\omega_B$$

所以
$$(\sigma_m)_B=(\sigma_m)_O-2K(\omega_O-\omega_B)=-K(1+\pi)$$

利用公式（7-24），即可求出B点的应力分量为

$$(\sigma_x)_B=(\sigma_m)_B-K\sin 2\omega_B=-K(1+\pi)-K\sin\left(-\frac{3}{2}\pi\right)=-K(2+\pi)$$

$$(\sigma_y)_B=(\sigma_m)_B+K\sin 2\omega_B=-K(1+\pi)+K\sin\left(-\frac{3}{2}\pi\right)=-K\pi$$

$$(\tau_{xy})_B=K\cos 2\omega_B=K\cos\left(-\frac{3\pi}{2}\right)=0$$

挤压力 P 可取塑性变形区任意横剖面上的应力沿高度积分求出。现取沿 AB 或 $A'B'$ 面水平方向应力的积分为：

$$P=2\int_0^{\frac{h}{2}}(\sigma_x)_B B\mathrm{d}y=K(2+\pi)hB$$

凸模上作用的单位挤压力 p 为

$$p=\frac{P}{BH}=K\left(1+\frac{\pi}{2}\right)=2.57K$$

（三）反挤压时的单位变形力

图 7-33 是压缩比$\frac{B-b}{B}$为 50% 的反挤压示意图。假设凹模内壁和凸模工作表面都很光滑，不存在摩擦。因而凸模表面下的滑移线场将是以 O、O'为中心的两个对称的扇形场。从 OBC 场来分析，在无接触摩擦的情况下，OB 与凹模壁成 45°角，OC 与凸模表面成 45°角。$\triangle OCO'$是均匀应力区，即不变形的刚性区。经过对 C 点应力的分析，可知$|(\sigma_y)_c|>|(\sigma_x)_c|$，故 OC、OB 等半径线属 α 线，弧线 BC 属 β 线。OB、OC 等滑移线上的应力是相同的。边界 OB 上的应力为已知，因为 OB 以上的金属为无阻碍的向上平移运动，所以主应力为

$$(\sigma_B)_y=0$$

另一主应力　$(\sigma_B)_x=-2K$

因而　$(\sigma_m)_B=-K$

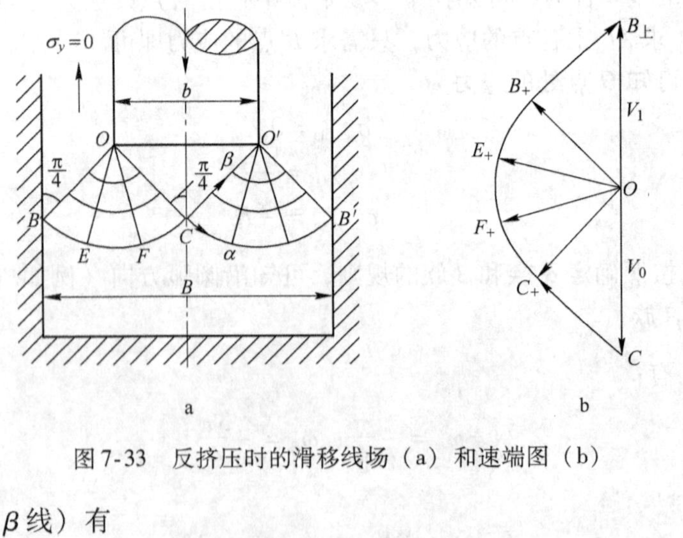

图 7-33　反挤压时的滑移线场（a）和速端图（b）

于是沿曲线 BC（β 线）有

$$\omega_B=-\frac{3}{4}\pi;\quad \omega_C=-\frac{1}{4}\pi$$

则根据公式（7-26a）

$$(\sigma_m)_B + 2K\omega_B = (\sigma_m)_C + 2K\omega_C$$

所以
$$(\sigma_m)_C = (\sigma_m)_B - 2K(\omega_C - \omega_B) = -K(1+\pi)$$

利用公式(7-24)，即可求出 C 点的应力分量

$$(\sigma_x)_C = (\sigma_m)_C - K\sin 2\omega_C = -K(1+\pi) - K\sin\frac{3}{2}\pi = -K\pi$$

$$(\sigma_y)_C = (\sigma_m)_C + K\sin 2\omega_C = -K(2+\pi)$$

$$(\tau_{xy})_C = K\cos 2\omega_C = 0$$

由于 $(\sigma_y)_C$ 即 C 点的垂直方向主应力，因而也是反挤压时凸模上作用的单位挤压力 p，即

$$p = K(2+\pi) = 5.14K$$

第三节　上限法及应用

上限法是确定金属塑性变形时近似载荷的一种有效方法。由上限法确定的载荷（上限解）总是大于或等于真实载荷，当然好的上限解，是略高于真实值。

由于上限解一般总大于载荷，若将其应用于工程，则数值总留有裕度，用作设计数据比较安全。应用于金属塑性成形中，上限解能确保塑性变形发生，在选择成形设备与设计模具时，为了安全可靠，一般也取比真实变形力较大的载荷，上限法正适合于这一要求。

上限法的力学基础是虚功原理。利用虚功方程可以避免解平衡微分方程和求解过程遇到的非线性问题，直接求产生塑性变形的近似能量，进而求出近似载荷。

当然，采用上限法也有一些难以克服的缺点。首先，作为一个高估的载荷，高估量是未知的；其次不能给出变形区的应力场。

一、最大散逸功原理

（一）塑性功增量

设一刚塑性单元体，棱长为 dx、dy 及 dz，它在 x 方向的正应变增量为 $d\varepsilon_x$，则正应力分量 σ_x 所作的塑性功增量为（参看图 7-34a）：

$$dA_x = \sigma_x dydzd\varepsilon_x dx$$

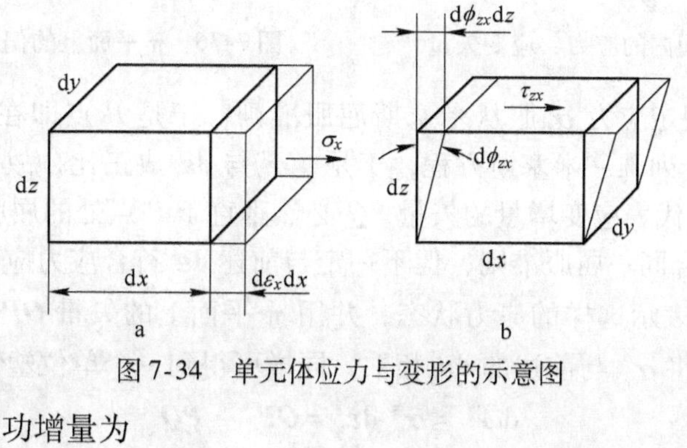

图 7-34　单元体应力与变形的示意图

单位体积的塑性功增量为

$$d\omega_x = \frac{dA_x}{V} = \frac{\sigma_x dydz(d\varepsilon_x dx)}{dxdydz} = \sigma_x d\varepsilon_x$$

同样，剪应力分量τ_{zx}所作的单位塑性功增量（图 7-34b）为：

$$d\omega_{zx}=\frac{dA_{zx}}{V}=\frac{\tau_{zx}dxdy(d\phi_{zx}dz)}{dxdydz}=\tau_{zx}d\phi_{zx}=2\tau_{zx}d\gamma_{zx}$$

其他应力分量所作的塑性功也可同样处理，由此，单元体单位体积的塑性功增量为

$$d\omega=\sigma_x d\varepsilon_x+\sigma_y d\varepsilon_y+\sigma_z d\varepsilon_z+2(\tau_{xy}d\gamma_{xy}+\tau_{yz}d\gamma_{yz}+\tau_{zx}d\gamma_{zx})=\boldsymbol{\sigma}_{ij}d\varepsilon_{ij}=\sigma'_{ij}d\boldsymbol{\varepsilon}_{ij} \quad (7\text{-}33)$$

设变形体体积为 V，则整个变形体的塑性功增量为

$$dW=\int_V\sigma'_{ij}d\boldsymbol{\varepsilon}_{ij}dV \quad (7\text{-}34)$$

应指出，塑性功总是正的。

（二）最大散逸功原理

由屈服可知，一种应力状态$\boldsymbol{\sigma}_{ij}$可以用主应力空间中的矢量来表示，塑性变形时，该矢量的端点一定在屈服表面上。同样，应变增量 $d\boldsymbol{\varepsilon}_{ij}$也可以用主应变空间里的矢量来表示。由于应变增量的主轴与应力主轴是重合的，故它们可以画在同一主轴空间内，如图 7-35 所示。

由于塑性变形时，

$$d\varepsilon_1+d\varepsilon_2+d\varepsilon_3=0$$

这表示 $d\boldsymbol{\varepsilon}_{ij}$的矢量 $\boldsymbol{OQ}$ 一定在 π 平面上。设应力矢量 $\boldsymbol{OP}_0$ 在 π 平面上的投影为 OP（见图 7-36），则 OP 即可代表应力偏张量 $\boldsymbol{\sigma}'_{ij}$。现在我们将矢量 $\boldsymbol{OQ}$ 的起点移至 OP 的端点，变成 PQ。这样，前述的单位体积塑性功增量就是矢量 $\boldsymbol{OP}$ 与 $\boldsymbol{PQ}$ 的数量积

$$d\omega=\boldsymbol{\sigma}'_{ij}d\boldsymbol{\varepsilon}_{ij}=\boldsymbol{OP}\cdot\boldsymbol{PQ} \quad (7\text{-}35)$$

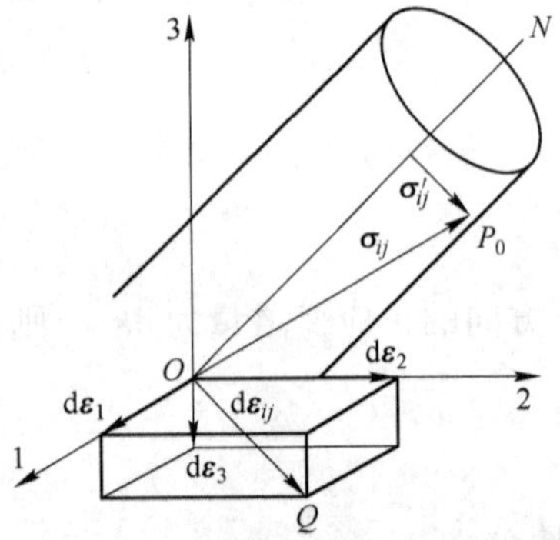

图 7-35　主轴空间内的应力、应变矢量

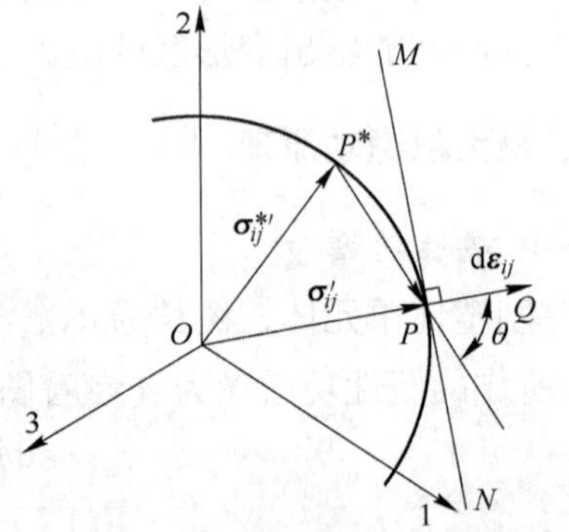

图 7-36　π 平面上的偏应力矢量及应变矢量

在这里，我们假定应力 $\boldsymbol{\sigma}_{ij}$服从米塞斯屈服准则，于是 P 点即在米塞斯圆上。同时，假设应力与应变符合列维 - 米塞斯方程，于是，$\boldsymbol{\sigma}'_{ij}$与 $d\boldsymbol{\varepsilon}_{ij}$成正比，故矢量 $\boldsymbol{PQ}$ 的方向一定与 OP 相同。由此，代表应变增量的矢量 $\boldsymbol{PQ}$ 必然垂直于 P 点处的屈服轨迹。

与前述的$\boldsymbol{\sigma}_{ij}$符合同一屈服准则，但不一定与前述 $d\boldsymbol{\varepsilon}_{ij}$符合应力应变关系的应力状态是很多的。我们用 $\boldsymbol{\sigma}^*_{ij}$ 表示这样的应力状态，并用 π 平面上的矢量 $\boldsymbol{OP}^*$ 代表其应力偏张量 $\boldsymbol{\sigma}^{*\prime}_{ij}$（见图 7-36）。将 $\boldsymbol{\sigma}^{*\prime}_{ij}$与前述的 $d\boldsymbol{\varepsilon}_{ij}$相乘，同样可得到一个单位塑性功增量

$$d\omega^*=\boldsymbol{\sigma}^{*\prime}_{ij}d\boldsymbol{\varepsilon}_{ij}=\boldsymbol{OP}^*\cdot\boldsymbol{PQ} \quad (7\text{-}36)$$

将式（7-35）减去式（7-36），可得（参看图 7-36）

$$d\omega-d\omega^*=(\boldsymbol{\sigma}'_{ij}-\boldsymbol{\sigma}^{*\prime}_{ij})d\boldsymbol{\varepsilon}_{ij}=(\boldsymbol{OP}-\boldsymbol{OP}^*)\cdot\boldsymbol{PQ}=\boldsymbol{P^*P}\cdot\boldsymbol{PQ}$$

$$=|P^*P||PQ|\cos\theta$$

由于：（1）屈服轨迹是凸的曲线，P^* 点一定在 P 点处屈服轨迹切线 MN 的左边；（2）PQ 垂直于 P 点处的屈服轨迹；所以，$\theta\leqslant\pi/2$，$\cos\theta\geqslant0$，由此得

$$\mathrm{d}\omega-\mathrm{d}\omega^*=(\boldsymbol{\sigma}'_{ij}-\boldsymbol{\sigma}^{*\prime}_{ij})\mathrm{d}\boldsymbol{\varepsilon}_{ij}\geqslant0$$

将上式对整个体积积分，可得

$$\int_V(\boldsymbol{\sigma}'_{ij}-\boldsymbol{\sigma}^{*\prime}_{ij})\mathrm{d}\boldsymbol{\varepsilon}_{ij}\mathrm{d}V\geqslant0 \tag{7-37}$$

对上式可作如下的表述：对于一定的应变增量场而言，在所有符合屈服准则的应力场中，与该应变增量场符合应力应变关系的应力场所做的塑性功最大；如果与 $\boldsymbol{\sigma}^{*\prime}_{ij}$ 符合应力应变关系的应变增量场为 $\mathrm{d}\boldsymbol{\varepsilon}^*_{ij}$，这时代表 $\mathrm{d}\boldsymbol{\varepsilon}^*_{ij}$ 的矢量也必然垂直于矢量 $\boldsymbol{\sigma}^{*\prime}_{ij}$ 端点处的屈服轨迹，于是同样存在如下关系

$$\int_V(\boldsymbol{\sigma}^{*\prime}_{ij}-\boldsymbol{\sigma}'_{ij})\mathrm{d}\boldsymbol{\varepsilon}^*_{ij}\mathrm{d}V\geqslant0$$

将上述原理应用于实际变形。设 $\mathrm{d}\boldsymbol{\varepsilon}_{ij}$ 为真实应变增量场，则真实应力场 σ_{ij} 必然与 $\mathrm{d}\boldsymbol{\varepsilon}_{ij}$ 符合应力应变关系，于是由式（7-37）可知，它们所做的塑性功，相对于虚拟的或可能的应力场而言，总是最大的。也就是说，由于屈服准则的限制，物体在塑性变形时，总是要导致最大的能量散逸（或能量消耗）。因此，上述原理就叫最大散逸功原理。

二、上限法原理

用上限法计算极限载荷的关键在于要对塑性变形区虚设一个动可容的速度场 $\dot{u}_i^*$，该速度场应满足以下三个条件：

（1）符合位移边界条件；

（2）在变形区内保持连续，不产生重叠和拉开；

（3）保持体积不变。

而与此速度场 $\dot{u}_i^*$ 相对应的应力场 $\boldsymbol{\sigma}^*_{ij}$ 则不一定要满足平衡条件和力的边界条件。

上限法原理如下：

由与任意虚设的动可容速度场 $\dot{u}_i^*$ 相对应的表面力 T_i^* 在位移面上所作的功率总是大于（或等于）真实表面力 T_i 在真实速度场 $\dot{u}_i$ 情况下所作的功率。其证明如下：

设有一刚塑性体，体积为 V，表面积为 S，受表面力 T_i 作用，整体处于塑性状态，表面分成位移面 S_U 和力面 S_T 两部分，通常力面上的边界条件和位移面上的边界条件都给定。

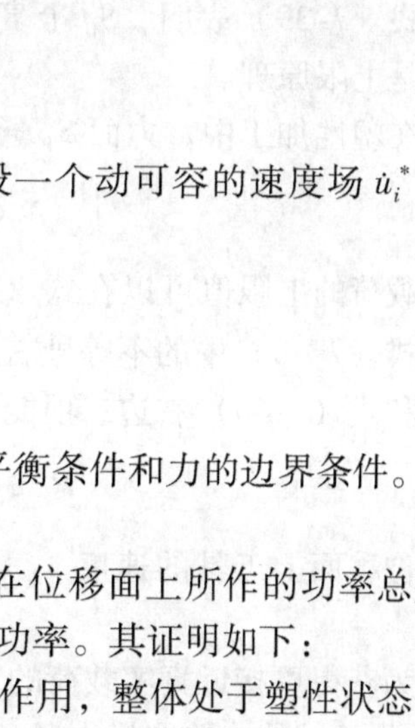

图 7-37　给定动可容速度场的变形体

设变形体在外力作用下产生一假想的动可容速度场 $\dot{u}_i^*$，它满足位移面 S_U 上的边界条件，即 $\dot{u}_i^*=\dot{u}_i$（见图 7-37）。在力面 S_T 上，表面力 T_i，也是给定的，与速度场 $\dot{u}_i^*$ 对应的应力场为 $\boldsymbol{\sigma}^*_{ij}$，应变速率场为 $\dot{\boldsymbol{\varepsilon}}^*_{ij}$，速度间断面 S_D^* 上的速度间断值为 $[V_t^*]$，这里假设有多个速度间断面，于是可写出在动可容速度场 $\dot{u}_i^*$ 条件下的虚功率方程

$$\int_S T_i \dot{u}_i^* \mathrm{d}S = \int_V \boldsymbol{\sigma}_{ij} \dot{\boldsymbol{\varepsilon}}_{ij}^* \mathrm{d}V + \sum \int_{S_D^*} K[V_t^*] \mathrm{d}S_D^* \quad (7\text{-}38)$$

可改写成

$$\int_{S_U} T_i \dot{u}_i \mathrm{d}S + \int_{S_T} T_i \dot{u}_i^* \mathrm{d}S = \int_V \boldsymbol{\sigma}_{ij} \dot{\boldsymbol{\varepsilon}}_{ij}^* \mathrm{d}V + \sum \int_{S_D^*} K[V_t^*] \mathrm{d}S^* \quad (7\text{-}38a)$$

根据最大散逸功原理有

$$\int_V \boldsymbol{\sigma}_{ij}^* \dot{\boldsymbol{\varepsilon}}_{ij}^* \mathrm{d}V \geqslant \int_v \boldsymbol{\sigma}_{ij} \dot{\boldsymbol{\varepsilon}}_{ij}^* \mathrm{d}V$$

则式（7-38a）即可改写成

$$\int_{S_U} T_i \dot{u}_i \mathrm{d}S \leqslant \int_V \boldsymbol{\sigma}_{ij}^* \dot{\boldsymbol{\varepsilon}}_{ij}^* \mathrm{d}V + \sum \int_{S_D^*} K[V_t^*] \mathrm{d}S_D^* - \int_{S_T} T_i \dot{u}_i^* \mathrm{d}S \quad (7\text{-}39)$$

式中　$\int_{S_U} T_i \dot{u}_i \mathrm{d}S$——位移面上表面力在给定速度下所作的真实功率；

$\int_V \boldsymbol{\sigma}_{ij}^* \dot{\boldsymbol{\varepsilon}}_{ij}^* \mathrm{d}V$——假想速度场 $\dot{u}_i^*$ 条件下消耗的虚变形功率；

$\sum \int_{S_D^*} K[V_t^*] \mathrm{d}S_D^*$——若干速度间断面上的虚剪切功率；

$\int_{S_T} T_i \dot{u}_i^* \mathrm{d}S$——力面上克服外力所作的虚功率。

式（7-39）表明，S_U 上真实的变形功率总小于在假想速度场 $\dot{u}_i^*$ 情况下所作的功率。这就是上限原理。

在塑性加工中，力面 S_T 通常为自由表面，即 $T_i=0$，于是式（7-39）即简化为

$$\int_{S_U} T_i \dot{u}_i \mathrm{d}S \leqslant \int_V \boldsymbol{\sigma}_{ij}^* \dot{\boldsymbol{\varepsilon}}_{ij}^* \mathrm{d}V + \sum \int_{S_D^*} K[V_t^*] \mathrm{d}S_D^* \quad (7\text{-}40)$$

载荷的上限值可以在式（7-40）的基础上方便地求得。当假定动可容的速度场 $\dot{u}_i^*$ 后，式（7-40）中的不等号右边部分即可求得。根据能量守恒原则，外载荷 p^* 所作功率应该和式（7-40）右边二项能量的代数和相等。

$$P^* \dot{u}_i = \int_V \boldsymbol{\sigma}_{ij}^* \dot{\boldsymbol{\varepsilon}}_{ij}^* \mathrm{d}V + \sum \int_{S_D^*} K[V_t^*] \mathrm{d}S_d^* \quad (7\text{-}41)$$

一般位移面上工具的速度 $\dot{u}_i$ 是常数，在假设 $\dot{u}_i^*$ 时就已经给定，因而上限载荷 p^* 即可求出。

为获得更接近真实载荷的上限解，通常需要多设计几个运动许可的速度场，分别求出相应的 p^*，从中选取最小者，则它与真实载荷 p 就更为接近。

三、上限法在平面变形问题中的应用

我们用上限法求解平面变形问题时，要做一定的简化，因而比较简洁，运算也比较方便。

W. Johnson 等曾证明，平面变形问题中的塑性变形可以由刚性块通过速度间断面的相对剪切而形成，这样式（7-40）右端中的第一项就变为零

$$\int_V \boldsymbol{\sigma}_{ij}^* \dot{\boldsymbol{\varepsilon}}_{ij}^* \mathrm{d}V = 0$$

因此，平面应变时的上限原理表达式就变为

$$\int_{S_U} T_i \dot{u}_i \mathrm{d}S \leqslant \sum \int_{S_D^*} K[V_t^*]\mathrm{d}S_D^* \tag{7-42}$$

于是式（7-41）简化为常用形式，即

$$P^* \cdot \dot{u}_i = \sum \int K[V_t^*]\mathrm{d}S_D^* \tag{7-43}$$

式（7-43）就是求平面应变问题上限载荷的依据。

若考虑工具表面上的摩擦，设摩擦剪应力为τ_f，则式（7-43）变为

$$P^* \cdot \dot{u}_i = \sum \int_{s_D^*} K[V_t^*]\mathrm{d}S_D^* + \int \tau_f \dot{u}_i^* \mathrm{d}S_U \tag{7-44}$$

（一）平冲头压入半无限体（冲头底面光滑无摩擦）

首先要设计一个运动许可的速度场，即将变形区划分成若干刚性块。这里可参考滑移线场，将变形区设计为由三个等边三角形刚性块组成（图7-38a）（因为对称，只画出右半边），底边 $OBCD$ 以下为刚性区。设压头以速度 $\dot{u}$ 向下运动时，刚性△OAB 以速度 $\dot{u}_{ob}^*$ 沿 OB 推动△ABC 沿 BC 运动，△ABC 再以速度 $\dot{u}_{bc}^*$ 推动△ACD 沿 CD 运动，其速度为 $\dot{u}_{cb}^*$，可见由速度 $\dot{u}_{ob}^*$ 转成 $\dot{u}_{bc}^*$ 再转为 $\dot{u}_{cd}^*$，在 AB 面和 AC 面上，运动方向发生改变，即发生速度不连续，其速度间断值为 $\dot{u}_{ab}^*$ 和 $\dot{u}_{ac}^*$。CB、BC、CD 是刚塑性边界，也是速度间断面，将以上各速度绘制成速端图（图7-38b），由图可清楚看到，$\dot{u}$ 一经确定，所设各刚性块的速度都已确定，这意味着所设速度场是运动许可的。今设 $\dot{u}=1$，则各速度值如下

$$\dot{u}_{oa}^* = \tan 30° = \frac{1}{\sqrt{3}}$$

$$\dot{u}_{ob}^* = \dot{u}_{ab}^* = \dot{u}_{bc}^* = \dot{u}_{ac}^* = \dot{u}_{cd}^* = \frac{1}{\cos 30°} = \frac{2}{\sqrt{3}}$$

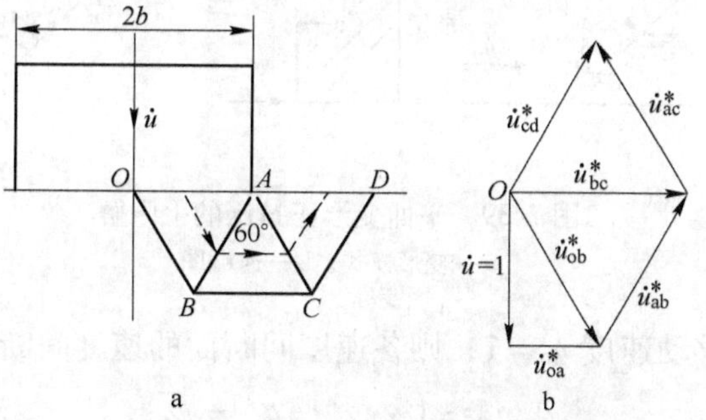

图7-38　平冲头压入半无限体上限模式
a—变形模式；b—速端图

已知速度间断面上的剪应力为 K，于是根据式（7-43）得

$$P^* \cdot \dot{u} = K \sum \dot{u}_i^* S_D^*$$

则
$$P^* \cdot \dot{u} = K(\dot{u}_{ob}^* \overline{OB} + \dot{u}_{ab}^* \overline{AB} + \dot{u}_{bc}^* \overline{BC} + \dot{u}_{ac}^* \overline{AC} + \dot{u}_{cd}^* \overline{CD})$$

因为$\overline{OB}=\overline{AB}=\overline{BC}=\overline{AC}=\overline{CD}=b$，又将上述 $\dot{u}_{ob}^*$ 等值代入上式得

$$P^* \cdot 1 = K\left(5 \times b \times \frac{2}{\sqrt{3}}\right) = \frac{10}{\sqrt{3}} Kb$$

单位流动压力

$$p^* = \frac{P^*}{b} = \frac{10}{\sqrt{3}}K = 5.78K$$

这个解同滑移线解（$p = 5.14K$）相比，高估 12.5%，可知是上限解。如果另设一速度场，将刚性块取成等腰三角形，则可求得更好的上限值 $p^* = 5.64K$，比滑移线解高估 9.7%，这时等腰三角形的底角为

$$\arctan\sqrt{2} \approx 54.8°$$

以上的计算和分析表明，设计的运动许可的速度场不同，所得的上限解也不相同。设计的速度场和变形模式同滑移线场越接近，所得的上限载荷和滑移线理论的解也越接近。

（二）平面变形正挤压

下面讨论挤压比为$\frac{H}{h} = 2$ 的平底模正挤压。设高度为 $2H$ 的板坯挤压成高度为 $2h$ 的板，若坯料与模具接触面上无摩擦，根据滑移线场，塑性变形区可设计成由上下两个刚性直角等腰三角形 B 组成，由于对称，只画出上半部分，如图 7-39a 所示。若挤压凸模的速度为：$\dot{u}_0 = 1$，则出口速度为 $\dot{u}_1 = 2$。与刚性三角形 B 相邻部分的边界都是速度间断面，其速端图见图 7-39b。在速端图上，出口速度矢量恰好是挤压入口速度矢量的二倍，符合速度边界条件，因而所设计的变形模式是运动许可的。

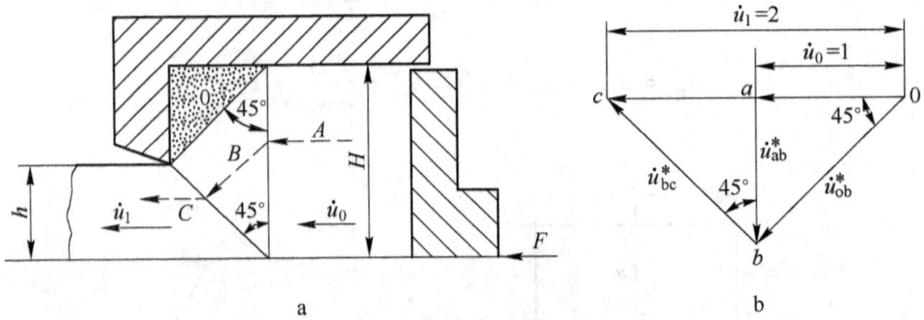

图 7-39 平面变形正挤压的上限解
a—变形模式；b—速端图

若设挤压凸模的移动速度 $\dot{u}_0 = 1$，则各速度间断面的速度间断值为

$$\dot{u}^*_{ab} = 1\ ;\ \dot{u}^*_{ob} = \dot{u}^*_{bc} = \sqrt{2}$$

各速度间断线的长度（相邻两区域用该两区的字母代号表示）为

$$\overline{AB} = H;\ \overline{OB} = \overline{BC} = \frac{1}{\sqrt{2}}H$$

代入式（7-43）中，有

$$F^* \times 1 = K(\dot{u}^*_{ob}\overline{OB} + \dot{u}^*_{ab}\overline{AB} + \dot{u}^*_{bc}\overline{BC}) = 3KH$$

则单位上限变形力为

$$p^* = \frac{F^*}{H} = 3K$$

这个数值比滑移线解 $p^* = 2.57K$ 要高。如把变形模式设计成更接近滑移线场形式，可以

得到更优的上限解。

（三）关于上限法解平面变形问题的进一步讨论

图7-40a为平面变形挤压时的滑移线场和速端图。图7-40b为将扇形区域分割成6个刚性三角形，在各三角形内取一定的速度场，且假定变形是沿着三角形各边的速度不连续面所产生的。图7-40中的分图c、d、e为依次分割加大而成。由于这些速度场都满足边界条件，因而是动可容的，如果按上限法的计算公式，就可以求出塑性变形力的上限解。分析两个刚性三角形的情况，如图7-41所示，要想决定刚性三角形的形状，就必须确定三个变量：角度 α、β 以及长度 x。根据上限定理的性质，如果决定使式（7-41）右边为极小，则这个速度场的上限解就最接近于实际值。为简便起见，令垂直于纸面的材料厚度为1，挤压成形模宽度的一半为2，$\dot{u}_0$ 为单位速度。此外，还将区域［4］看做死区，在 AO 面上作用着 $\tau_t = K$ 的摩擦应力。用表明区域的下标表示各区域的边界线长度以及沿着边界线的不连续速度，根据速度场和速端图的相似性可得：

$$\left.\begin{aligned}
&l_{1,4} = \csc\alpha,\ l_{1,5} = \sqrt{x^2 - 2x\cot\alpha + \csc^2\alpha}\\
&l_{2,3} = \csc\beta,\ l_{2,5} = \sqrt{x^2 - 2x\cot\beta + \csc^2\beta}\\
&l_{1,2} = x\\
&(\Delta\dot{u}_S)_{1,4} = \frac{l_{1,4}}{x},\ (\Delta\dot{u}_T)_{1,5} = \frac{l_{1,5}}{x}\\
&(\Delta\dot{u}_T)_{2,3} = \frac{l_{2,3}}{x},\ (\Delta\dot{u}_T)_{2,5} = \frac{l_{2,5}}{x}\\
&(\Delta\dot{u}_T)_{1,2} = \frac{2x - \cot\alpha - \cot\beta}{x}
\end{aligned}\right\}$$

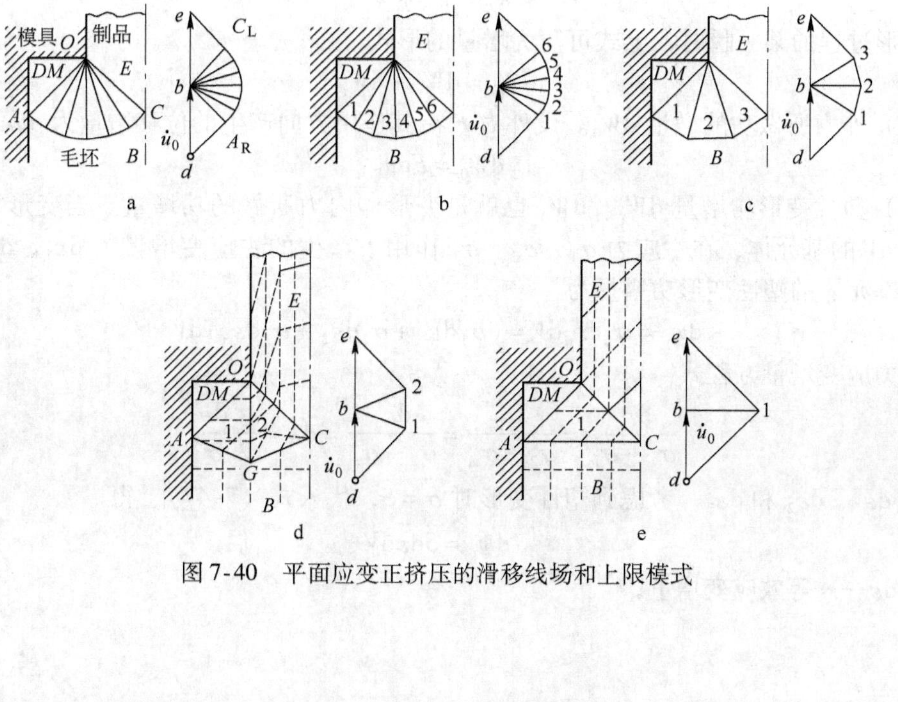

图7-40　平面应变正挤压的滑移线场和上限模式

所以，可以求得挤压的上限解为

$$P^* = \frac{2K}{x}(4x^2 - 3x\cot\alpha - 3x\cot\beta + 2\csc^2\alpha + 2\csc^2\beta)$$

为使 P^* 为极小，求解

$$\frac{\partial P^*}{\partial x} = \frac{\partial P^*}{\partial \alpha} = \frac{\partial P^*}{\partial \beta} = 0$$

各变量就被确定为：

$$\left.\begin{aligned} x &= \sqrt{\frac{16}{7}} = 1.51 \\ \cot\alpha &= \cot\beta = \frac{3x}{4} \end{aligned}\right\}$$

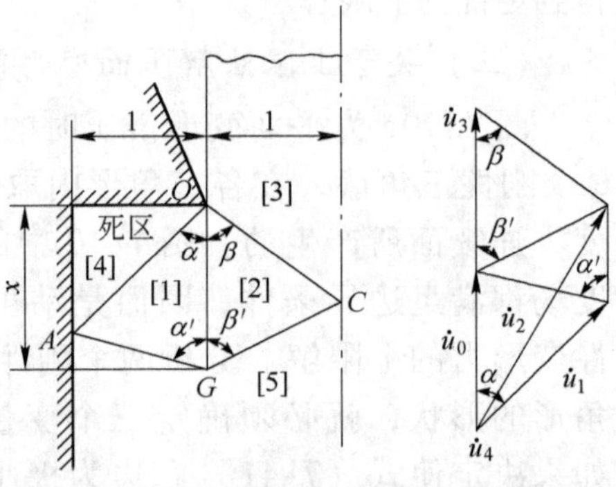

图 7-41　分为两个刚性三角形的上限模式

单位上限变形力为：$p^* = 1.32 \times 2K$。

表 7-1 给出了采用图 7-40 中各种速度场时 $P^*/2K$ 的比较结果。显然，越增加刚性三角块的数目，上限解就越接近实际值。

表 7-1　采用图 7-40 的滑移线场、刚性三角形场所计算的上限解

速度场	a	b	c	d	e
$P^*/2K$	1.29	1.29	1.33	1.38	1.50

第四节　变形功法及应用

一、变形功法的基本原理

变形功法是利用功的平衡原理计算塑性变形力的一种方法，该方法又称为功平衡法。

功的平衡原理是：塑性变形时外力沿其位移方向所做的功 W_0 等于变形体塑性变形功 W_p 和接触面上摩擦剪应力所消耗的功 W_f 之和，即

$$W_0 = W_p + W_f$$

对于变形过程的某一瞬时，上式可写为增量的形式：

$$dW_0 = dW_p + dW_f \tag{7-45}$$

（1）外力所做功的增量 dW_0。设外力 F 沿其作用方向产生的位移增量为 du_0

则

$$dW_0 = F du_0 \tag{7-46}$$

（2）塑性变形功增量 dW_p。dW_p 也就是变形体内力所做的功增量。当变形体中某一体积为 dV 的基元体，在主应力 σ_1、σ_2、σ_3 作用下产生的主应变增量为 $d\varepsilon_1$、$d\varepsilon_2$ 和 $d\varepsilon_3$ 时，该基元体的塑性变形功增量为

$$dw_p = \boldsymbol{\sigma}_{ij} d\varepsilon_{ij} dV = (\sigma_1 d\varepsilon_1 + \sigma_2 d\varepsilon_2 + \sigma_3 d\varepsilon_3) dV \tag{7-47}$$

根据应力应变增量方程式

$$\frac{d\varepsilon_1}{\sigma_1 - \sigma_m} = \frac{d\varepsilon_2}{\sigma_2 - \sigma_m} = \frac{d\varepsilon_3}{\sigma_3 - \sigma_m} = d\lambda = \frac{3}{2}\frac{d\bar{\varepsilon}}{\bar{\sigma}}$$

可求出 $d\varepsilon_1$、$d\varepsilon_2$ 和 $d\varepsilon_3$，考虑到塑性变形时 $\bar{\sigma} = S$，代入式（7-47），得

$$dw_p = S d\bar{\varepsilon} dV \tag{7-48}$$

式中　$d\bar{\varepsilon}$——等效应变增量；

S——真实应力。

故整个塑性变形体（体积为 V）所消耗的塑性变形功的增量为

$$dW_p = \int dw_p = S\int_V d\bar{\varepsilon} dV \tag{7-49}$$

（3）接触摩擦所消耗功的增量 dW_f。若接触面 A 上摩擦剪应力 τ 及其方向的位移增量为 du_τ，则

$$dW_f = \int_A \tau du_\tau dA \tag{7-50}$$

将 dW_0、dW_p 和 dW_f 代入式（7-45），可求得塑性变形力

$$F = \frac{1}{du_0}\left(S\int_V d\bar{\varepsilon} dV + \int_A \tau du_\tau dA\right) \tag{7-51}$$

式中　du_0、du_τ——作用力 F 方向和摩擦剪应力 τ 方向的位移增量。

在小变形和简单加载条件下，以上各式的增量可以用全量代替。

由式（7-51）可知，变形功法求解的关键在于能否利用给定的变形条件，求出 $d\boldsymbol{\varepsilon}_{ij}$ 和 du_τ。由于塑性变形总是不均匀的，计算 $d\boldsymbol{\varepsilon}_{ij}$ 比较困难，因此要做均匀变形的假设，以确定 $d\boldsymbol{\varepsilon}_{ij}$，所以我们也称变形功法为均匀变形功法。

二、变形功法在塑性成形中的应用

（一）圆柱体镦粗问题

圆柱体的尺寸如图 7-42 所示。设作用的外力为 F，接触面的摩擦剪应力为 $\tau = \mu S$。在 F 的作用下，圆柱体产生一个微小的压缩量 dh，则径向将产生微小位移 du。根据均匀变形假设，并参考应变与位移的关系式（式 3-57），其各方向的应变增量为

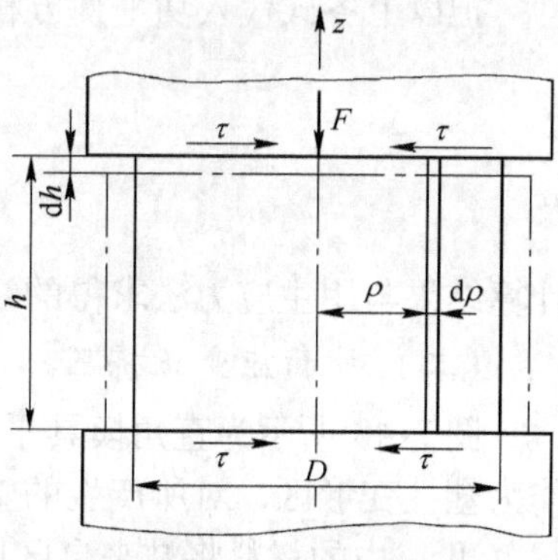

图 7-42　圆柱体镦粗

$$\left.\begin{aligned} d\varepsilon_z &= -\frac{dh}{h} \\ d\varepsilon_\rho &= \frac{\partial du}{\partial \rho} \\ d\varepsilon_\theta &= \frac{du}{\rho} \end{aligned}\right\} \tag{7-52a}$$

由体积不变条件　　$d\varepsilon_\rho + d\varepsilon_\theta + d\varepsilon_z = \frac{\partial du}{\partial \rho} + \frac{du}{\rho} - \frac{dh}{h} = 0$

于是　　$\frac{\partial(\rho du)}{\partial \rho} = \frac{dh}{h}\rho$

积分后得　　$du = \frac{1}{2}\frac{dh}{h}\rho + C$

当 $\rho = 0$ 时，即在圆柱体中心轴上，$du = 0$，故 $C = 0$。于是得径向位移

$$du = \frac{1}{2}\frac{dh}{h}\rho \tag{7-52b}$$

代入式（7-52a），求出径向和周向应变增量为

$$d\varepsilon_\rho = \frac{1}{2}\frac{dh}{h};\quad d\varepsilon_\theta = \frac{1}{2}\frac{dh}{h}$$

则等效应变增量

$$d\bar{\varepsilon} = \frac{\sqrt{2}}{3}\sqrt{(d\varepsilon_z - d\varepsilon_\rho)^2 + (d\varepsilon_\rho - d\varepsilon_\theta)^2 + (d\varepsilon_\theta - d\varepsilon_z)^2} = \frac{dh}{h} = |d\varepsilon_z|$$

下面计算各种消耗功并求变形力：

塑性变形功增量由式（7-49）得

$$dW_p = S\int_V d\bar{\varepsilon}dV = S\frac{dh}{h}\int_V dV$$
$$= S\frac{dh}{h}\frac{\pi}{4}D^2 h = \frac{\pi}{4}D^2 S dh$$

圆柱体上下接触面消耗的摩擦功增量，由式（7-50），并考虑到 $dA = 2\pi\rho d\rho$、$\tau = \mu S$ 及 $du = \frac{1}{2}\frac{dh}{h}\rho$，得

$$dW_f = 2\int_A \tau du dA$$
$$= \mu S\frac{dh}{h}2\pi\int_0^{\frac{D}{2}}\rho^2 d\rho = \frac{2}{3}\mu S\pi\left(\frac{D}{2}\right)^3\frac{dh}{h}$$

外力所做的功为

$$dW_0 = Fdh$$

把以上各式代入功平衡方程式（7-45）中，可求得镦粗时外力 F 和单位变形力 p：

$$F = \frac{\pi}{4}D^2 S\left(1 + \frac{\mu}{3}\frac{D}{h}\right) \tag{7-53}$$

及

$$p = S\left(1 + \frac{\mu}{3}\frac{D}{h}\right) \tag{7-54}$$

计算结果与用主应力法求得的结果相同。

（二）平面应变正挤压

图 7-43 所示为直角模具平面应变正挤压的情况。把该分图 a 的区域（Ⅱ）和（Ⅲ）作为塑性变形区，对所产生的塑性变形按下列方式理想化。当挤压板移动 du 距离时，区域（Ⅱ）内的材料将被来自区域（Ⅰ）（毛坯）的材料均匀压缩成该分图 b 虚线所示形状，即部分材料被挤到区域（Ⅲ）处。这时，在区域（Ⅱ）处产生图示 y 方向的位移分量 $dv_{Ⅱ}$，因而和区域（Ⅰ）之间发生剪切，且只沿着边界 2—4 发生不连续剪切变形。与它对应的剪应力绝对值为 k。区域（Ⅲ）中的材料被区域（Ⅱ）挤出的材料均匀压缩的同时，又被从区域（Ⅰ）挤入的材料越过边界 4—6 向上均匀挤进 du，变形成如图 7-43b 中虚线所示的形状。这时可以认为沿着边界 4—6、3—5、3—4 产生与上述内容同样的剪切，对应于它们的剪应力绝对值均为 k 而且沿着边界 4—6 和 3—5 产生的剪切变形大小相等。因此，分析区域（Ⅱ）、（Ⅲ）内的平行压缩变形所需塑性功和在边界上剪切变形所需塑性功就可以了。现设图中垂直于纸面的厚度为 1 来计算这些功。

区域（Ⅱ）内的压缩功为

$$dW_{Ⅱ} = 2k(b-a)dU$$

区域（Ⅲ）内的压缩功为

$$dW_{Ⅲ} = 2kh\left[(b-a)\frac{dU}{h}\right]$$

区域（Ⅰ）、区域（Ⅱ）之间的边界剪切功为

$$\mathrm{d}v_{\text{Ⅱ}} = -(b-a)\frac{\mathrm{d}U}{h}\frac{b-y}{b-a}$$

$$\mathrm{d}W_{\text{Ⅰ-Ⅱ}} = \int_a^b \frac{k\mathrm{d}U}{h}(b-y)\mathrm{d}y$$

$$= \frac{k\mathrm{d}U}{2h}(b-a)^2$$

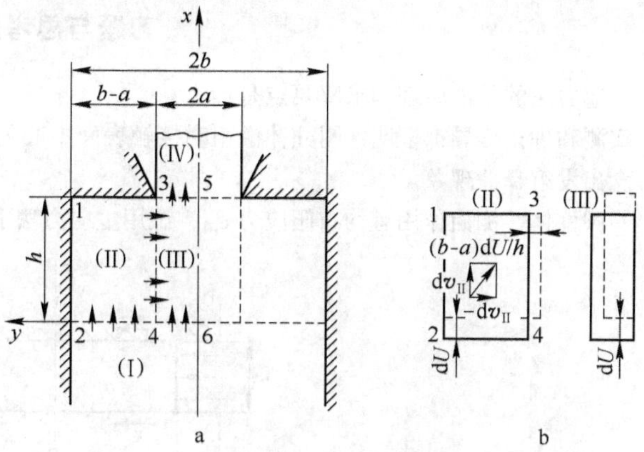

图 7-43　用直角模具进行平面应变正挤压

区域（Ⅰ）、区域（Ⅲ）之间的边界剪切功为

$$\mathrm{d}v_{\text{Ⅲ}} = -(b-a)\frac{\mathrm{d}U}{h}\cdot\frac{y}{a}$$

$$\mathrm{d}W_{\text{Ⅰ-Ⅲ}} = \int_0^a \frac{k\mathrm{d}U}{ha}(b-a)y\mathrm{d}y$$

$$= \frac{1}{2}\frac{k\mathrm{d}U}{h}(b-a)a$$

区域（Ⅱ）、区域（Ⅲ）之间的边界剪切功为

$$\mathrm{d}v_{\text{Ⅱ}} = \frac{\mathrm{d}U}{h}(h-x)$$

$$\mathrm{d}U_{\text{Ⅲ}} = \mathrm{d}u + (b-a)\frac{\mathrm{d}U}{h}\cdot\frac{h}{a}\cdot\frac{x}{h}$$

$$\mathrm{d}W_{\text{Ⅱ-Ⅲ}} = \int_0^h k(\mathrm{d}u_{\text{Ⅲ}} - \mathrm{d}u_{\text{Ⅱ}})\mathrm{d}x = \frac{1}{2}\frac{k\mathrm{d}U}{a}\cdot bh$$

区域（Ⅲ）、区域（Ⅳ）之间的边界剪切功为

$$\mathrm{d}W_{\text{Ⅲ-Ⅳ}} = \mathrm{d}W_{\text{Ⅰ-Ⅲ}}$$

根据以上各式，在接触面上没有摩擦时，对图 7-43a 的左半部来说，总的塑性功可以用下式表示：

$$\mathrm{d}W = \mathrm{d}W_{\text{Ⅱ}} + \mathrm{d}W_{\text{Ⅲ}} + \mathrm{d}W_{\text{Ⅰ-Ⅱ}} + \mathrm{d}W_{\text{Ⅰ-Ⅲ}} + \mathrm{d}W_{\text{Ⅱ-Ⅲ}} + \mathrm{d}W_{\text{Ⅲ-Ⅳ}}$$

$$= 2k\mathrm{d}U\left[2(b-a) + \frac{b}{4a}h + \frac{b^2-a^2}{4}\frac{1}{h}\right] \tag{7-55}$$

当外力所做的功等于塑性功时，平均挤压力 p 为

$$p = \frac{1}{b}\frac{\mathrm{d}W}{\mathrm{d}U} \tag{7-56}$$

但是这时并未确定变形区的高度 h。根据上限原理，当式（7-55）的 $\mathrm{d}W$ 取极小值时，p 值最接近正确的压力值，因此解出 $\mathrm{d}(\mathrm{d}W)/\mathrm{d}h = 0$，就可由下式求得最正确的 h 值。

$$h_m = \left[\frac{a(b^2-a^2)}{b}\right]^{1/2} = b[R(1-R)(2-R)]^{1/2} \tag{7-57}$$

式中，R 为截面缩小率，$R = 1 - a/b$，因而平均挤压力 p 为

$$p = 2k\left[2R + \frac{1}{2}\sqrt{\frac{R(2-R)}{1-R}}\right] \tag{7-58}$$

当接触面上有摩擦时，摩擦功可以用与剪切功同样的方法计算，然后将其加到 $\mathrm{d}W$ 上。

习题与思考题

1. 主应力法的基本原理和求解要点是什么?
2. 实测和理论推导都证明，圆柱体镦粗时接触表面中心处压应力 σ_z 最大，而边缘处最小，试从物理概念出发解释此现象。
3. 一圆柱体，侧面作用有均布压应力 σ_0，试用主应力法求镦粗力 P 和单位流动应力 p（见图）。

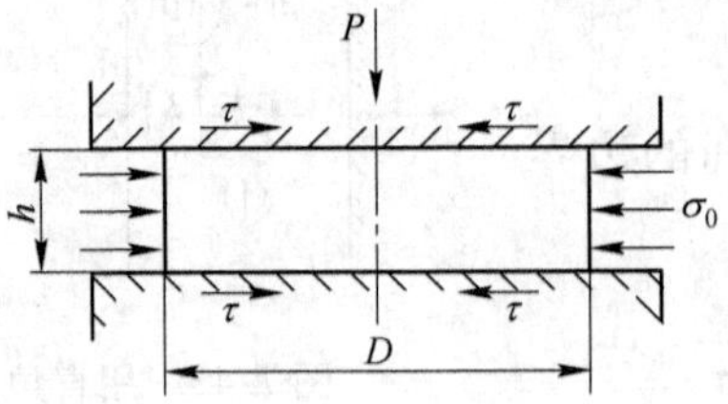

4. 牌号为20 的钢圆柱毛坯，原始尺寸为 ϕ50mm×50mm，在室温下压缩至高度 $h=25$mm，设接触表面摩擦剪应力 $\tau=0.2S$。已知 $S=746\varepsilon^{0.20}$MPa，试求所需的变形力 P 和单位流动压力 p。
5. 用主应力法求开式冲孔过程中的压下力 P（见图）。

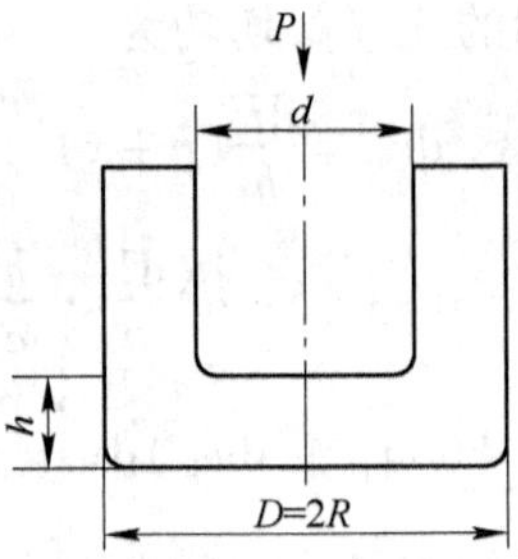

6. 板料拉深某瞬间如图所示，试用主应力法求解其凸缘变形区的应力分布（注：为简化计算，可不考虑变形区的加工硬化，且 β 近似取 1.1）。

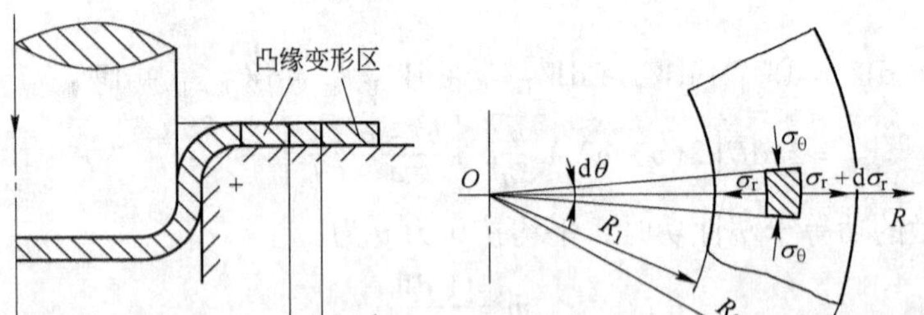

7. 什么是滑移线，什么是滑移线场，滑移线求解塑性成形问题的思路是什么?
8. 为什么说滑移线法理论上只适用于解理想刚塑性材料的平面应变问题，在什么情况下平面应力问题也可以用滑移线求解，应注意什么?
9. 滑移线法有哪些应力边界条件，如何判断边界上的 α 和 β 滑移线?
10. 汉基应力方程有什么意义?
11. 已知某理想刚塑性体在高温下产生平面塑性变形，其滑移线场如图所示，α 线是直线族，β 线是一族同心圆，$\sigma_{mC}=-90$MPa，$K=60$MPa。试求 C、D 点的应力状态。

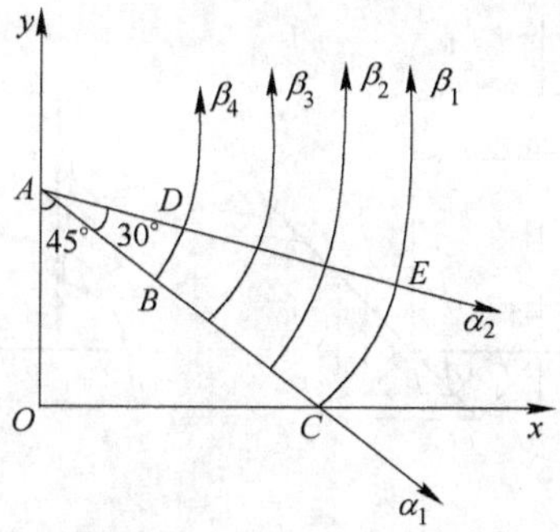

12. 试用滑移线法求光滑平冲头压入两边为斜面的半无限体坯料时的载荷 P（见图）。设冲头宽度为 $2b$，长为 l，且 $l>>2b$。

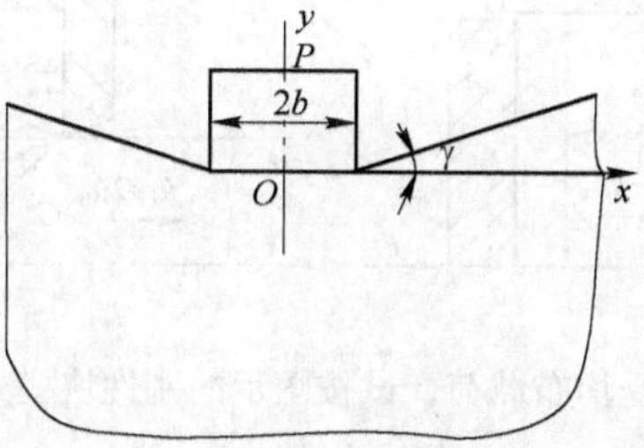

13. 试用滑移线法求光滑平冲头压入开有深槽的半无限体坯料时的载荷 P（见图）。设冲头宽度为 $2b$，长为 l，且 $l>>2b$。

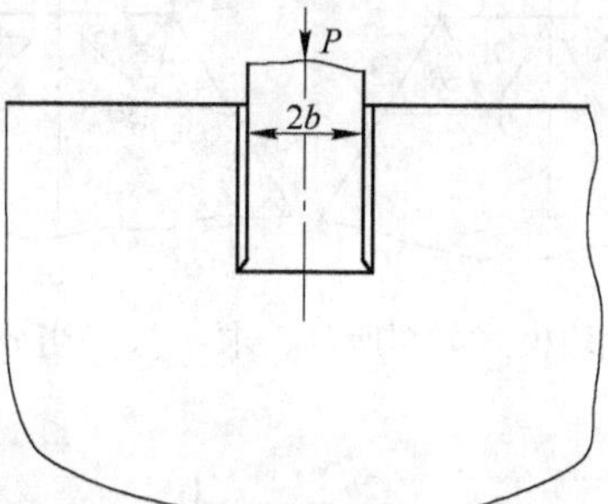

14. 一尖角为 2φ 的冲头在外力作用下插入具有相同角度的缺口的刚塑性体中（见图），接触表面光滑。试画出塑性变形区的滑移线场和速端图，并计算该瞬时的变形力。

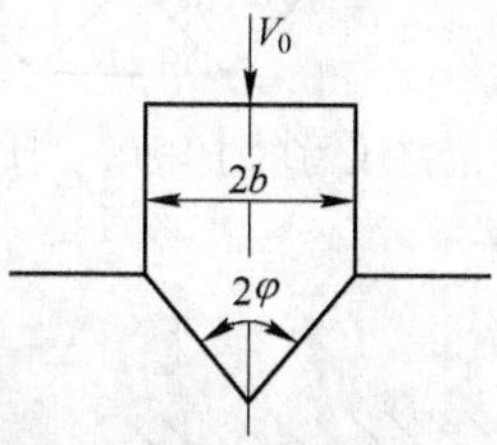

15. 什么是最大散逸功原理，什么是上限法原理？
16. 什么是变形功法，其基本原理是什么？
17. 一平冲头压入某刚塑性材料的半无限体中达如图所示的状态，若冲头表面光滑无摩擦，塑性变形的最大剪应力 K 为已知，按图中给定的刚性块分块模式，用上限法求单位变形力。

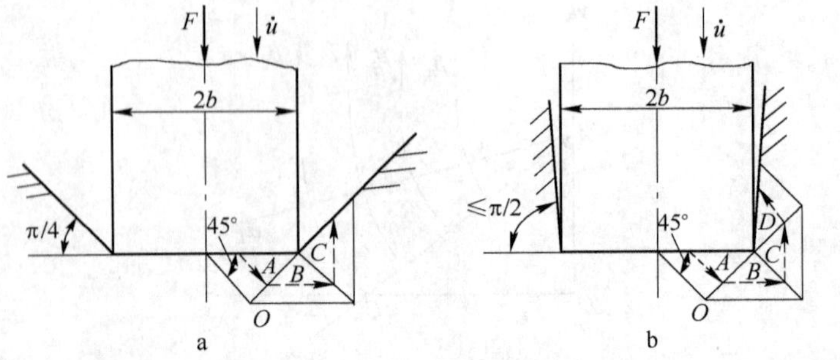

18. 在平底模中进行平面变形挤压，若模具光滑无摩擦，设挤压比为 2，即 $H=2h$，确定按图所示的分块模式的单位挤压力 p^*。

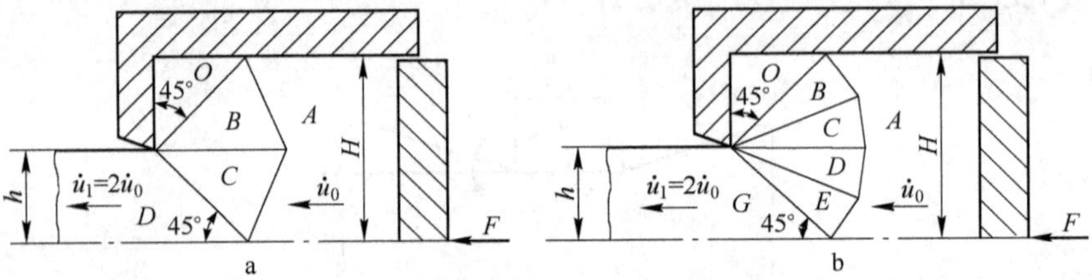

19. 已知如图所示的长楔体，顶部受均布载荷，试按图示的刚性块模式，用上限法求极限载荷 P^*。

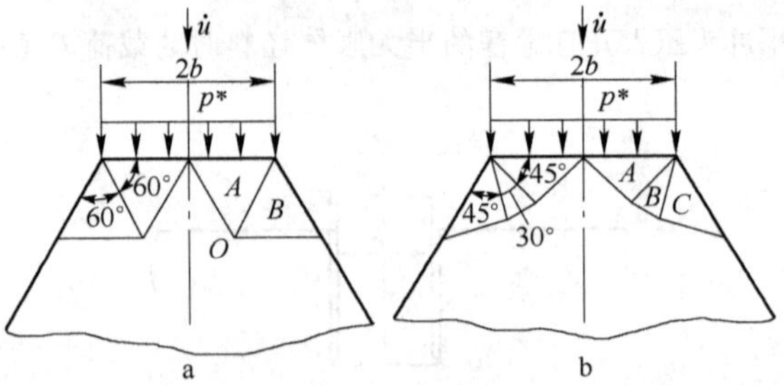

20. 设平冲头压入半无限体时的刚性块模式如图所示，求：（1）当 $\alpha=45°$时的上限解 p^*；（2）最佳上限解时的 α 角和 p^*。

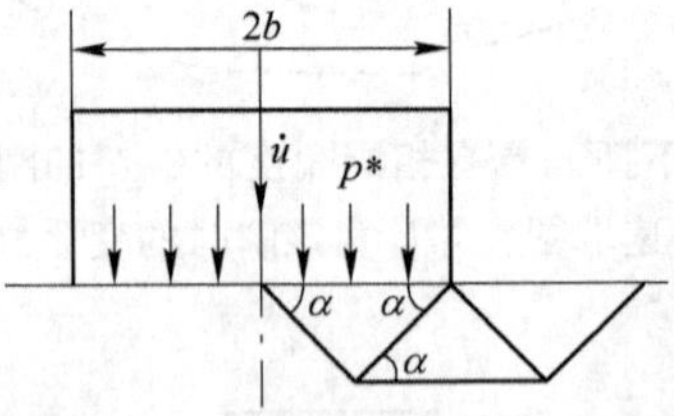

21. 求按图所示的三种刚性块模式的平面正挤压力的上限解。计算和滑移线解的误差值，指出哪一种模式有较好的上限解，分析说明其原因。

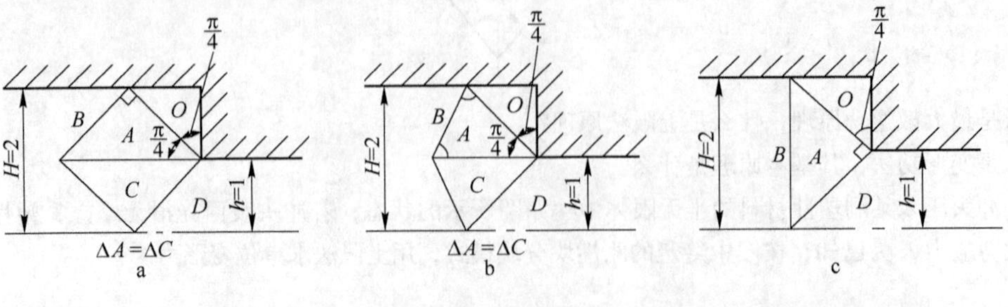

22. 如图所示，在两平行平板间均匀压缩一高为 h、宽为 b、长为 l 的条料，若 l 较长，长度方向的应变可以忽略不计，且接触面上的摩擦剪应力为$\tau=\mu S$，试用变形功法计算压缩时的单位变形力。

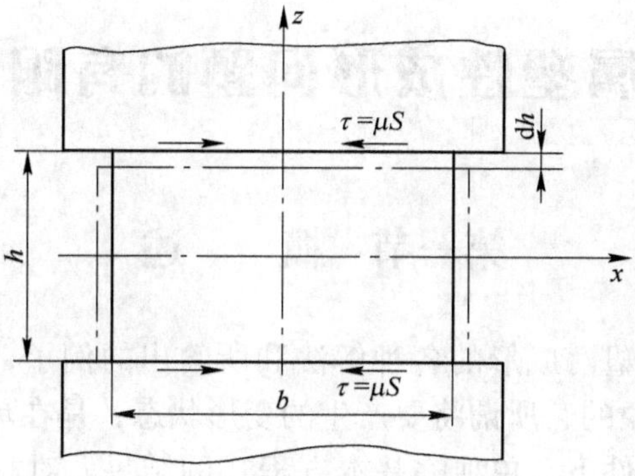

第八章　金属塑性成形问题的有限元法及应用

第一节　概　　述

第七章所讨论的有关塑性成形的各种解法和所给出的例子，主要是以理想化的材料（刚性理想塑性体）为对象的，所谓将要产生的变形状态，是在单方面规定摩擦特性（库仑摩擦、黏着摩擦）的条件下，单独解基本方程式的结果。对材料的流动应力和摩擦特性受塑性应变、应变速率和温度的影响等，未给予充分的考虑。或者说，变形状态、流动应力、摩擦特性和加工硬化、温度效应、应变速率之间有一个相互影响且相互依存的关系，它们具有应同时被确定的性质。如果忽略材料的各向异性，还不能直接求解塑性成形问题，而必须依次累计从变形开始时的增量，才能获得稳定状态下的各个量。这一运算相当于对变形过程从开始到稳定状态为止所产生的各种变化进行模拟。对于普遍的问题，求其解析解是十分困难的。针对这些问题，有限元法则可以较好地求解。有限元法（finite element method，FEM）可以比较精确地求解变形体内部的各种场变量，如速度（位移）场、应变场、应力场和温度场等，从而为工艺分析提供科学依据。当给出一定的条件或判据后，则可进一步对成形过程进行优化和控制。

有限元法起源于20世纪40年代提出的结构力学计算中的矩阵算法。“有限元法”这一术语是克拉夫于1960年提出来的。起初它是作为一种力学分析的数值计算方法，后来发展成为求解偏微分方程边值、初值问题的一种一般的离散化方法。因此，有限元法广泛地应用于科学与工程的许多领域，其中包括结构、热传导、流体、电磁场及其相互耦合的分析。

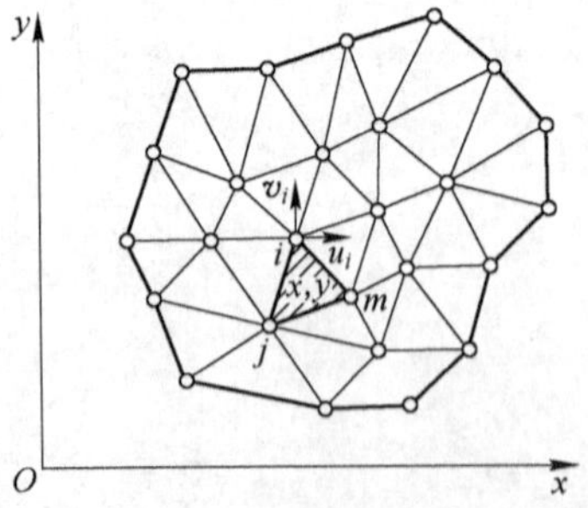

图8-1　有限元分割

有限元法的基本思想是：将连续的变形体离散化为有限单元组成的结构物（如图8-1所示）。同时利用变分原理或其他方法建立节点位移与节点载荷的代数方程组。从而进一步求出各单元内部的其他物理量，如应力、应变、应变速率等。

在塑性成形过程中，金属发生很大的塑性变形，在位移与应变的几何关系上存在几何非线性，在材料的本构关系上存在材料非线性，即物理非线性。不仅如此，成形所用模具形面的几何形状往往比较复杂，金属与模具的接触状态不断改变，摩擦规律也难以准确地描述。这种由接触问题引起的非线性被称作状态非线性。而有限元法正是目前进行非线性分析的最强有力的工具。

有限元法基于其自身的特点，且具有问题求解的固有方式。一般而言，有限元方法有以下解题步骤：

（1）连续体的离散化。把求解的连续体离散成有限数目的单元，单元的类型有多种，如二维问题中的三边形、四边形，三维问题中的四面体、六面体等。合理地选择单元的类型、数目、大小和排列，能有效地表示所研究的连续体。

（2）确定单元的几何特性。选择满足某些要求（如在单元内保证连续性、在其边界上保证协调性等）的联系单元节点和单元内部各点位移（或速度）的插值函数，以保证数值计算结果更逼近精确解。插值函数通常选择多项式，以便于微分和积分。

（3）建立单元的刚度矩阵。按变分原理，对弹性和弹塑性有限元推导单元的刚度矩阵 $[K]^e$，用此矩阵把单元节点位移 $\{u\}^e$ 和节点力 $\{P\}^e$ 联系起来，即：$[K]^e\{u\}^e=\{P\}^e$。对于刚塑性有限元，则建立以节点位移 u_i 为自变函数的单元能量泛函 $\varphi^e=\varphi^e(u_i)$。

（4）建立总体刚度矩阵。对于弹性和弹塑性有限元，这个过程包括由各单元的刚度矩阵集合成整个变形体的总刚度矩阵 $[K]$，以及由单元节点力列阵集合成总载荷列阵 $\{P\}$，从而建立表示整个变形体的节点位移和总载荷关系的联立方程组，即

$$[K]\{u\}=\{P\}$$

对于刚塑性有限元，则建立整个变形体的能量泛函变分方程组，即

$$\delta\{\sum_{e=1}^{m}\phi^e(u_i)\}=0$$

式中　m——单元数目。

（5）有限元代数方程组求解。求出未知的节点位移（或速度）。在弹性有限元中，这些方程组是线性的；而在弹塑性和刚塑性有限元中，这些方程组是非线性的，因此求解时需进行线性化。

（6）由节点位移（或速度），利用几何方程和物理方程，求整个变形体的应变场（或应变速率场）、应力场，并根据问题的需要，进一步计算各种参数。

第二节　有限元的基本原理

一、连续体的离散处理

对于二维的平面问题，常用的单元形式有三角形、四边形、六节点三角形和八节点四边形等，如图 8-2 所示。本书以三角形单元为例，进行介绍。

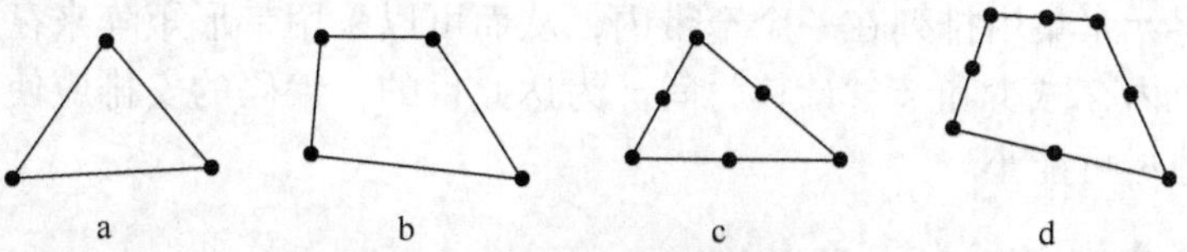

图 8-2　平面问题常用的单元形式

a—三角形单元；b—四边形单元；c—六节点三角形单元；d—八节点四边形单元

轴对称问题的单元是其子午面有一定几何形状的环形旋转体，如三角形断面圆环和四边形断面圆环等（参见图 8-3），其节点应理解为一圆形。

在三维空间问题中，常用的单元形式为四面体和六面体，也采用曲边四面体和曲边六面体，如图8-4所示。

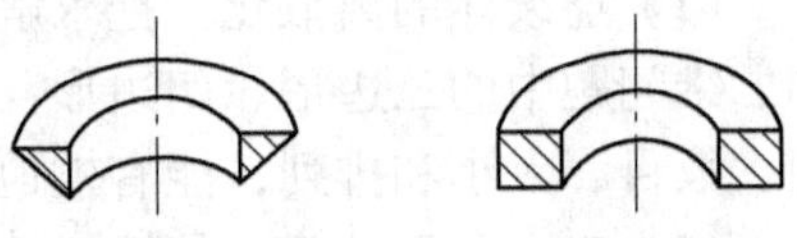

图8-3　轴对称问题的单元

a—三角形断面单元；b—四边形断面单元

单元形式选定后，便可对求解域进行网格划分。网格划分是否合理，在一定程度上会影响到计算精度和计算时间。网格划分越密，即单元数目越多，则计算精度越高，但相应的计算时间也越多。故此，在应力、应变变化梯度较大的部位或角点附近，单元要划分得密一些，反之，则划分得疏一些（参见图8-5）。总之，应在保证精度的前提下，力求采用较少的单元数。

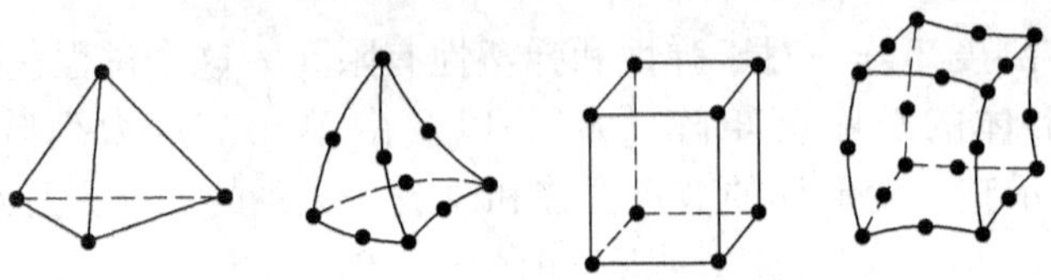

图8-4　三维空间问题常用的单元形式

a—四面体单元；b—十节点曲边四面体单元；c—六面体单元 ；d—二十节点曲边六面体单元

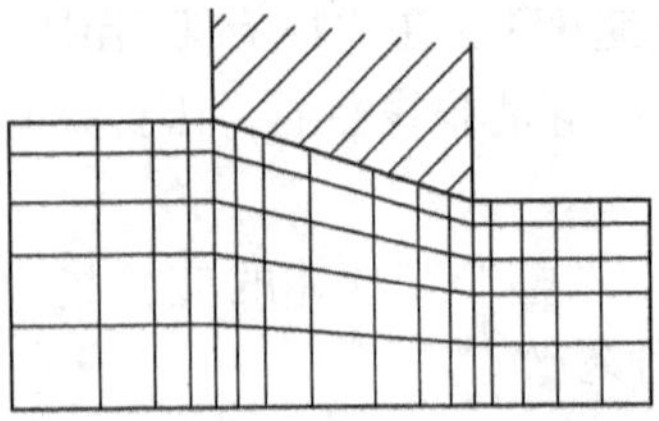

图8-5　挤压时的网格划分

在单元划分时应注意以下几点：对于三角形单元，三个边长之间不要相差太大，对于矩形单元，其长度和宽度之比也不宜太大，否则会影响计算精度；任一三角形单元的顶点必须同时也是其相邻三角形单元的顶点；如果计算对象具有不同厚度或不同的材质，则其突变处应是单元的边线，不要把厚度和材质不同的区域划分在同一个单元里；分布载荷突变处或者承受集中载荷的地方，应布置节点，其附近的单元则应划分得小一些；对于受力和几何形状对称的变形体，应充分利用其对称性，只选择其对称部分进行网格划分即可。

单元划分后，应对全部节点按一定顺序编码，以使单元方程能有序地集合成整体方程。合理编码能减少计算机内存和节省计算时间，因为任一节点只与其相邻的节点发生直接联系，这样在联立求解方程中，方程的系数矩阵是一个稀疏矩阵，而合理的编码能使稀疏矩阵中的非零元素集中排列在一个窄带内，从而可以采用带形矩阵来存放这些系数，使所占用的计算机内存减少和节省计算时间。为达此目的，编码的安排应使整个区域内相邻节点的编码差值尽可能小。

二、单元的几何特征

划分网格之后，要对单元进行分析和建立基本方程。其中包括：将节点位移通过形状函数插值转化为单元内部点的位移；利用几何方程求单元的应变；由弹性或塑性理论分析应力与应变的关系，建立节点位移和内部应力的关系式；借助虚功方程或变分原理，导出单元节点力和节点位移的关系。其流程如下：

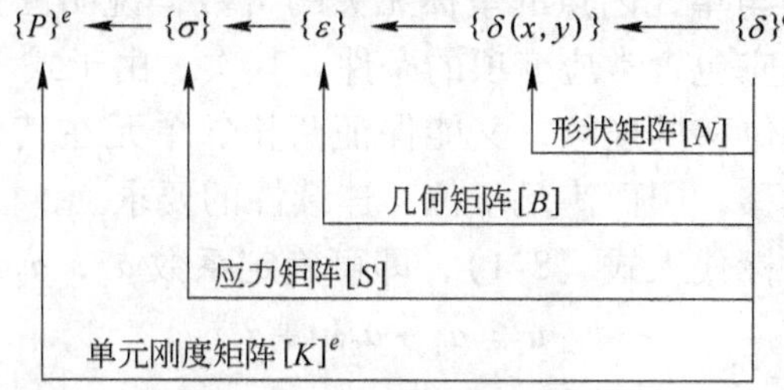

（一）位移模式和形状函数

用有限元方法分析问题时，连续体被离散化为仅在节点处相铰接的有限单元的集合体，并以各个单元内部及边界节点的位移来近似地代表连续体的真实位移，这必然会带来误差。而位移模式和形状函数选择的优劣，会影响到解的收敛性和计算精度。所选择的位移模式必须满足以下条件：

（1）位移模式必须包含单元的刚体位移，即位移模式不但具有描述单元本身变形引起位移的功能，而且还要具有描述由于其他单元变形通过节点位移引起单元刚体位移的能力，这就要求位移模式中包含有与点的坐标无关的常数项。

（2）位移模式必须包含有单元的常应变项。每个单元的应变一般包含两部分：一部分是与点的位置坐标有关的变应变项；另一部分是与位置坐标无关的常应变项。当单元尺寸逐渐缩小时，每个单元的应变量将向常应变逼近。如果所选取的位移模式不包含常应变量，其求解结果就不能收敛于精确解。

（3）位移模式必须满足位移的连续性，它包含两方面：一是单元内部位移连续，另一是单元之间位移的协调性，后者保证单元之间既不分开也不重叠。

位移模式多采用多项式，因为它便于微分和积分，并且增加多项式的次数可以提高计算精度。本章仅介绍三角形单元的位移模式和形状函数，其他形状单元的情况可参阅有关文献。

图 8-6 给出平面应变状态下常用的三角形单元 ijm（按逆时针方向排列）。三节点的坐标和位移分别为（x_i，y_i）、（x_j，y_j）、（x_m，y_m）和（u_i，v_i）、（u_j，v_j）、（u_m，v_m）。单元内部任意点的位移以 $u(x, y)$、$v(x, y)$ 表示，位移模式采用如下的线性多项式：

$$\left.\begin{aligned} u(x,y) &= a_1 + a_2x + a_3y \\ v(x,y) &= a_4 + a_5x + a_6y \end{aligned}\right\} \qquad (8\text{-}1)$$

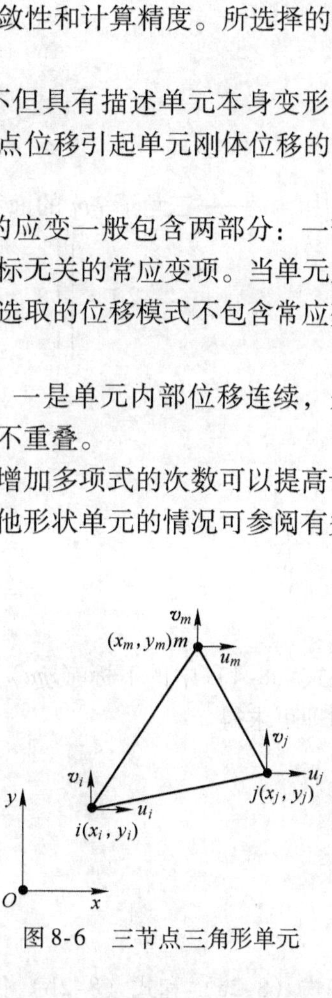

图 8-6　三节点三角形单元

在式（8-1）中 a_2 为常数项，它们反映了单元的刚体位移。又由几何方程可得

$$\{\varepsilon\}^e = \begin{cases} \varepsilon_x = \dfrac{\partial u}{\partial x} = a_2 \\ \varepsilon_y = \dfrac{\partial v}{\partial y} = a_6 \\ \gamma_{xy} = \dfrac{\partial u}{\partial y} + \dfrac{\partial v}{\partial x} = a_3 + a_5 \end{cases}$$

由于 a_2、a_6、a_3、a_5 都是与单元内点的坐标无关的常数，说明三角形单元为常应变单元，因而自然满足了位移模式应包含常应变项的条件。其次，由于式（8-1）是 x、y 的线性连续函数，既能保证单元内位移的连续，又能保证两相邻单元在其公共边（例如 jm 边）上的任意点都具有相同的位移，因而满足了位移连续性的要求。

现将节点的位移和坐标代入式（8-1），即可确定系数 a_1，a_2，…，a_6。例如

$$u_i = a_1 + a_2x_i + a_3y_i$$
$$u_j = a_1 + a_2x_j + a_3y_j$$
$$u_m = a_1 + a_2x_m + a_3y_m$$

解此联立方程组，求得

$$\left.\begin{aligned} a_1 &= \frac{1}{2A}(a_iu_i + a_ju_j + a_mu_m) \\ a_2 &= \frac{1}{2A}(b_iu_i + b_ju_j + b_mu_m) \\ a_3 &= \frac{1}{2A}(c_iu_i + c_ju_j + c_mu_m) \end{aligned}\right\} \tag{8-2a}$$

式中　A ——三角形 ijm 的面积。

$$2A = \begin{vmatrix} 1 & x_i & y_i \\ 1 & x_j & y_j \\ 1 & x_m & y_m \end{vmatrix} = x_jy_m + x_my_i + x_iy_j - x_jy_i - x_iy_m - x_my_j \tag{8-3}$$

$$\left.\begin{aligned} a_i &= \begin{vmatrix} x_j & y_j \\ x_m & y_m \end{vmatrix} = x_jy_m - x_my_j \\ b_i &= -\begin{vmatrix} 1 & y_j \\ 1 & y_m \end{vmatrix} = y_j - y_m \\ c_i &= \begin{vmatrix} 1 & x_j \\ 1 & x_m \end{vmatrix} = x_m - x_j \end{aligned}\right\} \tag{8-4}$$

将式（8-4）中的下标（ijm）循环变换，即得 a_j、b_j、c_j、a_m、b_m、c_m。
同理可求得

$$\left.\begin{aligned} a_4 &= \frac{1}{2A}(a_iv_i + a_jv_j + a_mv_m) \\ a_5 &= \frac{1}{2A}(b_iv_i + b_jv_j + b_mv_m) \\ a_6 &= \frac{1}{2A}(c_iv_i + c_jv_j + c_mv_m) \end{aligned}\right\} \tag{8-2b}$$

将式（8-2a）和式（8-2b）代入式（8-1），即得

$$\left.\begin{aligned} u(x,y) &= \frac{1}{2A}[(a_i + b_ix + c_iy)u_i + (a_j + b_jx + c_jy)u_j + (a_m + b_mx + c_my)u_m] \\ v(x,y) &= \frac{1}{2A}[(a_i + b_ix + c_iy)v_i + (a_j + b_jx + c_jy)v_j + (a_m + b_mx + c_my)v_m] \end{aligned}\right\} \tag{8-5a}$$

式(8-5a)即为单元的节点位移与单元内任一点位移的关系式。

令
$$\left.\begin{aligned}N_i&=\frac{1}{2A}(a_i+b_ix+c_iy)\\N_j&=\frac{1}{2A}(a_j+b_jx+c_jy)\\N_m&=\frac{1}{2A}(a_m+b_mx+c_my)\end{aligned}\right\}\tag{8-6}$$

则式(8-5a)改写成
$$\left.\begin{aligned}u(x,y)&=N_iu_i+N_ju_j+N_mu_m\\v(x,y)&=N_iv_i+N_jv_j+N_mv_m\end{aligned}\right\}\tag{8-5b}$$

用矩阵表示为
$$\begin{Bmatrix}u(x,y)\\v(x,y)\end{Bmatrix}=\begin{bmatrix}N_i&0&N_j&0&N_m&0\\0&N_i&0&N_j&0&N_m\end{bmatrix}\begin{Bmatrix}u_i\\v_i\\u_j\\v_j\\u_m\\v_m\end{Bmatrix}\tag{8-5c}$$

简记为
$$\begin{Bmatrix}u(x,y)\\v(x,y)\end{Bmatrix}=[N]\{\delta\}^e\tag{8-5d}$$

式中　$\{\delta\}^e$——三个节点的位移列阵。

由式（8-5b）可知，当 $u_i=1$（或 $v_i=1$），而其他节点的位移为零时，则单元内任意一点的位移为 $u=N_i$（或 $v=N_i$）。这就是说，函数 N_i 表示节点 i 发生单位位移时，单元内部位移的分布规律。N_i、N_j、N_m 分别称为三角形单元三个节点的形状函数，它们具有如下性质：

（1）在节点 i 上，$N_i=1$，$N_j=N_m=0$；在节点 j 上，$N_j=1$，$N_i=N_m=0$；在节点 m，$N_m=1$，$N_i=N_j=0$。

（2）在单元的任一点上，三个形状函数之和等于 1，即
$$N_i+N_j+N_m=1$$

（3）在三角形单元 ijm 的某一边上，例如 ij 边上，有
$$N_i=1-\frac{x-x_i}{x_j-x_i},\ N_j=\frac{x-x_i}{x_j-x_i},\ N_m=0$$

（二）应变矩阵和几何矩阵

位移函数确定后，即可由几何方程求单元的应变。下面仍以平面应变问题中常见的三角形单元为例进行介绍。

平面应变问题有三个应变分量，写成矩阵形式为：
$$\{\varepsilon\}=\begin{Bmatrix}\varepsilon_x\\\varepsilon_y\\\gamma_{xy}\end{Bmatrix}=\begin{Bmatrix}\dfrac{\partial u}{\partial x}\\\dfrac{\partial v}{\partial y}\\\dfrac{\partial u}{\partial y}+\dfrac{\partial v}{\partial x}\end{Bmatrix}\tag{8-7}$$

将式（8-5）代入式（8-7），便得

$$\{\varepsilon\}=\begin{Bmatrix}\varepsilon_x\\ \varepsilon_y\\ \gamma_{xy}\end{Bmatrix}=\frac{1}{2A}\begin{bmatrix}b_i & 0 & b_j & 0 & b_m & 0\\ 0 & c_i & 0 & c_j & 0 & c_m\\ c_i & b_i & c_j & b_j & c_m & b_m\end{bmatrix}\begin{Bmatrix}u_i\\ v_i\\ u_j\\ v_j\\ u_m\\ v_m\end{Bmatrix}=\boldsymbol{B}\{\delta\}^e \tag{8-8}$$

式中

$$\boldsymbol{B}=\frac{1}{2A}\begin{bmatrix}b_i & 0 & b_j & 0 & b_m & 0\\ 0 & c_i & 0 & c_j & 0 & c_m\\ c_i & b_i & c_j & b_j & c_m & b_m\end{bmatrix} \tag{8-9}$$

$\boldsymbol{B}$ 是联系单元内任一点的应变与节点位移的关系矩阵，称之为几何矩阵。

对照式（8-8）、式（8-9）可以看出，在三角形单元中，几何矩阵 $\boldsymbol{B}$ 为常数矩阵，只依赖于三角形单元三个节点的坐标值，故三角形单元应变为常应变。

由于单元的几何特性仅决定于单元的类型、位移模式和节点数值，而与材料无关，因此，上述有关形状函数和几何矩阵等，既适用于弹性问题，也适用于塑性问题。

（三）应力矩阵

在求得单元内任一点的应变后，利用应力应变关系就可以求出该点的应力。材料的应力应变关系反映其物理特性，一般材料在塑性变形时应力应变关系都是非线性的，在计算过程中必须进行简化。

我们假设应力与应变之间的关系矩阵为 $\boldsymbol{D}$。有了应力应变矩阵，根据下式便可以求得单元内任一点的应力，即

$$\{\sigma\}=\boldsymbol{D}\{\varepsilon\}=\boldsymbol{DB}\{\delta\} \tag{8-10a}$$

如以应力增量 $\mathrm{d}\sigma$ 代替应力 σ，以位移增量 $\mathrm{d}\delta$ 代替位移 δ，应变增量 $\mathrm{d}\varepsilon$ 代替应变 ε，则上式改写为

$$\{\mathrm{d}\sigma\}=\boldsymbol{D}\{\mathrm{d}\varepsilon\}=\boldsymbol{DB}\{\mathrm{d}\delta\} \tag{8-10b}$$

令

$$\boldsymbol{S}=\boldsymbol{DB}$$

$\boldsymbol{S}$ 就是应力矩阵，故式又可表示为

$$\{\sigma\}=\boldsymbol{S}\{\delta\}$$

或

$$\{\mathrm{d}\sigma\}=\boldsymbol{S}\{\mathrm{d}\delta\}$$

下面介绍矩阵 $\boldsymbol{D}$ 的具体形式。

对于弹塑性有限元，单元内的应力或应力增量，同应变或应变增量之间存在着线性关系。如果假定在弹性区内的比例常数为［D^e］，在塑性区内的比例常数为［D^p］，那么，应力增量和应变增量的关系为

在弹性区内：$\{\mathrm{d}\sigma\}=[D^e]\{\mathrm{d}\varepsilon\}$

在塑性区内：$\{\mathrm{d}\sigma\}=[D^p]\{\mathrm{d}\varepsilon\}$ （8-11）

根据式(8-8),应力增量可以用节点位移量表示为

在弹性区内：$\{\mathrm{d}\sigma\}=[D^e]\boldsymbol{B}\{\mathrm{d}\delta\}$

在塑性区内：$\{\mathrm{d}\sigma\}=[D^p]\boldsymbol{B}\{\mathrm{d}\delta\}$ （8-12）

就弹性区而言，应力和应变的关系由虎克定律描述，因此在应力增量同应变增量的关系上，虎克定律也是成立的。在材料屈服后的塑性区内，应变增量是由弹性分量 $\{d\varepsilon^e\}$ 和塑性分量 $\{d\varepsilon^p\}$ 组成：

$$\{d\boldsymbol{\varepsilon}\} = \{d\boldsymbol{\varepsilon}^e\} + \{d\boldsymbol{\varepsilon}^p\} \tag{8-13}$$

在弹性阶段

$$[D^e] = \frac{E}{1+\nu}\begin{pmatrix} \frac{1-\nu}{1-2\nu} & \frac{\nu}{1-2\nu} & \frac{\nu}{1-2\nu} & 0 & 0 & 0 \\ \frac{\nu}{1-2\nu} & \frac{1-\nu}{1-2\nu} & \frac{\nu}{1-2\nu} & 0 & 0 & 0 \\ \frac{\nu}{1-2\nu} & \frac{\nu}{1-2\nu} & \frac{1-\nu}{1-2\nu} & 0 & 0 & 0 \\ 0 & 0 & 0 & \frac{1}{2} & 0 & 0 \\ 0 & 0 & 0 & 0 & \frac{1}{2} & 0 \\ 0 & 0 & 0 & 0 & 0 & \frac{1}{2} \end{pmatrix} \tag{8-14}$$

在弹塑性阶段

$$\{d\boldsymbol{\sigma}\} = ([D^e] - [D^p])\{d\boldsymbol{\varepsilon}\} \tag{8-15}$$

这里我们略去详细的推导过程（具体的推导可参考有关文献），并将应力矩阵写为显式形式，即

$$[D^p] = \frac{9G^2}{(H'+3G)\overline{\sigma}^2}\begin{pmatrix} S_x^2 & S_xS_y & S_xS_z & S_x\tau_{xy} & S_x\tau_{yz} & S_x\tau_{zx} \\ & S_y^2 & S_yS_z & S_y\tau_{xy} & S_y\tau_{yz} & S_y\tau_{zx} \\ & & S_z^2 & S_z\tau_{xy} & S_z\tau_{yz} & S_z\tau_{zx} \\ & & & \tau_{xy}^2 & \tau_{xy}\tau_{yz} & \tau_{xy}\tau_{zx} \\ & & & & \tau_{yz}^2 & \tau_{yz}\tau_{zx} \\ \text{对称} & & & & & \tau_{zx}^2 \end{pmatrix} \tag{8-16}$$

对于平面应力状态，$\sigma_z = \tau_{yz} = \tau_{zx} = 0$，则有

$$[D^e] = \frac{E}{1-\nu^2}\begin{pmatrix} 1 & \nu & 0 \\ & 1 & 0 \\ \text{对称} & & \frac{1-\nu}{2} \end{pmatrix} \tag{8-17}$$

$$\overline{\sigma} = \sqrt{\sigma_x^2 + \sigma_y^2 - \sigma_x\sigma_y + 3\tau_{xy}^2} \tag{8-18}$$

$$[D^p] = \frac{E}{Q(1-\nu)^2}\begin{pmatrix} (S_x+\nu S_y)^2 & (S_x+\nu S_y)(S_y+\nu S_x) & (1-\nu)(S_x+\nu S_y)\tau_{xy} \\ & (S_y+\nu S_x)^2 & (1-\nu)(S_y+\nu S_x)\tau_{xy} \\ & \text{对称} & (1-\nu)\tau_{xy}^2 \end{pmatrix} \tag{8-19}$$

式中，$Q = S_x^2 + S_y^2 + 2\nu S_xS_y + 2(1-\nu)\tau_{xy}^2 + \dfrac{2H'(1-\nu)\overline{\sigma}^2}{9G}$。

H'为硬化曲线上任一点处的斜率。

在塑性区 $\nu=\frac{1}{2}$。

对于平面应变有 $\varepsilon_z=\gamma_{zx}=\gamma_{yz}=0$，$\tau_{zx}=\tau_{yz}=0$，只要从式（8-14）和式（8-16）中消去上述为零的分量，就可以得到下列各式。

$$[D^e]=\frac{E}{1+\nu}\begin{pmatrix}\frac{1-\nu}{1-2\nu} & \frac{\nu}{1-2\nu} & 0\\ \frac{\nu}{1-2\nu} & \frac{1-\nu}{1-2\nu} & 0\\ 0 & 0 & \frac{1}{2}\end{pmatrix} \tag{8-20}$$

$$[D^p]=\frac{9G^2}{(H'+3G)\overline{\sigma}^2}\begin{pmatrix}S_x^{\ 2} & S_xS_y & S_x\tau_{xy}\\ S_xS_y & S_y^2 & S_y\tau_{xy}\\ S_x\tau_{xy} & S_y\tau_{xy} & \tau_{xy}^2\end{pmatrix} \tag{8-21}$$

$$\overline{\sigma}=\sqrt{\frac{3}{4}(\sigma_x-\sigma_y)^2+3\tau_{xy}^2} \tag{8-22}$$

（四）单元刚度矩阵

单元分析的目的是建立节点位移与单元节点力的关系式。前面已经假设单元之间的作用由节点传递，对于一个单元来说，假设周围单元对它的节点作用力为 $\{P\}_e$，

$$\{P\}_e=[P_{ix}P_{iy}P_{iz}P_{jx}P_{jy}P_{jz}\cdots P_{mx}P_{my}P_{mz}]^{\mathrm{T}}$$

由虚功原理，外力虚功等于应力在虚应变上的虚变形功，即：

$$\{\delta^*\}_e\{P\}_e=\iiint_V\{\varepsilon^*\}^{\mathrm{T}}\{\sigma\}\mathrm{d}V \tag{8-23}$$

下面以平面问题为例进行推导，式（8-7）变为

$$\{\delta^*\}_e\{P\}_e=\iint_S\{\varepsilon^*\}^{\mathrm{T}}\{\sigma\}t\mathrm{d}x\mathrm{d}y \tag{8-24}$$

式中　t——厚度。

将式（8-6）和式（8-10）代入上式，得

$$\{\delta^*\}_e\{P\}_e=\iint_S(\boldsymbol{B}\{\delta^*\}_e)^{\mathrm{T}}\boldsymbol{DB}\{\delta\}_e t\mathrm{d}x\mathrm{d}y=\iint_S\{\delta^*\}_e^{\mathrm{T}}\boldsymbol{B}^{\mathrm{T}}\boldsymbol{DB}\{\delta\}_e t\mathrm{d}x\mathrm{d}y \tag{8-25}$$

式（8-25）右边是对单元积分，$\{\delta\}_e$ 为单元节点位移，它是一定值，可以将它提到积分号外，所以有

$$\{\delta^*\}_e^{\mathrm{T}}\{P\}_e=\{\delta^*\}_e^{\mathrm{T}}\left(\iint_S\boldsymbol{B}^{\mathrm{T}}\boldsymbol{DB}t\mathrm{d}x\mathrm{d}y\right)\{\delta\}_e \tag{8-26}$$

比较等式两边后可知

$$\{P\}_e=\left(\iint_S\boldsymbol{B}^{\mathrm{T}}\boldsymbol{DB}t\mathrm{d}x\mathrm{d}y\right)\{\delta\}_e \tag{8-27}$$

令

$$[k]_e=\iint_S\boldsymbol{B}^{\mathrm{T}}\boldsymbol{DB}t\mathrm{d}x\mathrm{d}y \tag{8-28}$$

式（8-27）即可写为

$$[k]_e\{\delta\}_e=\{P\}_e \tag{8-29}$$

这就是单元分析最后得到的节点位移和节点力的关系式，$[k]_e$ 称为单元刚度矩阵。

（五）外载荷的处理

在有限元分析中，我们假设单元与单元之间的力是通过节点来传递的，单元的边界并不传递力。外作用力必须向节点移置，移置后在公共节点处应用力的叠加原理进行叠加，从而可以得到整体的节点载荷向量。

作用在变形体的外力主要有集中力和分布力两种。对于集中力，在划分网格时应使其作用点成为一个节点；而对于分布力，则应将其移置为等效的节点力。

要按能量等效原则进行单元载荷移置，即单元的实际载荷与移置后的节点载荷在相对应的虚位移上所做的虚功相等。

分布力包括分布边界力和均布体积力，对于一般的金属塑性成形问题，体积力可不考虑。

假设三角形单元 ijm 的 mi 边作用有分布面力 $\{q\}$，其分量为 q_x 和 q_y，即

$$\{q\} = \begin{Bmatrix} q_x \\ q_y \end{Bmatrix}$$

移置到节点 m、i 上的等效节点力为

$$\{p\} = [p_{ix} \quad p_{iy} \quad p_{mx} \quad p_{my}]^{\mathrm{T}}$$

节点相应的虚位移为

$$\{\delta\} = [u_i \quad v_i \quad u_m \quad v_m]^{\mathrm{T}}$$

根据能量等效原则，有

$$\int_{l_{im}} (uq_x + vq_y)\,t\mathrm{d}l = p_{ix}u_i + p_{iy}v_i + p_{mx}u_m + p_{my}v_m$$

又有

$$u = N_i u_i + N_m u_m$$
$$v = N_i v_i + N_m v_m$$

将 u、v 代入上式，并用矩阵形式表示为

$$(u_i v_i u_m v_m)\int_{l_{im}} \begin{pmatrix} N_i & 0 \\ 0 & N_i \\ N_m & 0 \\ 0 & N_m \end{pmatrix} \begin{Bmatrix} q_x \\ q_y \end{Bmatrix} t\mathrm{d}l = (u_i \quad v_i \quad u_m \quad v_m)\begin{Bmatrix} p_{ix} \\ p_{iy} \\ p_{mx} \\ p_{my} \end{Bmatrix}$$

即有

$$\begin{Bmatrix} p_{ix} \\ p_{iy} \\ p_{mx} \\ p_{my} \end{Bmatrix} = \int_{l_{im}} \begin{pmatrix} N_i & 0 \\ 0 & N_i \\ N_m & 0 \\ 0 & N_m \end{pmatrix} \begin{Bmatrix} q_x \\ q_y \end{Bmatrix} t\mathrm{d}l \qquad (8\text{-}30)$$

式中　t ——三角形单元的厚度。

三、合成总体刚度矩阵

对变形体的单元逐个进行分析后，就可以进行整体分析，即把所有单元刚度方程组装得到整体刚度方程。

假设变形体被划分为 m 个单元 n 个节点，经过单元分析后，则得到 m 组如式（8-29）的单元刚度方程，把这些方程集合起来，便可以得到表征整个变形体平衡的表达式，即整体刚度方程。

$$\boldsymbol{K}\{\delta\} = \{P\} \tag{8-31}$$

式中 $\boldsymbol{K}$——总体刚度矩阵，$\boldsymbol{K} = \sum_{i=1}^{m}[k]_i$；

$\{P\}$——作用在各节点上的力，$\{P\} = \sum_{i=1}^{m}\{p\}_i$。

式（8-31）就是有限元求解的方程。

下面给出合成总体刚度矩阵的例子：

$$[k]_1 + [k]_2 = [k]_{12}\begin{pmatrix} a_{11} & a_{12} & 0 \\ a_{21} & a_{22} & 0 \\ 0 & 0 & 0 \end{pmatrix} + \begin{pmatrix} 0 & 0 & 0 \\ 0 & b_{22} & b_{23} \\ 0 & b_{32} & b_{33} \end{pmatrix} = \begin{pmatrix} a_{11} & a_{12} & 0 \\ a_{21} & a_{22}+b_{22} & b_{23} \\ 0 & b_{32} & b_{33} \end{pmatrix}$$

第三节 刚塑性有限元法及应用

一、刚塑性有限元法

对于很多实际的金属塑性成形过程，弹性变形部分远小于塑性成形部分（弹性应变与塑性应变之比通常在 1/100 ~ 1/1000），因而可以忽略弹性变形，将材料模型简化为刚塑性模型。针对这种刚塑性材料建立的有限元法就称为刚塑性有限元法，它广泛应用于分析各种塑性加工问题。由于忽略弹性变形，所以在计算小变形时其精度不及弹塑性有限元法；另外这种方法不能计算回弹和残余应力。

刚塑性有限元法的理论基础是变分原理，即认为在所有的动可容速度场中，使能率泛函取得驻值的速度场就是真实速度场。根据该速度场，利用小变形几何方程即可求得应变速率场，进而由本构方程求得应力场。在构造动可容速度场时，要满足速度边界条件较容易，而要满足体积不可压缩条件则比较困难，但又必须满足它。这样，在用刚塑性有限元法求解塑性成形问题过程中，对体积不可压缩条件的处理有不同的方法，主要有拉格朗日乘子法、体积可压缩法和罚函数法。每一种方法都对能率泛函进行“改造”，建立新的能率泛函。当新建立的能率泛函取得驻值时，则体积不可压缩条件能自动得到满足。这样，就给初始速度场的选择带来方便，且解决了体积不可压缩的刚塑性问题，只能由应变速率场求得应力偏量而不能求得应力值的矛盾。下面介绍拉格朗日乘子法，其他方法可参看有关文献。

（一）刚塑性材料不完全广义变分原理

拉格朗日乘子法是建立在刚塑性材料不完全广义变分原理的基础上，它将体积不可压缩条件用拉格朗日乘子 λ 引入能率泛函中，得到如下的新泛函：

$$\varphi = \sqrt{2}K\int_v \sqrt{\dot{\varepsilon}_{ij}\dot{\varepsilon}_{ij}}\,\mathrm{d}V + \int_v \lambda\dot{\varepsilon}_{ij}\delta_{ij}\,\mathrm{d}V - \int_{S_p} p_i v_i\,\mathrm{d}S \tag{8-32}$$

式中，第一项为塑性变形功率；第三项为力面 S_P 上给定表面力 p_i 所做的功率。第一项中

的 K 放在积分号外，是因为把变形体看做理想刚塑性材料。对于刚塑性硬化材料，K 是塑性应变的函数，应放在积分号内，但是这会给求解带来困难。为简化计算，采用阶段硬化的概念，即在每一加载步中都视 K 为常数，而在不同加载步中，K 值则因材料硬化而取不同的值。因此可以说，式（8-32）不仅适用于理想刚塑性材料，也适用于刚塑性硬化材料在一个加载步内的变形。

刚塑性材料不完全广义变分原理认为，在所有满足几何方程和速度边界条件的速度场 v_i 中，使泛函式（8-32）取得驻值的 v_i 为真实速度场。通过证明这一原理（证明过程略），我们得到 $\lambda=\sigma_m$，即拉格朗日乘子的物理意义为平均应力。

（二）求解方程的建立

为便于有限元法的计算，将泛函式（8-32）改写为矩阵形式，有

$$\varphi=\sqrt{2}K\int_v\sqrt{\{\dot{\varepsilon}\}^{\mathrm{T}}\{\dot{\varepsilon}\}}\,\mathrm{d}V+\int_v\lambda\{\dot{\varepsilon}\}^{\mathrm{T}}\{c\}\,\mathrm{d}V-\int_{S_p}\{v\}^{\mathrm{T}}\{p\}\,\mathrm{d}S \qquad (8\text{-}33)$$

$$\{\dot{\varepsilon}\}=\left[\dot{\varepsilon}_x\quad\dot{\varepsilon}_y\quad\dot{\varepsilon}_z\quad\frac{1}{\sqrt{2}}\dot{\gamma}_{xy}\quad\frac{1}{\sqrt{2}}\dot{\gamma}_{yz}\quad\frac{1}{\sqrt{2}}\dot{\gamma}_{zx}\right]^T$$

$$\{c\}=[1\quad 1\quad 1\quad 0\quad 0\quad 0]^{\mathrm{T}}$$

式中 $\{\dot{\varepsilon}\}$——应变速率列阵；
$\{v\}$——速度列阵；
$\{p\}$——S_{p} 边界上给定表面力列阵；
$\{c\}$——矩阵记号。

由式（8-33）可以看出，泛函 φ 为速度场和拉格朗日乘子 λ 的函数。由于泛函取驻值时的 $\{v\}$ 为真实解，且 λ 为平均应力，故可以根据这一条件求得速度场和平均应力。进一步的推导可参阅有关文献。

二、刚塑性有限元法在塑性成形中的应用

刚塑性有限元法不但可用来计算塑性成形的力能消耗和压力分布，还可以对整个成形过程进行数值模拟，定量地描述变形体内部质点的流动规律和应力、应变分布，从而合理选择设备、优化工艺和模具参数，还可以分析产品质量、预测产品缺陷。还可以进行反向模拟，即以工件的最终形状尺寸为起始点，逐步倒推前一变形瞬间变形体的过渡形状，最终得到工件所需的毛坯或预成形坯形状尺寸。这能为复杂成形件的中间毛坯预成形设计或初始毛坯设计，以保证金属的合理流动和充填，并最大限度地为节约原材料提供理论依据。

成形过程模拟系统的建立，就是将塑性有限元理论、塑性成形工艺学、计算机图形处理技术进行有机结合的过程。成形问题有限元分析的流程，如图 8-7 所示。

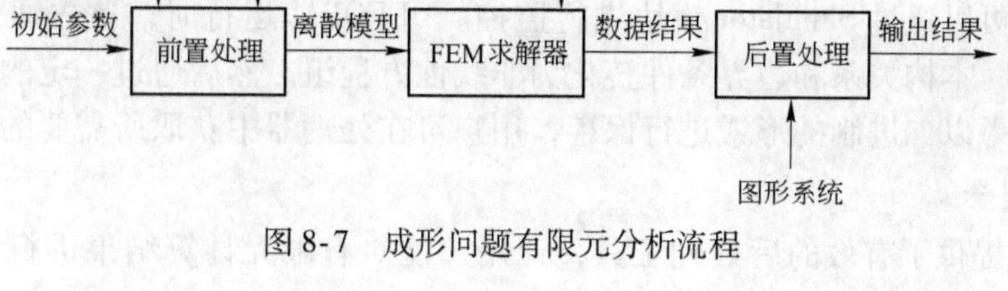

图 8-7 成形问题有限元分析流程

随着计算机性能的提高、计算机图形学的发展以及有限元技术的成熟，20 世纪 90 年代以来国际上出现了如 FORGE3、ALPID、DEFORM、MARC/AutoForge 以及 QForm 等通用体积成形刚-黏塑性有限元数值模拟商业软件。这些软件以其友好、易用的界面和可靠的性能得到了广泛的应用。下面以 DEFORM 软件为例介绍利用刚塑性有限元法模拟塑性成形过程的实例。

（一）DEFORM 软件的系统结构

20 世纪 70 年代后期，美国 Battelle Columbus 研究室在美国空军基金的资助下开发的有限元计算程序 ALPID（Analysis of Large Plastic Incremental Deformation）开创了塑性加工模拟技术的新纪元。到 1985 年，美国已有六家大公司使用该程序，当时的 ALPID 只能分析平面问题和轴对称问题，并没有考虑非等温成形问题和加工设备形式，也没有网格再划分功能。随后几年中，开发人员针对用户提出的种种要求，逐渐将程序完善，将计算程序发展为商品化分析软件 DEFORM-3D™（Design Environment for Forming）。

DEFORM-3D 软件专为塑性成形数值模拟设计，操作方便，专用性强，计算效率高，可以提供极有价值的工艺分析数据，及有关成形过程中的材料和温度流动。典型的 DEFORM 应用包括：锻造、冷成形、热处理、旋转成形、轧制、开坯锻造、金属切削、板材成形等。

DEFORM-3D 是一个高度模块化、集成化的有限元模拟系统，它主要由前处理器（Pre Processor）、有限元模拟处理器（Simulator）和后处理器（Post Processor）三大模块组成。有一个较完整的 CAE 集成环境，具有强大而灵活的图形界面，使用户能有效地进行前后处理。

1. 前处理器

前处理器主要用于模拟模型的建立以及边界条件的设定。包含以下几个模块：

（1）Simulation Controls 子模块用于变形条件的输入，包括模拟类型和模拟模式的选取、增量步的设置，以及变形终止条件、迭代控制和其他工艺参数输入等。

（2）Material Data 子模块提供常用金属材料及性能数据库，可以直接选用，也可输入材料实验数据和有关的性能参数，定义新材料。

（3）Object Material Data 子模块用于模拟模型的建立，包括工模具几何图形的建立、工模具网格的划分和重分参数的设置、工模具类型（刚性、弹性、塑性、弹塑性及多孔材料）的定义、工模具材料的选择、工模具的初始条件、边界条件和属性的设置。

（4）Interobject Definition 子模块用于工、模具工艺参数的输入和控制，如工模具之间的摩擦类型和摩擦系数的选择和设置、工模具定位和接触边界的定义等。

2. 模拟处理器

DEFORM 的求解器是集弹性、弹塑性、刚（黏）塑性和热传导等于一体的有限元求解器，是 DEFORM 软件的核心组成部分。真正的有限元分析过程是在模拟处理器中完成的。模拟过程可以通过 Simulator 模块进行监控。DEFORM 运行时，首先通过有限元离散化将平衡方程、本构关系和边界条件转化为非线性方程组，然后通过一定的迭代法进行求解，求解的结果以二进制的形式进行保存，用户可在处理器中获取所需要的结果。

3. 后处理器

DEFORM 提供了有效的后处理工具，让用户能对有限元计算结果进行详细分析。后处理器将模拟结果可视化，支持 OpenGL 图形模式，结果可以是图形显示，也可以是数字、文字混编的形式。DEFORM 软件的后处理系统提供：

（1）变形的几何图形，包括每步的模具运动和变形网格图等。

（2）彩色线形和云纹图显示状态参数，如应变、应力以及温度等值线形图。

（3）速度矢量图显示节点位移或速度的大小和方向。

（4）坐标曲线图显示载荷-位移的变化。

（5）点跟踪和网格跟踪功能，不仅可以显示材料的流动模式和流线分布，而且可以预测成形中充不满、折叠等缺陷的产生。

（二）DEFORM 软件的功能和特点

DEFORM-3D 软件是一套基于过程模拟系统的面向金属塑性加工及相关行业的有限元分析软件。利用该软件模拟制件的塑性加工过程，可以显示加工过程中材料的流动规律、预测各种成形缺陷的产生、优化工模具设计和工艺方案、减少现场生产试验和修模的时间及费用。

DEFORM-3D 具有非常友好的图形用户界面，可帮助用户方便地进行数据准备和成形分析。可用于分析各种塑性体积成形过程中的金属流动以及应变应力温度等物理场量的分布，提供材料流动、模具充填、成形载荷、模具应力、纤维流向、缺陷形成、韧性破裂和金属微观结构等信息，并提供模具仿真及其他相关的工艺分析数据。丰富的材料数据库，包括各种钢、铝合金、钛合金等，用户还可自行输入材料数据。刚性、弹性和热黏塑性材料模型，特别适用于大变形成形分析，弹塑性材料模型适用于分析残余应力和回弹问题，烧结体材料模型适用于分析粉末冶金成形。完整的成形设备模型可以分析液压成形、锤上成形、螺旋压力成形和机械压力成形。DEFORM-3D 图形界面既强大又灵活，为用户准备输入数据和观察结果数据提供了有效工具。DEFORM-3D 还提供 3D 几何操纵修正工具，系统中集成了在任何必要时能够自行触发自动网格重划生成器，生成优化的网格系统，这对于 3D 过程模拟极为重要。DEFORM-3D 的计算精度和结果可靠，对于一些相当复杂的工业零件，如连杆、曲轴、扳手。具有复杂筋-翼的结构零件、泵壳和阀体，DEFORM-3D 都能够令人满意地例行完成。

（三）DEFORM 软件的应用实例

下面通过模拟顶凸垫模锻成形的例子来简要介绍利用 DEFORM-3D 模拟金属塑性成形的过程。顶凸垫模型如图 8-8 所示。

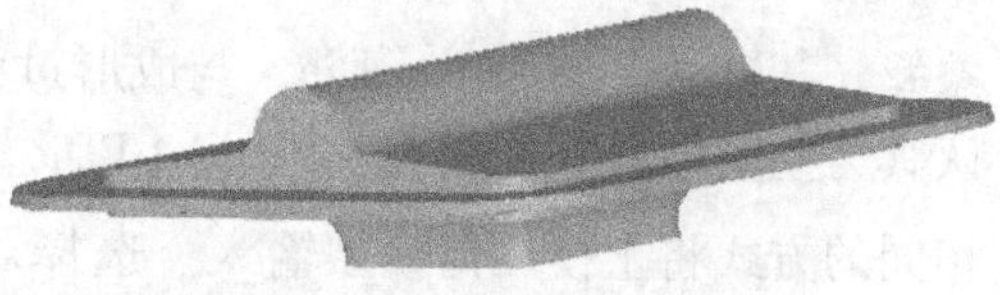

图 8-8　顶凸垫示意图

基本模拟过程主要包括以下步骤：

（1）创建新项目。

（2）定义模拟名称、类型。

（3）定义几何模型。

（4）工件划分网格。

（5）定义边界条件。

（6）定义材料属性。

（7）定义模具运动控制。

（8）定义各对象之间的关系。

（9）定义模拟控制参数。

（10）生成计算数据库文件，进行求解计算。

（11）后处理计算结果。

下面具体介绍模拟及分析过程。

1. 创建新项目

首先在有较大空间的硬盘区域里创建工作目录，从开始菜单或桌面上双击 DEFORM-3D 运行软件，创建一个新的模拟项目并对项目进行命名：

（1）在主窗口左上端，点击按钮，进入项目类型对话框，用鼠标单击【Deform-3D preprocessor】。

（2）接着点击【Next】按钮，并选择所创建的工作目录。

（3）接着单击【Next】按钮，弹出项目名称设定对话框，在此对话框中输项目名称“dtd”，最后单击【Finish】按钮。

完成以上三个步骤后系统自动进入 DEFORM-3D 前处理窗口。

2. 定义模拟名称、类型

单击按钮，进入模拟控制设定窗口，在【Simulation Title】一栏中填入模拟名称 dtd forging。单位类型选择国际单位制 SI，在模拟类型中选择【Lagrangian Incremental】，激活【Deformation】项，由于考虑变形过程的传热，所以接着激活【Heat Transfer】，单击【OK】按钮完成设置。

3. 定义几何模型

DEFORM 软件前处理会在物体树中自动创建默认名为 Workpiece 的#1 对象，一般来讲，输入模拟的#1 对象为变形体，应该在【General】对话框中，设定对象类型【Object Type】为 Plastic（塑性体）。在 DEFORM 中输入的物体实际上是物体的几何形状，点击几何形状 Geometry 按钮，弹出一对话框，接着点击输入 Import Geo... 按钮，弹出输入几何对象的对话框，打开抽屉键，找到通过三维造型软件生成的 .STL 的工件几何模型，则工件对象就会显示在前处理窗口中。通过按钮可加入其他对象进入物体树，设置对象#2，其默认名称为 Top Die，与成形过程中模具名称相符，则无需修改名称，且系统默认其为主动模具，在模型树中以【PDie】表示，与模拟过程相符，无需修改。用与工件相同的方式将上模几何模型输入。选择对象类型为刚体（rigid）。最后通过按钮将对象#3 输入，其默认名称为 Bottom Die，与成形过程中模具名称相符，无需修改名称。

此时三个对象会显示在 Pre - Processor 中的 Display 窗口中，根据实际情况将输入的三个物体利用定位按钮进行定位，如图 8-9 所示为定位好的几何模拟模型。

4. 对象划分网格

对对象进行网格划分，点击物体信息栏中的 Mesh 按钮，出现 Mesh 对话框，点击【Detailed Settings】按钮，可以看到划分网格的方式有两种，一种是【Relative】相对网格划分方式，一种是【Absolute】绝对网格划分方式。使用相对网格设置方式，用户仅需指定单元的总数，系统自动调整单元尺寸来满足总的单元数。使用绝对网格设置方式，用户定义单元尺寸，系统自动计算单元总数，网格尺寸将不变，随着物体形状的复杂，单元的数量也随之增加。本例对工件使用绝对网格划分方式，即选择【Absolute】。通过测量工具按钮测量模具上的最小特征尺寸为6mm，为了使工件更好的填充模具，工件上的网格最小尺寸必须小于最小特征尺寸的一半，因此本例设置最小单元尺寸为2mm，设置网格最大与最小尺寸比率为3。网格设置信息设置完成后，点击 Surface Mesh 按钮执行表面网格划分命令，待完成后点击 Solid Mesh 按钮执行体网格划分命令。本例中考虑工件与模具的热传递，因此需要对模具进行网格划分。采用相对网格划分方式，划分好的网格如图8-10所示。

图8-9 几何模拟模型

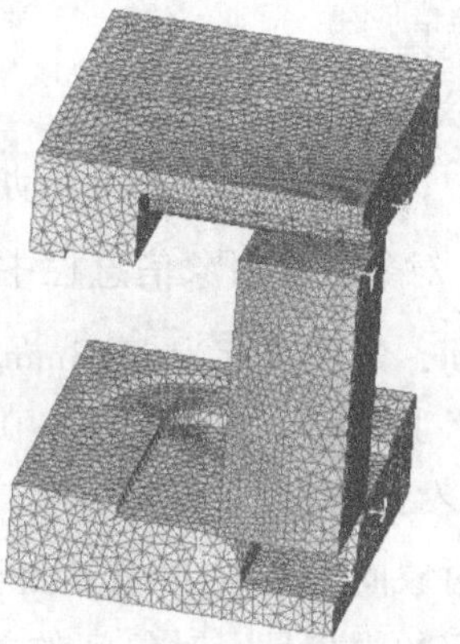

图8-10 划分网格的模型

5. 定义边界条件

(1) 设定对称边界条件。根据对称性，本例采用1/4的模型进行模拟计算，所以需要在对称面上设置对称边界条件。首先激活 Workpiece 工件，使其高亮显示，点击信息栏中的边界条件加载按钮 Bdry. Cnd.，系统默认激活【Symmetry Plane】，在图形显示窗口中会出现选择节点对话框，如图8-11所示，选择面上点按钮，然后用鼠标点击工件的对称面，此时对称面上的节点高亮显示。接着点击【Symmetry Plane】下的添加按钮，则在【Symmetry Plane】下出现对称面的法向矢量（1，0，0）。用同样的方法设定对称面2。

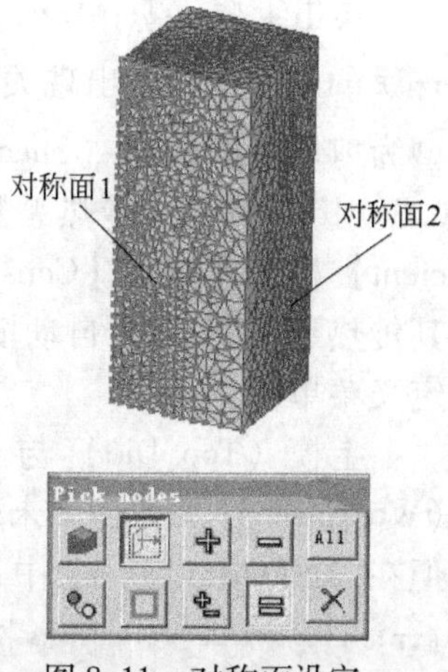

图8-11 对称面设定

由于模具也进行了网格划分，所以利用与工件相同的方法设定模具的对称边界条件。

(2) 设定传热边界条件。对工件设定与环境的传热边界条件。首先激活 Workpiece 工件，使其高亮显示，点击信息栏中的边界条件加载按钮 Bdry. Cnd.，激活【Thermal】下的【Heat Exchange with Environment】，在图形显示窗口中会出现选择节点对话框，选择面按钮，然后用鼠标点击工件的散热面，此时散热面高亮显示。接着点击添加按钮，则在【Heat Exchange with Environment】下出现英文字符 Defined。用同样的方法设定散热面 2。激活字符 Defined，可以发现定义热交换边界条件的两个表面呈绿色高亮显示，点击【Environment】可以出现环境温度设定对话框，系统默认可以满足本例的需要，所以不再做修改。

6. 定义材料属性

首先给工件加载材料。激活 Workpiece 工件，在信息栏中【General】下点击材料定义按钮，弹出材料库，在材料库中打开“Steel”材料文件夹，选取材料 AISI-1045［1650-2200F（900～1200℃）］作为工件材料，出现材料信息栏，接着点击【Load】按钮，将材料赋予工件。用同样的方法将材料 AISI-H-13［1450-1850F（800～1000℃）］赋予上、下模具。

7. 定义模具运动控制

本例中，上模 Top Die 为主动模具，它将向下模移动对工件进行加工。选中物体树中的 Top Die 对象，在对象信息栏中单击 Movement 运动按钮，进行运动设置。该模具按一定速度移动，定义速度为 11.8mm/s，方向为 Z 轴。本例仅是上模以匀速向下模具移动，下模固定。上下模具间的工件，在上模向下的移动中被锻压成形。

8. 定义各对象之间的关系

单击对象间关系按钮，由于对象间关系还没有确定，因此单击此按钮后弹出一询问框，询问的内容是：对象间的关系还不存在，是否按默认值建立对象间的关系。单击【Yes】按钮，将出现对象间关系设定菜单，系统已默认了上模、下模与工件的主仆关系。本例中不仅涉及摩擦问题，还涉及传热，因此在接触特征栏中要定义它们之间的摩擦系数及传热系数。

单击上模（Top Die）与工件（Workpiece）关系图标，待其高亮显示后，接着点击 Edit... 按钮，出现关系信息定义菜单栏，在【Deformation】下拉菜单中，选择摩擦类型为剪切摩擦模型（Shear），并在摩擦系数值栏选择常数【Constant】，输入常数值为 0.3。接下来定义传热系数，在【Thermal】下拉菜单中，传热系数【Heat Transfer Cofficient】栏选择常数【Constant】系数，接着单击其右边的抽屉键，选择【Forming】项，则其传热系数 11 就会自动填加到传热系数值一栏中。最后点击【Close】按钮回到关系信息定义菜单栏。

上模（Top Die）与工件（Workpiece）关系定义完毕后，下模（Bottom）与工件（Workpiece）关系还尚未确定。同样，可以按照上述方法定义下模具与工件的摩擦系数，但在 DEFORM 软件中，对于具有相同接触信息特征的关系对，通过点击 Apply to other relations 按钮，把第一个定义的关系信息复制到所有的关系对中。所有的对象间关系定义完毕，如图 8-12 所示。

9. 定义模拟控制参数

点击模拟控制按钮，进入模拟控制设定窗口。打开【Step】模拟步设定菜单，设

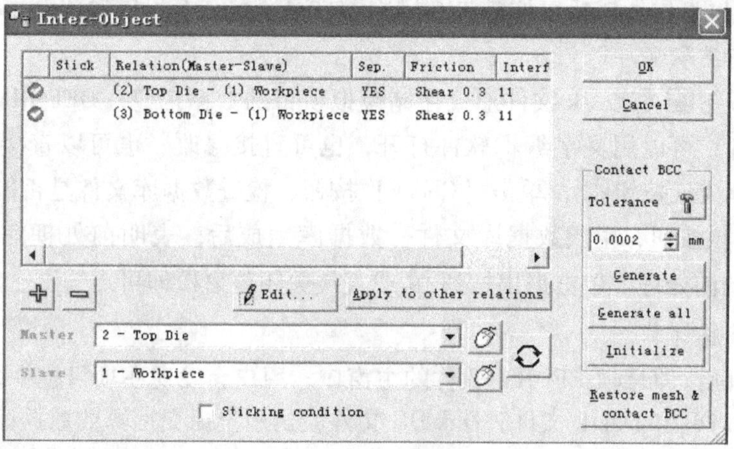

图 8-12　对象间关系设定对话框

置开始模拟数【Starting Step Number】为 -1。负号表示它是重新划分网格的起始步，由前处理 Pre-Processor 读入。设置模拟步数【Number of Simlation Steps】为 195，这意味着若模拟计算未被中止，整个过程将分 195 步完成。设置【Step Increment to Save】(STPINC）为 5，这表示每模拟 5 步计算机会将中间阶段结果写入数据库。

系统默认【Primary Die】(PDIE（1））为 2-Top Die，也就是系统默认本例的#2 对象 Top Die 为主动模具，与本例实际相符，无需修改。

本例步长设定方式采用行程设定方式，在【Solutions Steps Definition】中激活【With Constant Die Displacement】选项。接下来确定模拟计算步长，利用图像工具菜单条中的测量工具▭来测量单元尺寸，单击测量按钮，并单击两相邻节点，测量最短单元尺寸大约为 2mm，一般模拟步长设定要小于网格中的最小单元尺寸的 1/3，即设置【With Constant Die Displacement】为 0.6mm，如图 8-13 所示。

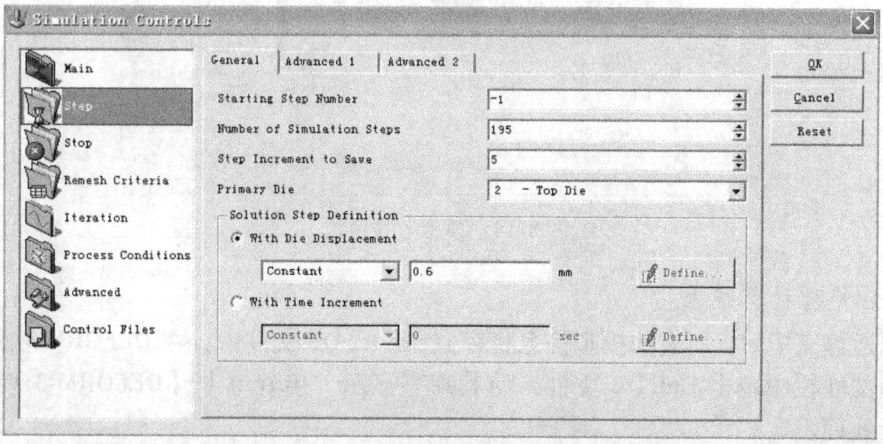

图 8-13　模拟控制参数设定

在模拟控制设定窗口中打开【Iteration】求解、迭代方法设定菜单。

系统默认的求解方法为【Conjugate-Gradient】共轭梯度法，以及默认的迭代方法为

【Direct Iteration】直接迭代法，能满足本例中的计算要求，不再做修改。

10. 生成计算数据库文件

单击存储按钮将以 . k 文件形式存储模拟项目的数据信息。DEFORM 软件的 . k 文件是二进制文件，可以用文字编辑软件打开，也可直接修改。也可以直接生成数据库文件，单击数据库生成按钮，单击【Check】按钮，检查数据库文件是否能够生成，接着点击【Generate】按钮，生成数据库文件，数据库生成后，表明前处理完成，可以退出 DEFORM 软件的前处理。单击退出按钮或直接关闭该窗口即可。

11. 进行求解计算

退出前处理后，回到 DEFORM 软件的主窗口，用户会发现在项目栏中多了两个文件，它们分别是 Dtd. DB 和 Dtd. k 文件，Dtd. DB 文件就是用户提交运算的数据库文件，激活此数据库文件，单击【Simulator】栏中的【Run】按钮，打开运算菜单，向 FEM 运算器提交计算任务。

在模拟计算过程中，可以实时观察模拟运算情况。单击【Simulator】栏中的【Simulation Graphics】按钮，出现如图 8-14 所示的模拟监控窗口，在此窗口中，可以观察模拟过程中已计算完成的部分，还可以得到已完成部分的应力、应变、温度等分布情况。

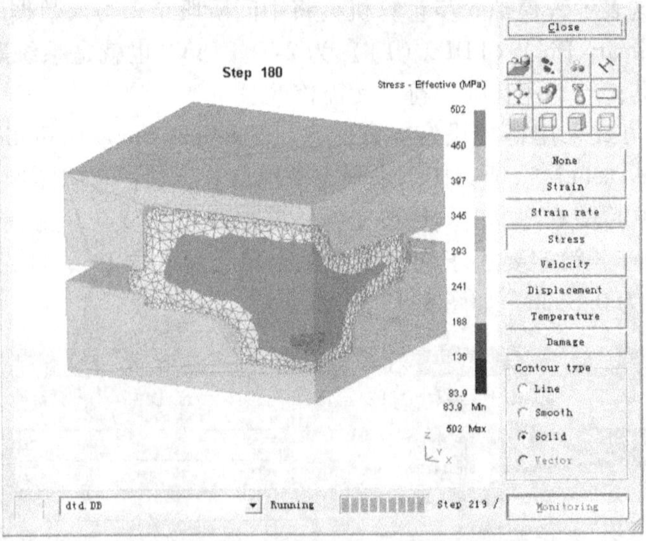

图 8-14　模拟监控窗口

12. 后处理计算结果

模拟运算完毕后，所有的模拟信息将存储在 Dtd. DB 文件中，在 DEFORM 软件的主窗口的项目文件栏中单击 Dtd. DB 文件，使其高亮显示。接着单击【DEFORM-3D Post】按钮进入后处理。

A　重构模型

由于模拟采用了对称技术，仅选取了工件的 1/4 进行运算，为了反映整个物体的变形过程，就需要使用对象镜像功能，重新构造整个零件。构造方法是，选择工件的两个对称面进行镜像，可以重构整个零件模型，形成如图 8-15 所示的图形。

B　变形过程的读取

一般一个模拟完成后，首先需要观察整个变形过程，查看变形过程是否合理，以及工件的最终形状是否符合要求。通常先选择展示变形过程按钮▶，使变形过程从头至尾演示一遍。后处理窗口的左侧有步列抽屉键 Step 170 ，可打开此抽屉，单击选择的步序数，进行分步观察，用户可以查看任意对象在模拟过程中各状态变量的分布情况。

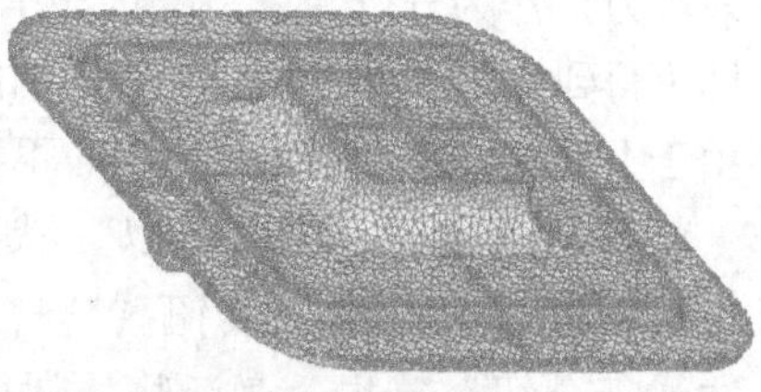

图 8-15　重构模型图

C　状态变量的读取

步列选定后，在物体树中选择工件 Workpiece，接着单击状态变量按钮，出现状态变量选取对话框，选取需要进行分析的状态变量，作为分析对象，也可在旁边的选项栏中，直接选取常用的状态变量。

下面分别介绍以温度、等效应力、等效应变、位移作为分析对象的情况：

在状态变量选取对话框中选取温度 Temperature 作为分析对象。首先在显示按钮【Display】下设定显示方式，本例选用默认【Shaded】显示方式。接着设定【Scaling】按钮下的比例选项，即设定状态变量数值显示的极限值。设定好以后点击【Apply】按钮。接着单击选步序数按钮选取步数，此时视窗显示模拟过程工件上的温度分布情况，为了分析方便可以仅将变形体保留在显示视窗中，如图 8-16 所示为选取工件在变形前、中、后的温度分布图。由此可知工件较变形前，中心部位的温度略有升高，主要是由变形热引起的，与模具接触的外围部分的温度下降较快，主要是由热传导及工件向周围环境的散热引起的。

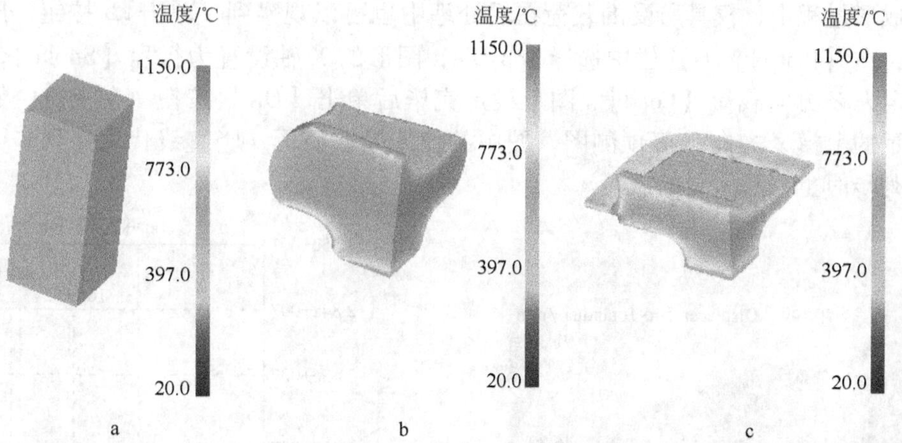

图 8-16　温度分布图

a—变形前；b—变形中；c—变形后

也可单独提取模具上的温度进行观察，如图 8-17 可知，模具温度升高较明显，主要是由工件向模具的热传导引起的。

工件等效应变、等效应力的分布图的提取方式与温度分布图的相同，在状态变量选取对话框中选取 strain-effective（等效应变）或 stress-effective（等效应力）作为分析变量，设定显示方式和缩放比例，在视窗中即可得到如图 8-18 和图 8-19 所示的工件的应变、应力分布图。由于上下模设定为刚体，所以看不到模具的应力应变分布图。

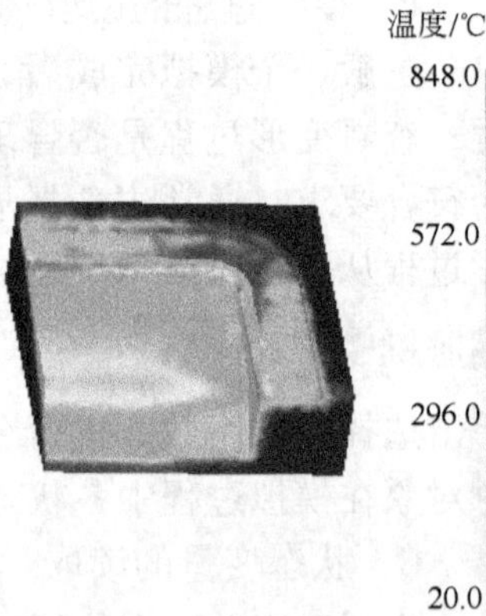

图 8-17 下模温度分布图

各节点位移的读取可以在状态变量选取对话框中设置，也可以通过节点信息按钮进行读取。本例采用第二种方法进行介绍。首先，激活物体树中的工件，接着单击窗口上的节点信息按钮，打开节点信息对话框，接着单击【Displacement】栏右端的查看按钮，则工件上各点的位移就会显示在窗口中，如图 8-20 所示。通过这种方法还可以对各节点速度、温度等变量进行察看。

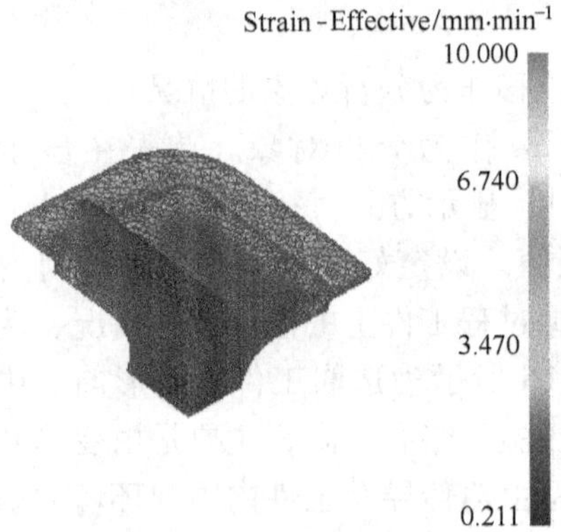

图 8-18 等效应变分布图

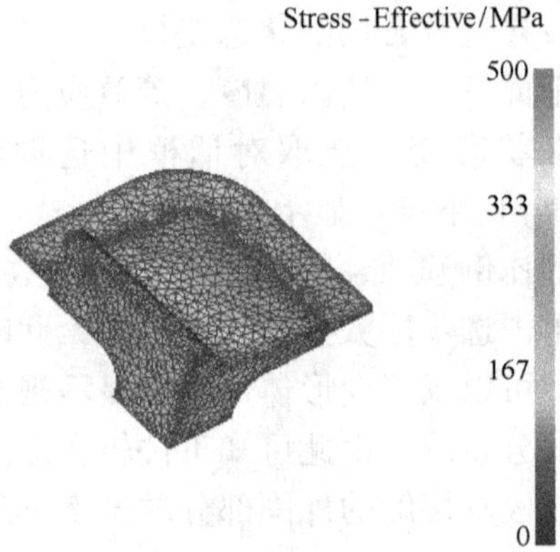

图 8-19 等效应力分布图

在成形过程中，模具所受的载荷在后处理中也可以观察到。单击按钮，出现画图对话框，在【Plot objects】栏中选择 Top Die，图形的 X 轴设置为行程【Stroke】，图形的 Y 轴设定为 *Z* 方向载荷【Load】。图形设定完毕后单击【OK】按钮，在视窗中显示如图 8-21所示的上模 *Z* 方向载荷预测图，图中的曲线是载荷图，竖直线代表序列步，交点就是此序列步时上模具所受的载荷。

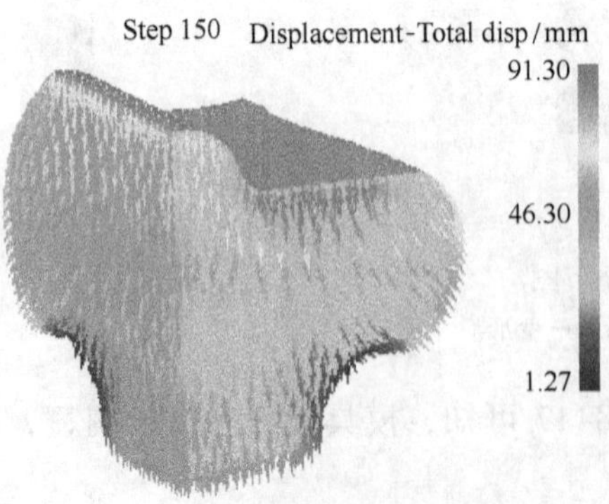

图 8-20 位移矢量图

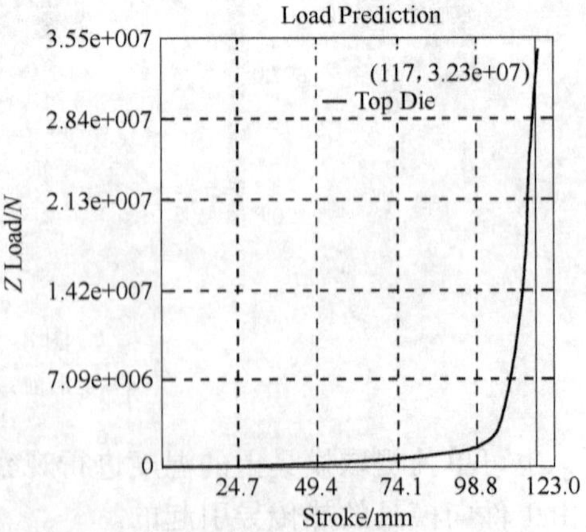

图 8-21 上模 *Z* 方向载荷预测曲线

D　工件上点追踪

DEFORM 软件提供了变形体上点追踪的功能。不仅可追踪每个点位置，还可以对点的状态变量进行追踪。单击点追踪按钮，弹出点追踪对话框，点击步列选项，选择工件未变形时的步列，用鼠标连续单击 Workpiece 上需要追踪的几个点，如图 8-22 所示。接着单击【Next】按钮，接受默认值单击【Finish】按钮。系统会用些时间提取点的数据信息。提取信息结束后，点击步列选择，可以追踪任何步列下的特征点的位置，如图所示为在 150 步时特征点的位置变化图。也可以单击状态变量按钮，选择需要分析的状态变量，如选择则状态变量【Stress-Effective】，则会生成特征点在整个变形过程中的真应力曲线图，如图8-23所示，三条曲线为三个点的状态变量曲线，图中竖线代表当前步列，交点为当前步列状态变量的数值。由此可分析特征点在整个变形过程中此状态变量的变化情况。

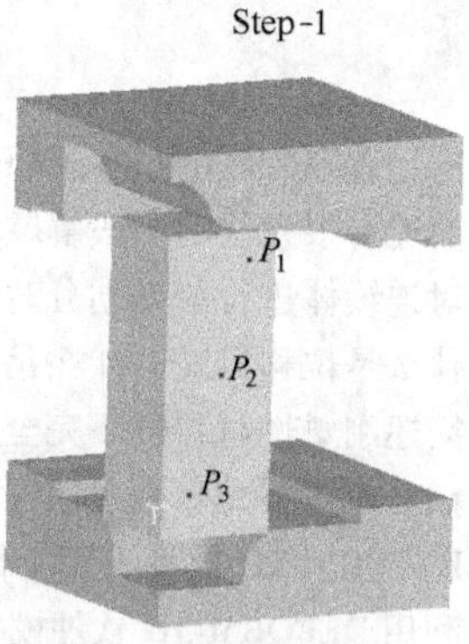

图 8-22　点追踪设置

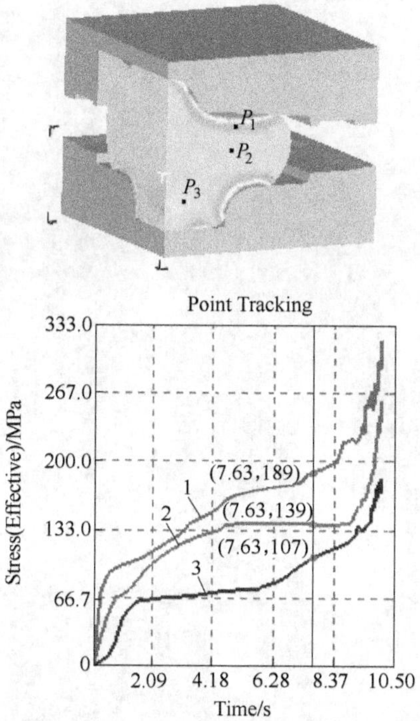

图 8-23　点追踪状态变量分析图

E　对象上剖切面的选择

当需要对工件内部的某个面上的特征变量进行分析时，可以利用 DEFORM-3D 后处理中的对象剖分功能来实现。首先单击物体树右下角的单个对象显示模式按钮，接着激活物体树中的工件，使工件置于显示视图中一个合适的位置，接下来单击剖切面按钮，打开 Slicing 窗口。本例采用一点和一法矢量的方法确定剖切面，剖分平面平行于 x 轴，同理可以进行 y 轴剖分，可以对工件进行不同切面的状态变量的对比分析，本例选择温度作为分析变量，其效果图如图 8-24 所示。

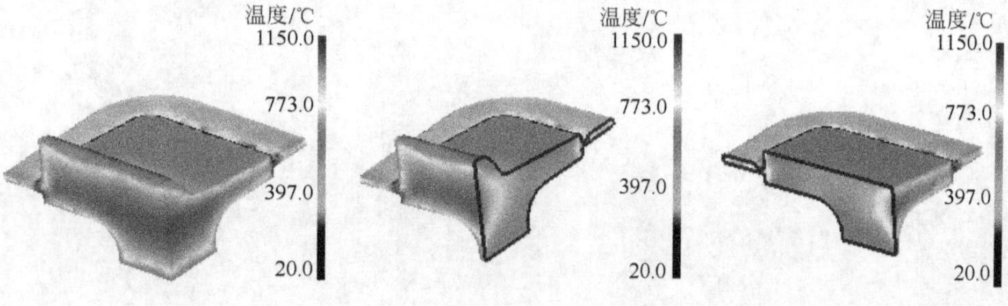

a　　b　　c

图 8-24　温度显示对比图

a—完整模型；b—平行 x 轴剖分；c—平行 y 轴剖分

习题与思考题

1. 简述有限元法的基本思想是什么?
2. 简述有限元法的一般解题步骤?
3. 对连续体进行单元划分时应注意什么?
4. 什么是位移模式，什么是形状函数?
5. 简述刚塑性材料的不完全广义变分原理?
6. 试分析拉格朗日乘子法、体积可压缩法和罚函数法的特点?
7. DEFORM-3D 软件适用于做哪些成形模拟?
8. 利用 DEFORM-3D 软件模拟金属塑性成形问题主要包括哪些步骤?

参考文献

[1] 汪大年．金属塑性成形原理［M］．北京：机械工业出版社，1986.
[2] 王祖唐，关廷栋，等．金属塑性成形理论［M］．北京：机械工业出版社，1989.
[3] 陈森灿，叶庆荣．金属塑性加工原理［M］．北京：清华大学出版社，1991.
[4] 肖景容，李尚健．塑性成形模拟理论［M］．武汉：华中理工大学出版社，1994.
[5] 万胜狄．金属塑性成形原理［M］．北京：机械工业出版社，1995.
[6] 林治平．上限法在塑性加工工艺中的应用［M］．北京：中国铁道出版社，1991.
[7] 王仲仁，等．弹性与塑性力学基础［M］．哈尔滨：哈尔滨工业大学出版社，1997.
[8] 王祖唐．金属塑性加工工步的力学分析［M］．北京：清华大学出版社，1987.
[9] 俞汉清，陈金德．金属塑性成形原理［M］．北京：机械工业出版社，1999.
[10] 李尚健．金属塑性成形过程数值模拟［M］．北京：机械工业出版社，1999.
[11] 杨雨甡，等．金属塑性成形力学原理［M］．北京：北京工业大学出版社，1999.
[12] 王仲仁，等．塑性加工力学基础［M］．北京：国防工业出版社，1989.
[13] 吕丽萍．有限元法及其在锻压加工中的应用［M］．西安：西北工业大学出版社，1989.
[14] 钟春生，韩静涛．金属塑性变形力计算基础［M］．北京：冶金工业出版社，1994.
[15] 陈金德，邢建东．材料成形技术基础［M］．北京：机械工业出版社，2000.
[16] 李尧．金属塑性成形原理［M］．北京：机械工业出版社，2004.
[17] 谢水生，王祖唐．金属塑性成形工步的有限元数值模拟［M］．北京：冶金工业出版社，1997.
[18] 臼井英治，等著，廉元国，等译，金属加工力学［M］．北京：国防工业出版社，1984.
[19] С И 古布金．高温馨，等译．金属塑性变形（第二卷）［M］．北京：机械工业出版社，1963.
[20] Shiro Kobayashi，Soo-ik Oh，Taylan Altan，Metal Forming and the Finite-element Method，New York Oxford University Press，1989.
[21] 胡礼木，崔令江，李慕勤．材料成形原理［M］．北京：机械工业出版社，2005.
[22] 陈玉喜．材料成型原理［M］．北京：中国铁道出版社，2002.
[23] 王广春．金属体积成形工艺及数值模拟技术［M］．北京：机械工业出版社，2009.
[24] 李传民．DEFORM 5.03 金属成形有限元分析实例指导教程［M］．北京：机械工业出版社，2006.
[25] 钟家湘．金属学教程［M］．北京：北京理工大学出版社，1995.
[26] 刘全坤．材料成形基本原理［M］．北京：机械工业出版社，2006.
[27] 石德珂．材料科学基础［M］．北京：机械工业出版社，1999.
[28] 王昆林．材料工程基础［M］．北京：清华大学出版社，2003.
[29] 刘雅政．材料成形理论基础［M］．北京：国防工业出版社，2004.
[30] 刘国勋．金属学原理［M］．北京：冶金工业出版社，1979.
[31] 杨觉先．金属塑性变形物理基础［M］．北京：冶金工业出版社，1988.
[32] 张胜华．金属塑性加工原理［M］．长沙：中南工业大学出版社，1998.
[33] 吴诗惇．金属超塑性变形理论［M］．北京：国防工业出版社，1997.
[34] 罗子健．金属塑性加工理论与工艺［M］．西安：西北工业大学出版社，1994.
[35] 林兆荣．金属超塑性成形原理及应用［M］．北京：航空工业出版社，1990.
[36] ［英］R. W. K. 赫奈康．金属塑性变形（下册）［M］．重庆：重庆大学出版社，1989.
[37] 徐光．金属低温变形理论与技术［M］．北京：冶金工业出版社，2007.
[38] 崔忠圻．金属学与热处理［M］．北京：机械工业出版社，2007.
[39] 雷玉成．金属材料成型原理［M］．北京：化学工业出版社，2006.
[40] 王振范．上界法及其在塑性加工中的应用［M］．沈阳：东北工学院出版社，1991.

冶金工业出版社部分图书推荐

书　　名	作　者	定价(元)
材料成形工艺学	宋仁伯	69.00
材料分析原理与应用	多树旺　谢东柏	69.00
材料加工冶金传输原理	宋仁伯	52.00
粉末冶金工艺及材料(第2版)	陈文革　王发展	55.00
复合材料(第2版)	尹洪峰　魏　剑	49.00
钢铁冶金虚拟仿真实训	王　炜　朱航宇	28.00
高温熔融金属遇水爆炸	王昌建　李满厚　沈致和　等	96.00
工程材料(第2版)	朱　敏	49.00
光学金相显微技术	葛利玲	35.00
金属功能材料	王新林	189.00
金属固态相变教程(第3版)	刘宗昌　计云萍　任慧平	39.00
金属热处理原理及工艺	刘宗昌　冯佃臣　李　涛	42.00
金属塑性成形理论(第2版)	徐　春　阳　辉　张　弛	49.00
金属学原理(第2版)	余永宁	160.00
金属压力加工原理(第2版)	魏立群	48.00
金属液态成形工艺设计	辛啟斌	36.00
耐火材料学(第2版)	李　楠　顾华志　赵惠忠	65.00
耐火材料与燃料燃烧(第2版)	陈　敏　王　楠　徐　磊	49.00
钛粉末近净成形技术	路　新	96.00
无机非金属材料科学基础(第2版)	马爱琼	64.00
先进碳基材料	邹建新　丁义超	69.00
现代冶金试验研究方法	杨少华	36.00
冶金电化学	翟玉春	47.00
冶金动力学	翟玉春	36.00
冶金工艺工程设计(第3版)	袁熙志　张国权	55.00
冶金热力学	翟玉春	55.00
冶金物理化学实验研究方法	厉　英	48.00
冶金与材料热力学(第2版)	李文超　李　钒	70.00
增材制造与航空应用	张嘉振	89.00